(2012)

10	11	12	13	14	15	16	17	18
								²He ヘリウム 4.002602
			⁵B ホウ素 10.806~10.821	⁶C 炭素 12.0096~12.0116	⁷N 窒素 14.00643~14.00728	⁸O 酸素 15.99903~15.99977	⁹F フッ素 18.9984032	¹⁰Ne ネオン 20.1797
			¹³Al アルミニウム 26.9815386	¹⁴Si ケイ素 28.084~28.086	¹⁵P リン 30.973762	¹⁶S 硫黄 32.059~32.076	¹⁷Cl 塩素 35.446~35.457	¹⁸Ar アルゴン 39.948
²⁸Ni ニッケル 58.6934	²⁹Cu 銅 63.546	³⁰Zn 亜鉛 65.38	³¹Ga ガリウム 69.723	³²Ge ゲルマニウム 72.63(1)	³³As ヒ素 74.92160	³⁴Se セレン 78.96	³⁵Br 臭素 79.904	³⁶Kr クリプトン 83.798
⁴⁶Pd パラジウム 106.42	⁴⁷Ag 銀 107.8682	⁴⁸Cd カドミウム 112.411	⁴⁹In インジウム 114.818	⁵⁰Sn スズ 118.710	⁵¹Sb アンチモン 121.760	⁵²Te テルル 127.60	⁵³I ヨウ素 126.90447	⁵⁴Xe キセノン 131.293
⁷⁸Pt 白金 195.084	⁷⁹Au 金 196.966569	⁸⁰Hg 水銀 200.59	⁸¹Tl タリウム 204.382~204.385	⁸²Pb 鉛 207.2	⁸³Bi* ビスマス 208.98040	⁸⁴Po* ポロニウム (210)	⁸⁵At* アスタチン (210)	⁸⁶Rn* ラドン (222)
¹¹⁰Ds* ダームスタチウム (281)	¹¹¹Rg* レントゲニウム (280)	¹¹²Cn* コペルニシウム (285)	¹¹³Uut* ウンウントリウム (284)	¹¹⁴Fl* フレロビウム (289)	¹¹⁵Uup* ウンウンペンチウム (288)	¹¹⁶Lv* リバモリウム (293)		¹¹⁸Uno* ウンウンオクチウム (294)

⁶³Eu ユウロピウム 151.964	⁶⁴Gd ガドリニウム 157.25	⁶⁵Tb テルビウム 158.92535	⁶⁶Dy ジスプロシウム 162.500	⁶⁷Ho ホルミウム 164.93032	⁶⁸Er エルビウム 167.259	⁶⁹Tm ツリウム 168.93421	⁷⁰Yb イッテルビウム 173.054	⁷¹Lu ルテチウム 174.9668
⁹⁵Am* アメリシウム (243)	⁹⁶Cm* キュリウム (247)	⁹⁷Bk* バークリウム (247)	⁹⁸Cf* カリホルニウム (252)	⁹⁹Es* アインスタイニウム (252)	¹⁰⁰Fm* フェルミウム (257)	¹⁰¹Md* メンデレビウム (258)	¹⁰²No* ノーベリウム (259)	¹⁰³Lr* ローレンシウム (262)

©2012日本化学会　原子量専門委員会

注2：この周期表には最新の原子量「原子量表（2012が」示されている。原子量は単一の数値あるいは変動範囲で示されている10元素には複数の安定同位体が存在し、その組成が天然において大きく変動するため単一の数値で原子量が与えられない。その他74元素については、原子量の不確かさは示された数字の最後の桁にある。

基礎から学ぶ量子化学

高木　秀夫

三共出版

まえがき

　本書は名古屋大学理学部1年次における専門基礎科目「化学基礎I」のために書き下ろされた授業資料に基づいて編纂した。「化学基礎I」では，名古屋大学理学部化学科の無機化学または物理化学を専門とする3人の教員が，三つのクラスに分かれてまったく同じ内容の授業を行っている。

　一般的に日本の大学では学部2年次（名古屋大学では学科所属した後）の化学科専門課程で無機化学/有機化学を学ぶことが多い。無機化学を理解するには量子論に関する知識が必須であるにもかかわらず，無機化学を学ぶ前に量子化学を教える大学はほとんどない。筆者が専門課程で無機化学の授業を行っていたときに，当時化学科で量子化学の授業を担当されていた関一彦先生から「無機化学に必要な量子論は無機化学の先生が教えてあげて下さい」と言われたことを思い出す。その理由は量子化学の授業が無機化学の授業と同時平衡で行なわれるという授業時間帯の制約と，量子化学の授業では多電子系は扱えないという時間的制約であるというご説明であった。このような二つの制約は，4年間の学部教育では，教育内容を絞り込まなければ全教科を教えきれないという，現代の大学教育の苦悩と矛盾を示している。日本の大学の化学科では無機化学，有機化学，物理化学（量子化学を含む）が有機的に理解できるような教程を組むことは困難であり，その結果，化学科卒業生が修得できる化学知識は，論理に基づく理解ではなく羅列的なものとなってしまうことが多く，そのような論理的思考力の伴わない知識の羅列は，将来的に我が国の国際競争力の低下をもたらす可能性が高い。

　名古屋大学理学部化学科ではこのような傾向に歯止めをかける目的で，理学部の全学科に進学する学生の将来を見据えて，あえて学部1年次に量子論に関する「化学基礎I」を専門基礎科目として開講している。授業内容は本書の記述の通り，「周期表」と「分子の中の原子の概念」を軌道と電子数に基づいて論理的に理解することを目的としたものであり，化学科に進学する学生のみならず非化学系学科に進学する学生にとっても，2年生以降に学ぶ専門教科を理解する上で必要となる基礎的な概念である。しかし，学生の旺盛な好奇心を満

たすことができるような「初歩的ではあるが，高度な内容まで網羅した教科書」は，見つからないため本書を編纂した。

「化学基礎Ⅰ」の授業内容は高等学校の化学と比べて物理学的な要素が多くなり，学生は格段に難しくなったと感じるようである。そのギャップを埋めるのは学生自身の努力であるが，化学の理解に必要な数学的取り扱いを平易にまとめた書籍もほとんどなく，挫折してしまう学生も多い。本書では付録として，化学の理解に必要とされる数学的な知識と，高等学校の物理で履修する項目の中で，量子論の理解に必要と思われる事項に関しても記述した。授業の進行に応じて，あるいは進級した後で再び振り返って独習されることを期待する。

しかし，「初歩の化学の実践」に最低限必要な量子力学的知識は，軌道の形とその広がりの様子だけであると言っても過言ではないので，数学や物理学がわからないからといって挫折することなく読み進んで頂きたいと願っている。本書の内容は初歩的なものからかなり高度なものまで含まれており，学生の知的好奇心の大小にできるかぎり応えられるように編集されている。その結果，学部2, 3, 4年次や大学院課程の「量子化学」あるいは「無機化学」の副教材としても十分に読み応えのある内容になっている反面，初年時の学生は「難しい」と感じるかもしれない。

学問とは，「問いかければ必ず正しい答えが用意されている」ものではない。同じ教科書でも，読む人の見識に応じて理解の程度はまったく異なる。本書では，一般的な無機化学の教科書や多くの量子論の教科書には，記述されていないことがらについても言及しているので，時間をかけて気長に楽しんで頂ければと願う。

本書の出版に際して，数式や記述の間違いは時間をかけて修正したが，まだまだ間違いが残っているかも知れない。ご指摘頂ければ幸いである。

2012 年 10 月
著 者 高木 秀夫

目 次

まえがき
第1章 化学の歴史 …………………………………………………………… 1
第2章 原子核 ………………………………………………………………… 5
  2–1 物質の構成要素 ………………………………………………………… 6
  2–2 原子（陽子，中性子，電子）………………………………………… 8
  2–3 質量欠損（mass defect）とエネルギー …………………………… 9
  2–4 放射壊変と核反応：元素の起源を理解するための準備 ………… 12
第3章 元素の起源と現代宇宙論 ………………………………………… 19
  3–1 元素の存在比 ………………………………………………………… 20
  3–2 元素起源に関する仮説 ……………………………………………… 21
第4章 古典力学的世界観の破綻と量子力学の勃興 …………………… 29
  4–1 水素原子の発光スペクトル ………………………………………… 31
  4–2 黒体放射 ……………………………………………………………… 33
  4–3 固体の比熱 …………………………………………………………… 34
  4–4 プランク仮説から古典量子論へ …………………………………… 35
  4–5 定在波（定常波）とシュレーディンガーの波動方程式 ………… 38
第5章 量子力学の基礎〜古典力学との関係 …………………………… 43
  5–1 古典力学におけるハミルトン方程式とハミルトニアンの名前の由来
    ………………………………………………………………………… 44
  5–2 古典力学的な原子模型—円運動のハミルトニアンと解 ………… 45
  5–3 古典的アプローチの破綻とそれを回避するためのアイデア …… 47
  5–4 粒子の波動性の克服 ………………………………………………… 49
  5–5 ハイゼンベルグの不確定性原理（1927年）……………………… 52
  5–6 波束に基づくシュレーディンガーの波動方程式の導出 ………… 54
  5–7 自由に運動する粒子が波動としての性質を示すときの波の解釈 … 58
  5–8 ボーアの対応原理（1918〜23年）………………………………… 58
第6章 粒子の一次元の運動に関する波動方程式の解と量子力学的世界観 … 61

- 6-1 等速直線運動する粒子の波動としての性質 ……………………62
- 6-2 波動関数の制約 ……………………67

第7章 電子を1個しか持たない原子（水素様原子）の波動関数……69
- 7-1 シュレーディンガー波動方程式を解く方針 ……………………70
  - 7-1-1 波動方程式を解く方針 ……………………70
- 7-2 剛体の量子化された回転に関する考察 ……………………71
- 7-3 シュレーディンガー波動方程式を解いて水素様原子の波動関数を求める ……………………76
- 7-4 水素様原子の波動関数 ……………………80
- 7-5 水素様原子の波動関数が与える電子の動径分布と各軌道の形 ……81
- 7-6 水素様原子の軌道の形 ……………………86
  - 7-6-1 s軌道はここに示した $l=0$, $m=0$ の関数形に代表される ……87
  - 7-6-2 どのp軌道も主量子数に関わらず同じ形である ……………87
  - 7-6-3 残りの2つのp軌道はやっかいである ……………………88
  - 7-6-4 d軌道も同様に虚数表現されているものが4つある ………89
- 7-7 角運動量に関する考察 ……………………90

第8章 多電子原子……………………97
- 8-1 電子スピンの存在 ……………………98
- 8-2 パウリ（Pauli）の排他原理 ……………………101
- 8-3 スレーター（J. C. Slater）軌道と有効核電荷 ……………………103
- 8-4 ハートリー－フォック（Hartree-Fock）の自己無撞着場による原子軌道の見積り ……………………105
- 8-5 トマス－フェルミ－ディラック（Thomaa-Fermi-Dirac）ポテンシャル……………………106
- 8-6 多電子系と1電子系の軌道とそのエネルギー……………………107
- 8-7 多電子系の電子の詰まり方のルール～フント（Hund）の規則 ……109
- 8-8 周期表とその構成……………………112

第9章 元素の性質の周期性 ……………………117
- 9-1 元素のイオン化ポテンシャルと電子親和力……………………119
- 9-2 電気陰性度……………………122

- 9-3　2原子分子の電気陰性度の差と双極子モーメント ……………126
- 9-4　原子半径/イオン半径の定義 …………………………………………127
- 9-5　周期表と原子半径/イオン半径 ………………………………………129

第10章　化学結合に関する考え方の歴史と量子論の関係 ……………133
- 10-1　化学結合に関する考え方の歴史 ……………………………………134
- 10-2　化学結合に関する現代の考え方 ……………………………………138
  - 10-2-1　局在理論 ……………………………………………………139
  - 10-2-2　量子力学的な局在理論（原子価結合理論）と
           非局在理論（分子軌道理論） …………………………149
  - 10-2-3　金属結合 ……………………………………………………164
- 10-3　電子欠損結合と軌道欠損結合 ………………………………………167
- 10-4　分子軌道理論による分子構造の推定：水分子の分子軌道と構造 …170
- 10-5　金属錯体の配位結合 …………………………………………………173
- 10-6　18電子則（EAN則）とその理論的側面 …………………………181

第11章　構造化学の基礎……配位立体化学 ……………………………185
- 11-1　幾何異性 ………………………………………………………………187
  - 11-1-1　連結異性（linkage Isomerism） …………………………189
- 11-2　光学異性 ………………………………………………………………190
  - 11-2-1　光学異性体に関する定義と例 ……………………………192
  - 11-2-2　配座異性（conformational isomerism） ………………197
  - 11-2-3　配座光学異性（conformational optical isomerism） …198
- 11-3　配座ジアステレオ異性 ………………………………………………199

付録1　量子力学の基礎を学ぶための物理学の復習 ……………………201
- A-1　保存法則（law of conservation） …………………………………201
- A-2　古典的な力，加速度と速度 …………………………………………202
  - A-2-1　直線運動 ……………………………………………………202
  - A-2-2　等速円運動 …………………………………………………204
  - A-2-3　運動量 ………………………………………………………206
- A-3　重力と静電引力 ………………………………………………………207

付録2　量子論を学ぶために必要な数学の基礎 …………………………209

A 解析学編 ……………………………………………………210
1 関数の直行と規格化：完備系とフーリエ級数……………………210
2 フーリエ級数の利用…………………………………………213
3 フーリエ変換とラプラス変換………………………………216
   3-1 フーリエ変換………………………………………216
   3-2 ラプラス変換………………………………………221
4 量子論に関わる常微分方程式の解法………………………227
5 母関数とベキ級数で表される関数…………………………235
   5-1 エルミート（Hermit）多項式 ……………………235
   5-2 ルジャンドル（Legendre）多項式 ………………236
   5-3 球面調和関数………………………………………238

B 線形代数学編 ……………………………………………………240
1 行列と行列式…………………………………………………240
2 連立一次方程式とクラメールの定理………………………254
3 線形変換………………………………………………………259
   3-1 $n \times n$ 行列の場合 ……………………………263
   3-2 rank が r の $m \times n$ 行列とは …………………264
4 線形操作………………………………………………………265
5 線形演算子の固有値と固有ベクトルを見い出す問題……272
6 固有値問題とマトリクス……………………………………274
7 基礎的な補足事項……………………………………………278
   7-1 ブラケット表記（Bra-Ket notation）………………278
   7-2 行列の対角化………………………………………281
   7-3 行列の三角化………………………………………287
8 群論と線形代数………………………………………………288
   8-1 相似変換（similarity transformation）と
       類（class/conjugate class）………………………291
   8-2 subgroup（部分群）………………………………292
9 固有値問題と線形代数………………………………………293
   9-1 基底関数とその対称性……………………………293

9-2 適当な軌道のセットを使って波動方程式をマトリクスで解く……297
参考文献 …………………………………………………………305
さくいん …………………………………………………………307
あとがき …………………………………………………………311

第1章

化学の歴史

ラボアジェ（1743〜1794）

化学物質と化学反応について論理的解釈を示した偉大な化学者であったが，つまらない罪でギロチンにかけられて亡くなった。人生とは，天才にとってもはかないもののようである。

ここでは，西洋的な歴史観にそった化学の進歩の歴史を振り返る。明治時代以前の日本にも優秀な化学研究者はいたはずが，西洋社会とコミュニケーションを持たない極東における研究成果は，西洋を中心とする学問の世界では残念ながら無視されてしまった。中国やイスラム世界における研究成果の多くも西洋的科学観から欠落しているものが多い。化学研究の場では，現代でも国際的なコミュニケーションが非常に重要である。若い人たちには英語能力（特に読む力と書く力）をしっかりと養っていただきたい。英会話能力は，日本語会話能力に準じるので，日本語会話の下手な人は英語会話もやっぱり下手である。

化学的な考え方や物質を有効利用する方法は，おそらく人類の出現（とはいっても，色々な発展段階があるようなので，ここでは道具を使う近代的な人類を指す）と同時に芽生えていたものであろうと思われる。人類を「知的」な生物であるとすれば，「論理」が知性と深く関わっていると思われるので，物質に関わるあらゆる人間の思考や行動は化学，あるいは化学技術と密接に関係していると考えられるからである。古代から中世社会における化学的な活動としては，青銅器や鉄器などの出現とそれに大きく関わる「冶金術」や「酸・塩基」などの概念の出現が挙げられる。最初は経験則として出発したこれらの概念は，いつ現代の化学体系のような形になったのであろうか。個々の物質の発見やその利用法を集めて類型化し，まとめあげる作業は1789年のラボアジェ（A. Lavoisier）による著書『化学原論』（Tarite Elementair de Chimie）で一応の完成を見たといわれている。

　ラボアジェの業績としては，
① 空気が2種類の気体からなることの証明（1777年）。
② 燃焼の本質を解明して燃焼に際して作用する気体に「酸素」という名称を与えたこと。
③ 水の組成を明らかにしたこと（1783年），有機化合物の元素分析法を確立したこと（1784年）。
④ 質量保存の法則を確立したこと。
⑤ 化学分析で「それ以上に単純な物質に分解できないもの」を元素と定義したこと。
⑥ 潜熱，比熱，反応熱の測定から生体エネルギーの根源が「呼吸による燃焼熱である」ことを証明したこと。

などが挙げられる。ラボアジェは元素として33個の物質を選んだが，その多くは今日でも元素として認められている。ラボアジェによってなされた化学のこのような考え方の集大成は「化学革命」と呼ばれている。しかしこの時点でも，化学は物理学的論理との関わりが希薄な，推論の集大成でしかなかった。

　これより後，プルースト（J. Proust）による定比例の法則（1799年）やドルトン（J. Dalton）の倍数比例の法則（1802年：のちにベルセリウス（J. Berzelius）によって証明される）など，「化学量論」に関する概念が確立し，

1802 年のドルトンによる原子説を修正したアボガドロ（A. Avogadro）の分子説（1811 年：分子の構成要素として原子を位置付けた）を経て，1869〜71 年にメンデレーエフ（D. Mendeleev）の周期表が成立する。その後，デービー（H. Davy）やファラデー（M. Faraday）らによって電気分解に関する理論が提出され，イオンの概念が確立される。イオンの概念は，それまでの有機化学的な化学結合の概念を大きく変えることになる。ラボアジェによる化学革命に続く 100 年間は，化学分野では「新元素の発見と周期律の発見」が続く輝かしい発展期であったが，「化学結合」と「構造化学」に関する考え方では，「有機化学の足かせ」を受けた苦しい時代でもある。有機化学の足かせとはパスツール（L. Pasteur・1848 年）のあと，有名なケクレ（A. Kekule）とクーパー（A. Couper・1858 年），ファント・ホッフ（J. van't Hoff），ル・ベル（Le Bel・1875 年）によって確立された有機化学構造論による足かせであり，その内容については第 10 章で詳しく述べる。

　このような化学の歴史の中では，多くの物理学者が活躍している。化学の原理に関わる多くの課題について物理学が関わっているのと同じように，化学の発展には物理学者の貢献が非常に大きいのである。当時の（今でも）化学的論理体系の構築には，精密な実験の繰り返しによる反応や平衡の観察と実験結果の定量的評価が不可欠であったが，この分野の研究では多くの物理学者が貢献しているのである。物理学というと，力学や電磁気学といった言葉が浮かぶであろうが，これらは現代化学の中でも重要な役割を果たしている。分子の振動は力学的な概念で説明できるし，電子の移動を取り扱う酸化還元反応では，電磁気学の理論が重要なのである。このように考えると，高等学校までは分野の違いを強調して教えられてきた物理学と化学の間には，常に相補的な関係が成り立っていることが理解できる。

　1800 年代の終わり頃から 1926 年にかけて，それまでの化学の概念を根底から揺るがすような大事件が物理学の世界で勃発した。それは「量子力学」の成立である。

　物理学の世界では，それまでの古典力学的な世界観（1600 年代にニュートン（I. Newton）によって成立）からの大転換を迫られるような革命であったが，化学の世界では比較的平穏にこの事態を乗り切ったようである。残念なが

ら，もの作りを主体として「職人技」に重点を置く分野を持つ化学の世界には，物理学の世界における激震はあまり大きな衝撃とはならなかったようである。このことは，現代でも 1926 年以前からの考え方を引きずった「まったく進歩しない化学」の側面があることを示唆している。本書では，量子論に基づいた新しい化学の考え方と，量子論以前から続く古い化学の考え方が織りなす現代化学の世界について概説する。

調べてみよう

(1) 高校の化学と物理の教科書や理化学辞典等に出ている歴史年表を調べて，化学的（科学的）発見の歴史についてまとめてみよう。
(2) 化学工業において，世界で最も大量に生産されている物質は何だろうか？色々な資料を調べて世界の動向を知っておこう。
(3) 金属どうしの接合の方法について調べ，現在用いられている溶接法にはどのようなものがあるか，その概略をまとめてみよう。また，さかのぼって奈良の大仏の製造方法も調べてみよう。

第 2 章

原子核

朝永振一郎（1906〜1979）筑波大学朝永記念室所蔵

　場の量子論とそれに基づく繰り込み原理を確立し，量子電磁気学を完成させた偉大な物理学者である。朝永が確立した場の量子論は，超弦論を含むすべての理論の基礎にある。

　ここでは化学に関する記述に先立って，現代物理学の素粒子に関する考え方について簡単に触れ，そのあとで一般論としての原子核と核反応について記述する。

2-1 物質の構成要素

現代物理学では，物質の構成要素として，クオークとレプトンを考えている。クオークには6種類があり，それらが下の表に示す強い力で組み合わされてハドロンという陽子や中性子のように重くて大きさのある粒子を形成していると考えられている。一方レプトンとは質量が小さくて大きさのない（小さい）粒子（例えば，電子，ミュー粒子，タウ粒子（以上3つは電荷が−1），電子ニュートリノ，ミューニュートリノ，タウニュートリノ（以上3つは電荷ゼロ））である。レプトンには電磁力と弱い力しか働かないと考えられている。ハドロンは構成クオーク数の違いでさらに2つのグループに分かれており，陽子と中性子はバリオン（3つのクオークでできている）と呼ばれており，この他にメソン（2つのクオークでできている）と呼ばれるπ中間子（3種類ある）がある。バリオンである陽子や中性子は寿命が長くメソンは短寿命であるという違いがある。

現代物理学における大きな特徴として，4つの力がこれら構成要素やその組み合わせによってできたものの間に介在し，それらの力を媒介する「ゲージ粒子」が存在するという考え方がある。強い力はグルーオンと呼ばれる質量も電荷もないゲージ粒子のやり取りで生じると考えられており，弱い力は質量が陽子の90倍もあり電荷が+1, 0, −1のウイークボソンで，重力は質量も電荷もないグラビトンで，そして電磁力は質量も電荷もないフォトン（光子）のやり取りで生じるものであるという考えである。4つの力のなかで，化学に大きく関わるゲージ粒子はとりあえず最後のフォトンだけである。

表 2-1 自然界で働く4つの力

名　称	相対的な大きさ	作用する距離の目安	働く場所
強い力	1	10^{-15} m	クオーク間
電磁力	1/20	無　限	
弱い力	1/20000	10^{-18} m	放射壊変等構成要素を変えるようなときに働く
重　力	5×10^{-39}	無　限	

例えば電子は，電磁力を媒介するゲージ粒子であるフォトンを身にまとっていて，他の粒子や物質と電磁的相互作用をする場合には，身にまとったフォトンを互いに交換することによって引力や斥力などの相互作用が発生すると考えれば良い。ゲージ粒子が介在して力が伝達されるという考え方はゲージ理論と呼ばれているが，数学的にはゲージ変換に対して対称性を変えないような系に対して称されるものである。

　話は横道にそれるが，表2-1に示された4つの力を統一して考えようとすると，ゲージ対称性が保存されないという問題が起こる。ゲージ対称性の基本要件は，

① 電荷が保存されること。
② ゲージ粒子の質量がゼロであること。

である。

　電磁気に関する理論はゲージ変換に対して形を変えないことが知られており，これらの要件を満たしている。しかし，例えばウイークボソンは大きな質量を有しており，この要請に応えることはできない。ところが，ウイークボソンの質量はエネルギーに換算すると $100\,\mathrm{GeV}$（$1\,\mathrm{eV}=$ 電子ボルトは1個の電子を1Vで加速したときに得られるエネルギーであり，これは1個の電子の電荷である $1.602\times10^{-19}\,\mathrm{C}$ に1Vをかけたもの，すなわち，$1.602\times10^{-19}\,\mathrm{J}$ に相当する）程度なので，この程度のエネルギー領域になるとウイークボソンは質量を失いゲージ対称性が保存されることがわかってきた。このように，高いエネルギーの条件を想定するとウイークボソンの介在する弱い力とフォトンの介在する電磁力の統一が可能なのである（統一理論）。同様にして，$10^{15}\,\mathrm{GeV}$ というものすごく大きなエネルギー領域では，強い力も電磁力や弱い力と同じようにゲージ対称性を満たすことがわかった（大統一理論）。残るは重力に関するグラビトンだけとなったが，これに関する理論として現在注目されているのが「超ひも理論」である。グラビトンまで含めて統一的に説明するためには，莫大な大きさのエネルギーの領域を仮定しないといけないが，それが宇宙の始まりの「熱い小さな固まり」と考える（人類が作りうるようなエネルギー状態を超越している高エネルギー状態）のである。宇宙の創成期の超高温状態から，温度の低下と共に，「もともと統一されていたこれら4つの力が分離されてい

った」という理屈である。

　これから大学で化学を学ぼうとする人達にも，化学と互いに相互作用しながら発展してきた物理学の世界を垣間見ることは重要であると考えて，現代物理学の様子を少し取り上げてみた。化学者の中には生物学の方向に踏み入って活躍する人も多いが，生物学よりもさらに基本的な化学的論理に習熟した上で異分野に取り組んでいるからこそ可能なことなのである。これから化学の原理をさらに追求しようという意欲のある学生は，化学的な原理と深く関わっている物理学の考え方や発展の歴史についてもっと興味を持って頂きたいと思う。

2–2　原子（陽子，中性子，電子）

　原子は原子核（大きさと質量がある）と電子（大きさはないが質量はある）からできている。電子の質量は陽子の質量の 1836 分の 1 と小さい。原子核は陽子と中性子からできている。ある元素の陽子数（Z）は原子番号と同じである。陽子数と中性子数（N）を足したものを質量数（A: atomic mass number）という。原子は，一般的に $^A_Z X$ の形で表す。例えば，質量数 12 の炭素は $^{12}_{6}C$ と書く。質量数は整数であるが，実際の元素の質量は整数ではない。

　陽子の静止質量は $1.672621637(83) \times 10^{-27}$ kg であり（カッコ内は誤差），中性子と電子はそれぞれ $1.674927211(84) \times 10^{-27}$ kg, $9.10938215(45) \times 10^{-31}$ kg である。陽子と電子の寿命は非常に長い。中性子は核内に存在する時は安定であるが，単独のときの平均寿命は約 925 秒であり，電子と反ニュートリノ（電荷がゼロのレプトンで反粒子）を放出して陽子になって安定化する。ところで，突然「静止質量」という言葉が出現して戸惑ったことと思うが，有名なアインシュタインの「質量はエネルギーと等価である」という考えから，運動する粒子の質量は静止している（運動量を持たない）粒子の質量とは異なることが容易に理解できると思う。

　相対論的力学においては，質量とエネルギーは互換関係にあるので，運動量は四元のベクトル（$E/c, p_x, p_y, p_z$）で表される。E および c は粒子のエネルギーと真空中における光の速度であり，E/c はその運動量成分であると考えることができる。運動する粒子を考えるとき，全エネルギーが E であれば，運

動量 p は質量による寄与を考慮して $(E/c)^2=(m_0c)^2+p^2$ であることから $E=\sqrt{p^2c^2+m_0^2c^4}$,すなわち運動していない粒子 ($p=0$) のエネルギーが静止質量エネルギー ($E=m_0c^2$) であることがわかる。「静止質量」という言葉は相対論的力学用語であるが,ニュートン力学(古典力学)の「質量」と同じものである。原子核や素粒子の反応では<u>静止質量エネルギーの変化を考慮した際に「エネルギー保存則」が成り立つ</u>と考えられている。

　メンデレーエフは,元素を重さの(当時は原子番号という概念はまだなかった)順に並べて,その性質を眺めたときに,周期性が見られることを発見した(1871)。現在では一定の陽子数に対して中性子数は必ずしも一定ではないことが知られており,中性子数のみが異なる同一の元素(同位体:isotope)の存在が知られている。自然界にある元素にはいくつかの同位体を持つものも多く,そのような元素の原子量はドルトン(1810年)が予想したような整数関係からずれてくる。原子の質量は原子を構成する全粒子の質量の和より少し小さな値になる。この質量差は,原子核を構成する粒子間に働く核力(先に述べた4つの力のいくつか)のエネルギーに相当する。現在では,質量数12の炭素の同位体の原子量を正確に12として,他のすべての元素の原子量が定義されている。このように,$^{12}_{6}C$ を基準にすると,原子質量単位(atomic mass unit,単位としてamuを用いる)を定義することができる。現在では,統一原子質量単位(unified atomic mass unit)と呼ばれており,記号はuで表す(1uは炭素12の質量の1/12と定義されたものである)。amuは今では使わないことになっているが,多くの古い教科書で使用されているため,知っておく必要がある。電子を含む $^{12}_{6}C$ 原子1個の重さを基準にして,その1/12の重さである $1.660538782(83)\times10^{-24}$ g が 1 amu である。amu 単位を用いると,陽子は 1.00727646677(10) amu,中性子と電子はそれぞれ 1.00866491597(43) amu と 0.00054857990943(23) amu と表すことができる。1 amu はエネルギーに換算すると 931.494028(23) MeV である。

2-3　質量欠損(mass defect)とエネルギー

　陽子と中性子の質量を,それぞれ m_p と m_n とすると,実際の原子核の質量

（M）はこれら構成粒子の質量の和より小さいことは先に説明した。

$$\Delta M = Z \times m_p + (A-Z) \times m_n - M \qquad (2\text{--}1)$$

ΔM を質量欠損とよび，これをエネルギーに換算するにはアインシュタイン（Einstein）の式を用いる。

$$E = \Delta M \times c^2 \qquad (2\text{--}2)$$

例えば，${}^4_2\text{He}$ では，M は 4.001506179127(62) amu であるから，ΔM はおよそ 0.0015 amu である。これは質量にして約 2.5×10^{-30} kg であるから，質量欠損に相当するエネルギーは 4.5×10^{-13} J である。これを小さなエネルギーと侮ってはいけない。これはヘリウム原子1個分についてなのである。化学結合のエネルギーは通常の C–C 共有結合で約 350 kJ mol^{-1} である。これは1モル（6.022×10^{23} 個）あたりのエネルギーであるから，質量欠損を同じ土俵で比べるためには 4.5×10^{-13} J にアボガドロ数をかけて比べる必要がある。その結果，質量欠損に対応するエネルギーは約 2.7×10^8 kJ mol^{-1} であり，原子核を構成する粒子間に働く核力の総和は化学結合のエネルギーとは比べ物にならない程大きいことがわかる。

ここで，非常に大きなエネルギーを表す時の単位 eV（電子ボルト，electron volt）について簡単に復習してみよう。1個の電子を1ボルトで加速したときに得られるエネルギーを 1 eV で表すが，これは1個の電子の電荷である $1.602176487(40) \times 10^{-19}$ C（クーロン，coulomb）に 1 V をかけたもの，すなわち約 1.602×10^{-19} J に相当する（単位の関係を思いおこすと，N/C＝V/m であり，J＝Nm あった）。この関係から，1つの C–C 結合のエネルギーはわずか 3.6 eV であるのに対して，1個のヘリウム原子の質量欠損は 2.8 MeV と莫大な大きさであることがわかる。

1919 年に英国のラザフォード（Rutherford）は，^{214}Po の放射壊変によって放出される α 粒子（ヘリウムの原子核）を窒素原子にあてると陽子が放出されることを発見した。この核反応は次のような式で表すことができる。

$$^{14}_{7}\text{N} + {}^{4}_{2}\text{He} \longrightarrow {}^{17}_{8}\text{O} + {}^{1}_{1}\text{H} \tag{2-3}$$

この核反応について矢印の両辺のエネルギー収支を考えると次のようになる。

右側の質量：16.999133＋1.007825（amu）
左側の質量：14.003074＋4.002603（amu）

右から左を引くと，0.00128（amu）だけ質量が増えていることがわかる。これをkg単位に換算してからアインシュタインの式を用いると，この質量差は1.19 MeVに相当することがわかる。すなわち，この核反応が起こるためには1.19 MeVのエネルギーを外から与えてやらなければ起こらないのであるが，このエネルギーは^{214}Poから放出される高エネルギーの$^{4}_{2}$He粒子がまかなっているのである（正確には，このエネルギーのα粒子では上記の核反応は起こらない。その理由は衝突によって生成核も動くので運動量保存則による補正が必要であるからだ。また，原子核同士のクーロン反発もあるから，実際にはこの値よりかなり大きなエネルギーを有するアルファ粒子をぶつけないといけない。トンネル効果などの影響もあり，一般的には3〜4 MeV程度のエネルギーが必要である）。

ここまでの話で，軽い元素の原子核を壊すには大きなエネルギーが必要であることがわかったが，非常に重い原子核ではそうではない。非常に重い核では正電荷が大きいので，陽子間の反発が大きく壊れやすいのである。とはいっても，中世に錬金術師たちが取り組んだ「元素変換」は化学合成手法を用いたものであったから，エネルギー的に見るといかに不毛なもくろみであったかが理解できる。原子核の中の出来事に関係するエネルギーは原子核の外側（電子殻）が関係する化学反応のエネルギーと比べると桁違いに大きいのである。

原子炉の中で起こるウランのおもな核反応は次のようなものである（実際にはもっと複雑な過程も含んでいる）。

$$^{235}_{92}\text{U} + {}^{1}_{0}\text{n} \longrightarrow {}^{139}_{54}\text{Xe} + {}^{94}_{38}\text{Sr} + 3{}^{1}_{0}\text{n} \tag{2-4}$$

この核分裂反応は，1個の中性子と1個のウラン原子との反応によって3個の中性子を生じるから，連鎖的に起こることが理解できる。この核反応では，質量の収支から約 180 MeV の欠損が生じているが，ウランの核分裂に必要なエネルギーは数 MeV 程度なので，その大部分はエネルギーとして放出される。

2-4　放射壊変と核反応：元素の起源を理解するための準備

　この節では，一般的に観測される核の壊変について記述する。19世紀末から20世紀初頭にかけて色々な放射壊変現象が発見され，原子の構造に関する知見が得られると共に，量子力学成立の後には量子論的な考察が予見する現象を検証するために，加速器を用いた研究が盛んに行われるようになった。下に，原子核の崩壊に関するいくつかの現象をまとめてみた。

① β^-崩壊：原子核が崩壊するときに電子と反ニュートリノを放出する。
　核内の中性子が陽子に変わるので原子番号は1つ大きくなる。
　質量数は不変。

② β^+崩壊：原子核が崩壊するときに陽電子とニュートリノを放出する。
　核内の陽子が中性子に変わるので原子番号は1つ減る。
　質量数は不変（天然の放射性元素ではβ^+崩壊は見られない）。

③ α崩壊：原子核が崩壊するときにアルファ粒子（$^4_2$He の原子核）を放出する。
　原子番号は2減り，質量数は4減る。

④ γ崩壊：α, β崩壊と共に観測されることが多い。
　原子核の励起状態からのエネルギー（波長の短い光）の放射。
　原子番号や質量数は変化しない。

　γ線は，私たちがX線といっている光と同じ線質の放射光で，波長が 0.01〜数10ナノメーターの光を指している。γ線が原子核の励起状態から放射されるのに対してX線は制動放射（Bremsstrahlung）によって発生する。

　粒子を標的にぶつけたときに，標的核が壊れてそれに伴なう粒子の放出やγ線の放出が起こるときには，X(A, B)Y 反応というような書き方で表す。X

は標的核であり，A粒子をぶつけてY核に変わり，そのときBを放出することを表している。そのような例をいくつか示す。

① $^{12}_{6}\text{C}(p, \gamma)^{13}_{7}\text{N}$

② $^{13}_{6}\text{C}(p, \alpha)^{10}_{5}\text{B}$

③ $^{14}_{7}\text{N}(p, \alpha)^{11}_{6}\text{C}$

④ $^{44}_{20}\text{Ca}(\alpha, \gamma)^{48}_{22}\text{Ti}$

この他にも，特徴的なβ崩壊の例として，

⑤ $^{63}_{28}\text{Ni} \longrightarrow ^{63}_{29}\text{Cu} + \beta^{-}$

⑥ $^{11}_{6}\text{C} \longrightarrow ^{11}_{5}\text{B} + \beta^{+}$

などの他，ec-decayと呼ばれる軌道電子捕獲反応が重要である。

⑦ $^{44}_{22}\text{Ti} + e^{-} \longrightarrow ^{44}_{21}\text{Sc}$

軌道電子捕獲反応は，不安定な原子核が原子核の周りにある軌道電子を核内に捕獲して別の原子核に変わる反応である。

⑤の反応は^{63}Niがβ線源であることを示している。^{63}Niはβ線源としてクロマトグラフ装置の検出器（ECD＝electron capture detectorと呼ばれる検出器）に使うことがあるが，この場合には試料分子のイオン化が目的である。軌道電子捕獲壊変（electron capture decay＝ecd）とは違う。

コラム

〈ヒッグズ粒子〉

前述のように，宇宙のすべての物質はクオークとレプトンから成り立っている。これらの素粒子間には4つの力が働き，その力を媒介する4つのゲージ粒子（フォトン，ウィークボソン，グルーオン，グラビトン）があることはすでに述べた。ゲージ粒子はスピン1のボーズ粒子であり，場の量子論においてはベクトルボソン（Vector Boson），あるいはベクトルゲージボソン（Vector Gauge Bosons）と呼ばれている。このなかで，電磁力を媒介するフォトンには質量がない（8章のコラム参照）。

電磁力は遠距離力であり，たとえば直接的に電気や磁気にまつわる諸現象のほかにもバネの伸び縮みや摩擦，圧力，衝突の衝撃力などの形で人が

感知することが可能であるが，原子核の大きさより短い距離で働く弱い力（弱い力は原子核の崩壊現象や恒星内部のエネルギー発生などの現象に関係しており，電荷が正と負の2つのWボソンと電荷のないZボソンがゲージ粒子として介在する）と強い力（3つのクォークをくっつけて陽子や中性子を形成したり，原子核の中で中性子と陽子をくっつけるために働いており，8種類のグルーオンがあるとされている）を人は感知することができない。遠距離力である重力は，大きな質量を持つ物体間では人が感知できるほどの大きさになるが，素粒子レベルのミクロな世界では無視できるほどの大きさでしかない。

標準模型（Standard Model）では，2つの基本力（Fundamental Force）があると考えられており，それには重力（Gravity）は含まれない。1つめの基本力は電磁力と弱い力を統一した「電弱力（Electroweak Force)」である。1960年代末に弱い力と電磁力を統一する理論（Electroweak Theory）が提出され，1970年代と1980年代にそれが正しいことが実験的に証明された。その功績によりスティーブン・ワインバーグ（Steven Weinberg），シェルドン・グラショー（Sheldon Glashow），アブダス・サラム（Abdus Salam）の3人が1979年にノーベル賞を受賞した。2つめの基本力は強い核力（Strong Nuclear Force）である。強い力では8種類のグルーオンが介在していると考えられている。

標準模型のこれら2つの基本力によって原子核よりも小さな領域でおこる物質現象がすべて理解できると考えられているが，そこにはまだ「いかにして基本質量（Fundamental Mass）が付与されたのか」という謎が残されている（2012年までの状況）。近距離力である弱い力は非常に重い（プロトンの90～100倍の質量を持つ）3つのボソンで媒介されるが，その一方で電磁力は質量のない光子によって媒介される。ゲージ粒子の重さがこのように極端に違うせいで，電弱力における電磁力と弱い力は全く違うものとして観測される。すなわち，WボソンとZボソンのような大きな質量はどのようにして付与されたものであるのか（どのようにして自発的対称性の破れが起こったのか）という問題が残されていたのである。1960年以来いくつかのメカニズムが提示されたが，その中の1つに，ヒ

ッグズ場（Higgs Fields）として知られている粒子（Higgs ボソン，4個あるとされている）を使って W と Z ボソンに質量を付与するという考えかたがある（1960 年代にエジンバラ大学のヒッグス（Peter Higgs）が提唱した）。同様の考えは，ベルギーのブリュッセル自由大学のアングレールとブロウトによって，ヒッグスよりもほんの少し早く論文として発表されている。ヒッグスの論文はこれよりも少し遅れて発表されたが，アングレールの論文よりも理解しやすいものであったため，こちらの方が有名になってしまった。このように「複数の天才が時を同じくして別個に偉業を達成する」ことは，科学研究分野ではときおりおこる現象である。4つの Higgs ボソンのうち3つは W と Z に吸収されるが一個は残る。この理論によれば，残りの1個の Higgs 粒子（スピンがゼロで電荷を持たないボソン）が自然界で観測されるはずであるとされている（スピンの概念とボソンについては，115 頁を参照）。これらの粒子がいわゆる「神の粒子 (God Particle)，ノーベル賞学者のレオン・マックス・レーダーマン（L・M・Lederman）が付けたあだ名」であり，報道で Higgs 粒子と言われているものである。

　2012 年夏の，CERN（スイスとフランスの国境付近にある巨大な加速器を有する研究施設）での実験結果の正しことが検証されれば Higgs 粒子はプロトンの 125 倍の質量を有し，20 世紀から持ち越された最後の謎が解き明かされることになり，今世紀最大の発見となる。このような成果を重ねることによって Higgs 粒子（Higgs 場）の関与するメカニズムに対する理解が進めば，クオークとレプトン（すべての粒子）の質量獲得のメカニズムも解明されるであろうという意味で，まさに「神の粒子を捕まえた」ということになるのかもしれない。

　「自発的対称性の破れ（Spontaneous Symmetry Breaking）」と呼ばれている現象は，Big Bang 宇宙論においていかにして4つの力が分離されていったのかという考え方（真空の相転移）に対応する。W と Z ボソンはある時点で質量を獲得し，その時点で自発的対称性の破れが起こる。この現象を実験的に再現し理解することができれば，宇宙のすべての物質の質量の由来を説明することにつながる。たとえば質量を獲得する前の W

ボソンを1本の均一でまっすぐな棒（対称性が高い）に例えてみよう。この棒は滑らかな平面上に直立して回転しているものとする。この棒が回転しているかどうかは，棒が完全に均一である（高い対称性を有している）ために，外から眺めてもわからない。この棒に，真上から垂直な力をかけると，いずれ棒は湾曲する。棒が湾曲すると変則的な回転が起こるので，外から眺めたときに「ああ，この棒は回転していたのだな」ということがわかるようになるが，湾曲する瞬間は突然であり，しかもどの方向に湾曲するかは予想できない。これが自発的対称性の破れの本質である。上から垂直にかけた力をHiggs場と考えると，この例はWボソンがHiggs粒子との相互作用で質量を獲得する瞬間（自発的対称性の破れの瞬間）ということになる。このように，正と負のWボソンと無電荷のZボソンは，それぞれ正と負のHiggs粒子並びに無電荷のHiggs粒子と相互作用することによって質量を獲得し対称性を失う。標準模型では，クオークとレプトンも同様にHiggs粒子との相互作用で質量を獲得するが，獲得する質量の大きさはHiggs粒子との相互作用の大きさに比例すると考えられている。たとえば，最も重いトップクオークはプロトンの200倍の重さがあるから非常に強くHiggs粒子と相互作用して質量を得るが，プロトンの2000分の1程度の質量しかない電子はHiggs粒子との相互作用は非常に小さいと考えられている。しかし，なぜそのように相互作用の大きさに大きな違いがあるのかはまだ何もわかっていない。すなわち，たとえHiggs粒子の関与するメカニズムがCERNの実験で証明されても，「なぜHiggs粒子と相互作用する大きさが粒子によって異なるのか」という疑問がまだ解決されていないばかりでなく，さらなる検証によってはこのような仮説さえも覆ってしまうかもしれない可能性がある。科学は人類の知的好奇心を刺激し続けてくれる興味の尽きない学問である。

調べてみよう

(1) 原子の崩壊や放射線の量を計る装置の原理と線量の単位について納得いくまで調べてまとめてみよう。

(2) 1eVとは何ジュールに相当するか。また，それは化学結合のエネルギーや反応熱を表すkJ/molという単位に換算するときにはどのように取り扱えば良いか考えてみよう。

第3章

元素の起源と現代宇宙論

ハンス・ベーテ（1906〜2005）ノーベル財団提供

ハンス・ベーテ（Hans Albrecht Bethe）は1939年に恒星内のエネルギーが核融合反応によるものであることを明らかにするなど，核反応理論に関する多大な業績を残した物理学者である。宇宙の起源に関するアルファ・ベータ・ガンマ理論（ビッグ・バン理論に基づく元素合成の理論）の提唱者の一人である。

化学を研究や学習の対象とするとき，我々の知っている元素がどのようにして生まれて，現在のような存在比で宇宙に存在するのかを知っておく必要がある。この章では，ビッグ・バンにはじまる宇宙の進化と元素合成に関する物理学の理論を紹介する。

3-1 元素の存在比

化学は元素を取扱う学問分野である。身近にある元素を対象にして実験を行っているだけでは気付かないことであるが，元素の起源に目を向けると，そこには壮大な宇宙の根源に繋がる学問分野がある。下に原子番号を横軸にとって，縦軸に対数尺で取った各元素の存在比（ケイ素 10^6 個に対する比）が示してある。白抜き丸は原子番号が偶数の元素であり，黒丸は原子番号が奇数の元素である。この図は，全宇宙の構成元素に対して描かれている。クラーク（F. W. Clarke）による1890年代の地殻における構成元素に関する調査，1925～28年頃までのペイン（C. H. Payne）やラッセル（H. N. Russell）によるスペクトル分析を用いた恒星の元素組成の研究を始めとする多くの研究成果に基づくものである。

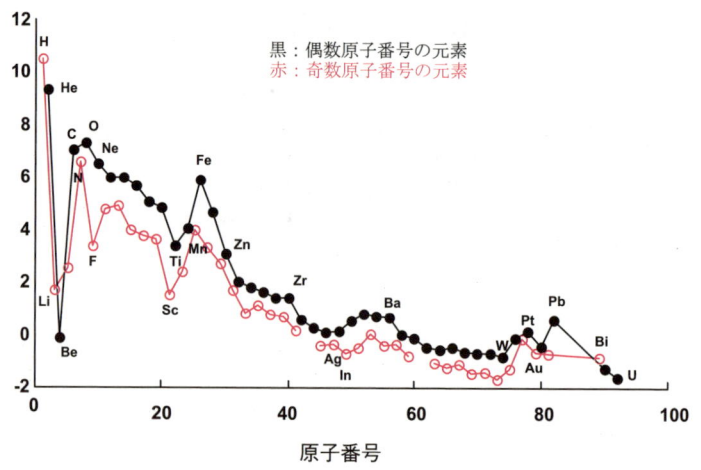

この図からわかることをまとめると次のようになる。
① 原子番号1（水素H）と原子番号2（ヘリウムHe）で全元素の99.9%を占める。
② 原子番号が42のモリブデンMoあたりまでは指数関数的にその存在量が減っている。
③ 原子番号23（バナジウムV）～原子番号28（ニッケルNi）の第一遷移

元素のあたりで，存在比が大きな元素がある。
④ D（重水素，図からはわからないが），原子番号3（リチウム Li），原子番号4（ベリリウム Be），原子番号5（ホウ素 B）は，軽い元素のわりにはその存在量が異常に少ない。
⑤ 原子番号が偶数の元素は原子番号が奇数の元素と比べて多く存在する。
⑥ 原子番号が大きな元素は存在量が少なく，この図からは直接わからないが，非常に重い（中性子が多い）。

このような情報の他に，第2章で触れた1919年のラザフォードによる人類初の人工核変換，1938年のハーン（O. Hahn）とシュトラスマン（F. Strassman）によるウラン U の核分裂の実験的研究など，核反応に関する理論的/実験的成果の蓄積が，宇宙と元素の起源を解く壮大な論理体系を形成しているのである。

核反応に関する物理学と化学の関係は奥深いものである。1937年までは原子番号43の元素（テクネチウム Tc）が，1947年までは61番元素（プロメチウム Pm）は周期表にはなかった。Tc は $^{99}_{42}Mo(d, n)\,^{99}_{43}Tc$ の核反応で人工的に生成され，Pm は U の核分裂生成物の中からそれぞれ発見されたのである。

3-2 元素起源に関する仮説

物理学者と化学者（核化学者）達はこれらのデータに基づいて，それぞれ，宇宙の起源と元素の起源を追求する研究を続けてきたが，1948年に有名な「Big-Bang Theory」が提唱される。この理論は提唱者であるアルファー（R. A. Alpher），ベーテ（H. A. Bethe），ガモフ（G. Gamow）の名を取って $\alpha\beta\gamma$ 理論とも呼ばれている。このような物理学理論が，実際には元素の起源を探る化学的な取り組みと大きく関係している。$\alpha\beta\gamma$ 理論は，後に様々な実験事実に基づく詳細な修正が加えられて，現在に至っている。以下に，Big-Bang に始まる壮大な宇宙の物語と我々が現在目にする元素の関わりについて，提唱されている解釈を概説する。

Big-Bang 理論（現代宇宙論）ではすべての物質（matter）が高温（$T=\sim$

10^{32} K）で高密度（$d=\sim 10^{96}$ g cm^{-3}）の非常に小さな熱いかたまりが，一気に爆発膨張するところから宇宙が始まったと考えている（$t=0$ 秒）。その後 10^{-44} 秒ほどの間は，宇宙は極めて高温（高エネルギー）の状態であり，第2章で述べた4つの力がすべて統一された（ゲージ対称性の要請をみたす）状態で，いわば「超ひも理論」が支配する世界である。このような世界を特徴付ける時間（10^{-44} 秒），距離（10^{-35} m），温度（エネルギーとして 10^{19} GeV）をプランク時間，プランク距離，プランクエネルギーと呼んでおり，プランク時間の後に第一回目の「真空の相転移」と呼ばれる「統一された4つの力の中から重力が分離する（重力のみがゲージ対称性の要請を満たさなくなる）」現象が起ったと考えられている。すなわち，この時点では重力のみが識別される世界であると考えても良い。第2章で述べたように，原子核を構成する陽子と中性子はクオークから形成されたハドロン（バリオン）である。したがって，これらの合成にはクオーク間の相互作用を仲介する，すべての力の識別が可能にならなくてはいけないはずである。宇宙のエネルギーを基準に話を進めると，宇宙のエネルギーが 10^{15} GeV になったとき（$t=10^{-36}$ 秒，大きさは 10^{-30} m，温度は 10^{28} K）「第二の相転移」と呼ばれる現象が起こり，「強い力」が分離する。この時点で，クオークとレプトンが別種の粒子として登場すると考えられている。

その後，宇宙のエネルギーが 100 GeV（$t=10^{-11}$ 秒，大きさは 10^{10} m，温度は 10^{15} K）になると，「第三の相転移」により「弱い力」が分離して，4つのすべての力が観測されるようになる。この時点になって初めて原子核が構成されるための準備が整うというわけである。しかし，この時点ではクオーク同士を結びつけるには宇宙は高温すぎて，すべてのクオークは自由に動き回っていると考えられる。これらのクオークがハドロンを形成するためには宇宙のエネルギー（温度）がもっと下がって，10^{12} K になるまで待たねばならない。その温度に達したとき（$t=10^{-4}$ 秒，宇宙の大きさは 10^{13} m）に，ようやく「クオークの閉じ込め」と呼ばれる陽子や中性子の合成が起こるのである。Big-Bang から数えて $10^{-4}\sim 10$ 秒目までの間は，宇宙空間における電磁波が非常に強いので，元素としては陽子のみが存在する（もちろん中性子も存在する）。ヘリウムは合成されても強い電磁波ですぐ分解されるので，この時間帯には存

在できないと考えられている。宇宙において水素原子核以外の核の合成が開始されるのはこの後である。ちなみに，現在の宇宙の大きさは 10^{26} m 程度と考えられており，平均温度は 2.7 K まで冷えている。

　宇宙の Big-Bang から数えて 10～500 秒くらいまでの間は，中性子と陽子の合体による He 原子核の生成が起こる（生成された原子核が電子を捕獲して原子になるのは，もっとずっと温度の低い状態になってからである）。中性子に寿命があることは第 2 章で触れた。このおかげで宇宙創世から数分後には中性子と陽子が 1：12 の比率になったと考えられている。計算によると，中性子の寿命が 925 秒より長い場合には，この比率は違ったものになり，後の元素の生成は起こらず He の生成で止まってしまうので，恒星も生まれず，ヘリウムより重い原子核の生成は起こらないといわれている。原始宇宙ではこの絶妙な「陽子数と中性子数」のバランスのおかげで，^{7}Li まで合成が進むが，質量数 8 の原子核に安定なものがないため，これより先の元素合成は起こらなかったと考えられている。

　この後 30 万年程たつと宇宙の温度は十分下がって，原子核は電子を捕獲して原子になることができるようになる。やがて，宇宙のあちこちで恒星が出現し，より重い元素の合成はそれら恒星の中で進行するのである。

　太陽程度の小さい星では，水素核融合によってヘリウム合成が起こる。

$$_{1}^{1}\text{H} + {_{1}^{1}\text{H}} \longrightarrow {_{1}^{2}\text{H}} + \beta^{+}$$
$$_{1}^{2}\text{H} + {_{1}^{1}\text{H}} \longrightarrow {_{2}^{3}\text{He}} + \gamma$$
$$_{2}^{3}\text{He} + {_{2}^{3}\text{He}} \longrightarrow {_{2}^{4}\text{He}} + 2{_{1}^{1}\text{H}}$$

　太陽程度の大きさの星では，これ以降の元素合成は進まず，およそ 100 億年で中心部の $_{1}^{1}$H が燃え尽きてしまう。中心部でのエネルギーの放出が途絶えた太陽では，収縮が起こって中心部の密度が増大する。その温度が 2×10^{8} K 程度になると，He 原子核同士の電荷の反発の壁を破って He 核融合と呼ばれる反応で安定な炭素 $_{6}^{12}$C が合成され，さらに酸素 $_{8}^{16}$O までが作られる。太陽程度の大きさの星ではここまでしか元素の合成は進まない。

　太陽より質量のより大きな星（8 倍以上重い：すでに他の小さな星で合成さ

れたものが星間で集まってこのような大きな星ができたと考える）では，誕生時に取り込んだ $^{12}_{6}C$，窒素 $^{14}_{7}N$，$^{16}_{8}O$ と $^{1}_{1}H$ が反応して CNO サイクルと呼ばれる触媒過程で $^{4}_{2}He$ が再合成され，中心部の $^{1}_{1}H$ は約 1000 年程度で燃え尽きてしまう．このサイクルを提唱したのはベーテである．

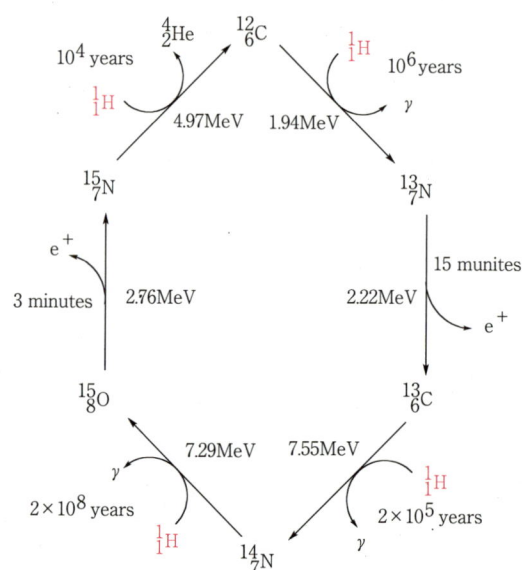

図 3-1　CNO サイクルによって $^{1}_{1}H$ から $^{4}_{2}He$ が生成される様子．時間は 1.5×10^7 K における各反応の半減期．

さらにこの後，次式の He 核融合プロセスで中心部の $^{4}_{2}He$ が燃え尽きると，

$$^{4}_{2}He + {}^{4}_{2}He \longrightarrow {}^{8}_{4}Be \quad (^{4}_{2}He と比べて {}^{8}_{4}Be は非常に不安定で短寿妙で逆反応して分解する)$$
$$^{8}_{4}Be + {}^{4}_{2}He \longrightarrow {}^{12}_{6}C + \gamma$$
$$^{12}_{6}C + {}^{4}_{2}He \longrightarrow {}^{16}_{8}O + \gamma$$

中心部の温度はさらに上昇し，$^{12}_{6}C$ や $^{16}_{8}O$ が核融合してネオン $^{20}_{10}Ne$ やナトリウム $^{23}_{11}Na$ が合成される．

$$^{12}_{6}C + {}^{12}_{6}C \longrightarrow {}^{23}_{11}Na + {}^{1}_{1}H$$

$$^{12}_{6}\text{C} + ^{12}_{6}\text{C} \longrightarrow ^{20}_{10}\text{Ne} + ^{4}_{2}\text{He}$$

この後，$^{20}_{10}\text{Ne}$ を材料としてマグネシウム $^{24}_{12}\text{Mg}$ が，……というように，チタン $^{48}_{22}\text{Ti}$ ……鉄 $^{56}_{26}\text{Fe}$ までが合成されて，ここで He 核融合プロセスは終わってしまう。

$$^{20}_{10}\text{Ne} + ^{4}_{2}\text{He} \longrightarrow ^{24}_{12}\text{Mg} + \gamma$$
$$^{24}_{12}\text{Mg} + ^{4}_{2}\text{He} \longrightarrow ^{28}_{14}\text{Si} + \gamma$$
$$\cdots\cdots\cdots$$
$$^{32}\text{S}, ^{36}\text{Ar}, \cdots\cdots, ^{48}\text{Ti}, ^{56}\text{Fe}$$

Fe と Ni は，陽子と中性子1個あたりのエネルギーが最も小さく，最も安定な原子核だからである。したがって，これ以上の原子番号の元素は鉄より不安定な原子核なので，これまでのような He 核融合では合成できないのである。

鉄より重い原子核の合成には中性子の捕獲と捕獲した中性子の核内での崩壊（中性子が陽子に変わる β^- 崩壊）が必用であるが，中性子は寿命が短いので，大量の中性子が生成され原子核に取り込まれるような過程でしか鉄より重い（鉄より原子番号が大きい）原子核は合成できない。

太陽の質量の8倍以上の質量の星では，その寿命が尽きる時に大爆発を起こして宇宙空間に炭素や鉄などの元素をまき散らす。これらの星間物質が集まって新世代の星が生まれるが，これらの中で，太陽の質量の8倍程度までの星は赤色巨星に進化する。赤色巨星の内部では，次のような反応で大量の中性子を製造し，

$$^{12}_{6}\text{C} + ^{1}_{1}\text{H} \longrightarrow ^{13}_{7}\text{N} + \gamma$$
$$^{13}_{7}\text{N} \longrightarrow ^{13}_{6}\text{C} + \beta^+$$
$$^{13}_{6}\text{C} + ^{4}_{2}\text{He} \longrightarrow ^{16}_{8}\text{O} + ^{1}_{0}\text{n}$$

さらに，この大量の中性子によって Fe より重い元素，ビスマス $^{209}_{83}\text{Bi}$ までが合成される。

$$^{56}\text{Fe} + {}^{1}_{0}\text{n} \longrightarrow {}^{57}\text{Fe} + \gamma$$
$$^{57}\text{Fe} + {}^{1}_{0}\text{n} \longrightarrow {}^{58}\text{Fe} + \gamma$$
$$^{58}\text{Fe} + {}^{1}_{0}\text{n} \longrightarrow {}^{59}\text{Fe}(\text{不安定}) \longrightarrow {}^{59}\text{Co} + \beta^{-}$$
....

このような反応は中性子の供給が遅いので数千年かけてゆっくり進行する(slow-process)。この時の温度は 10^8 K 程度であると考えられている。

$^{209}_{83}$Bi より重い元素は不安定なので slow-process では原子核への中性子の供給が間に合わず,もっと急激な中性子の供給が必要である。

このように重い星の末路は重力崩壊による超新星爆発であることが知られている。この過程で大量の中性子が ^{56}Fe や ^{58}Ni に衝突し,核内の中性子が β 崩壊する前にこれらの原子核に,さらに大量の中性子が捕獲されていくことになる。このようにしてできた「中性子が過剰に存在する原子核」は徐々に β 崩壊を繰り返して安定核になっていく。天然に存在する元素の中で最も重い $^{238}_{92}$U までの元素はこのようにして合成されたと考えられている。このような超新星の爆発にともなう急激な中性子供給とそれに続く反応は rapid-process と呼ばれている。このとき温度は 10^9 度を超えていると考えられている。

Big-bang に始まるこのような元素合成に関する仮説は,現在では高エネルギー加速器を使って実験的に確かめられるまでになっている。しかし,$_3$Li, $_4$Be, $_5$B などのいくつかの元素は,ここまでで説明した恒星内の核反応では生じない。これらの元素は宇宙線が星間ガスと衝突して核分裂するなどして生じたものであると考えられている。たとえば,$^{13}_{6}$C(p, α)$^{10}_{5}$B 等の反応である。その結果,これらの元素の存在量は原子番号が小さいにも関わらず非常に少ない。

本章の記述は,現代物理学が説明する「天然元素の存在比」に関するものであるが,宇宙物理学／素粒子物理学と化学（元素の科学）との関わりが極めて密接なものであることを示している。もちろん,このほかにも仮説が提唱されてはいるが,今のところここで解説した仮説が最も有力なものであると考えられている。ポアンカレ（Poincaré）が指摘するように,「人類の宇宙に対する興味や研究がすべての学問の基礎になっている」ということが良くわかる。も

っとも，ここでいう「宇宙に関する興味」とは，星座の名前や占星術に精通するというような意味合いのものではない。

調べてみよう
(1) 我々の知っている元素はどのようにして出現したものなのか，まとめてみよう。
(2) 中性子の寿命と宇宙における元素の存在比にはどのような関係があると考えられているか調べてみよう。

第4章

古典力学的世界観の破綻と量子力学の勃興

マックス・プランク（1858〜1947）ノーベル財団提供

マックス・プランク（Max Karl Ernst Ludwig Planck）は「量子論の父」と呼ばれている。ボルツマンの確率論的手法を用いて黒体放射の問題を検討し，光のエネルギーが，ある最小単位の整数倍しかとれないことを見いだした。プランクの発見は，アインシュタインらの助けを得て量子論の世界を切り開いた。

1800年代から1900年代初頭には，実験や観測技術の向上に伴って，「物質が粒子性と波動性の2つの性質をあわせ持っている」，「エネルギーは連続ではない」というような，ニュートンのプリンキピア以来の古典力学的世界観を根底から覆す考えが表れる。この章では，古典量子論の勃興について概説するとともに，古典的な波と量子論的な波を結び付ける考え方についても概説する。

高等学校で学んだ力学は，1685～86年にかけてニュートンが『自然哲学の数学的諸原理』(Philosophiae naturalis principia mathematica) にまとめた古典力学大系に準ずるものである。それはエネルギーの保存や運動方程式といった概念を含み，この世で目にするほとんどすべての物理現象（宇宙ロケットの軌道などの物体の運動）を理解するのに十分な力学体系であるように思われる。ひと口に「1926年ごろに量子力学が成立して，その後は古典力学的な考え方はもう古いものだ」と言われても，にわかには信じ難い。

　学問の進化とはそう言うものであると言われている。「量子力学が古典力学に取って代わった」と言っても，考え方のすべてが一度に代わったわけではなく，「古典力学的な考え方は，ほとんどの場合に近似的に正しい解を与える」のである。もちろん，新しい考え方が必要になった背景には，「古い考え方では絶対に説明できない事象」が観測されたと言う事実がある。言い方を変えれば，「新しい考え方は，今のところこの世で知られているすべての事象（もちろんまだ科学者が感知していない事象はこれに含まれない）を正確に説明することができるが，古い考え方では，すでに知られている一部の事象がまったく説明できない」と言うことである。古典力学と量子力学の関係も同様で，私たちが直接関わるマクロな世界の事象は，そのほとんどが古典力学的に説明できる。後に学ぶように量子力学は，おもにミクロな事象（分子や原子以下のレベル）を対象とする力学体系である。しかし，量子力学はマクロな世界も精密に記述する。ただ，マクロな世界の扱いは，古典力学を用いても，ほとんど正確に説明できるということなのである。17世紀後半に成立した古典力学体系は，その後2世紀以上に渡って，多数の物理学者によって検証され，その正当性が保証されてきたものである。そのような学問体系が「真っ赤な偽物」であるはずがない。19世紀にいくつかの分野で精密な観測ができるようになるまでは，新しい理論体系など出現する素地がなかっただけである。それでは，19世紀に発見された，いくつかの新しい事象を取り上げて，古典力学が破綻する様子を眺めてみよう。

　古典力学的な考え方では「運動量やエネルギーは連続的に変化する」。ミクロな世界では，この概念が通用しなくなるのである。量子力学が出現する素地の1つとして，1895年のレントゲン (W. C. Röntgen) によるX線の発見が

ある。X線の発見は「原子の世界からの声を人類に伝えた」という意味において，非常に重要な出来事であった。以下に記述するように，原子の構成要素のようなミクロの世界から発信される情報を理解しようとする人類の挑戦が量子力学に結び付いていったのである。なかでも，黒体輻射の研究から「量子」の概念にたどり着いたプランク（M. Planck）の功績は非常に高く評価されるものであり，ほかにも当時若手の研究者であったアインシュタインやシュレーディンガー（E. Schrödinger）といった多くの科学者らが，量子力学の成立に大きく貢献した。

4-1 水素原子の発光スペクトル

気体状の水素を放電などによって高温にすると，原子化してできた水素原子の励起状態（高いエネルギーの状態）が失活（エネルギーを失って低いエネルギーの状態になること）する際に発光する。光をプリズムに通してみると波長に応じて異なる光が分離できる。同様の概念で，発光する光を波長（横軸にする）に分けて，縦軸には各波長の光の強度を記録したとき，それをスペクトルと呼んでいる。1885年にスイスのバルマー（S. A. Ballmer）は可視領域の水素原子の発光スペクトルを観測した。

コラム

〈可視光の波長（nm）と色の関係〉

我々が目にする光は可視光と呼ばれており，その波長が約400〜800 nm（ナノメータと読み，1 nmは10^{-9}mという意味である）の領域の電磁波である。波長が800 nmより長い光は赤外光（IR: Infra Red radiation），波長が400 nm未満の光は紫外光（UV: Ultra Violet radiation）と呼ばれている。真空中の光の速度をc/ms^{-1}とすると，波長（λ/m）と振動数（ν/Hz）の間には，$\lambda = c/\nu$の関係がある。光のエネルギーに比例する量

可視光の波長と色

UV	紫	青	緑青	青緑	緑	黄緑	黄	橙	赤	IR
380	435	480	490	500	560	580	595	650	780	

として「波数（1 cm の長さの中に何波長分の波が含まれているか）」を用いることがある。波数は ν/c（$=1/\lambda$）で定義される。ただし，このときには波長は cm で表すのが慣例になっている。（1 nm $=10^{-7}$ cm）。波長の短い紫外線やガンマ線が人間の皮膚等にダメージを与えることからもわかるように，光は波長が短い程エネルギーが大きい。紫外光によって人体がダメージを受けると日焼けや皮膚がんになるが，可視光や赤外光ではエネルギーが小さい（波長が長い）のでこのようなことはない。紫外光の中でも，特に波長の短いものは真空紫外光（200～50 nm 程度のものまで）とか X 線（波長が 50 nm～1 pm［ピコメータ $=10^{-12}$m］程度）と呼ぶ。化学ではそれより波長が短い光を γ 線と呼んで区別することもあるが，物理学的には，波長ではなく発生原理に基づいて X 線（原子核の外でおこる制動放射）と γ 線（原子核内の核励起状態からの放射）を区別するので，50 nm 以下の波長の光はすべて X 線または γ 線である。

バルマー（S. A. Ballmer）は観測される波長が飛び飛びであって，連続するスペクトルではないことを発見した。この当時はまだボーア（N. Bohr）による原子モデル（1913 年）は知られておらず，ラザフォードの原子モデル（有核模型）が発表されるのも 1911 年のことである。ラザフォードが α 粒子がヘリウムの原子核であることを突き止めたのは 1908 年のことであった。

バルマーの結果を受けて，スウェーデンのリュードベリー（J. Rydberg）は，より詳細な実験と考察から，観測結果を合理的に表すことのできる数式（実験式）を提唱した。これが 1890 年のことである。水素原子の発光スペクトルについては，1906 年にアメリカのライマン（T. Lyman）が紫外領域の観測をし，赤外領域についてはドイツのパッシェン（F. Paschen）が測定している。紫外領域と赤外領域の研究が遅れたのは，観測技術の問題があったからである。次式は後に一般化されたリュードベリーの式である。

$$\text{観測線の波数}(\text{cm}^{-1}) = R_H (1/n_1^2 - 1/n_2^2) \quad n_1=1, 2, \cdots, \quad n_2=n_1+1, n_1+2, \cdots.$$

R_H は 109737.31476(32) cm^{-1} で，リュードベリ定数と呼ばれている。この値は

ドップラー効果の影響を除いた分光学的観測から報告された最新の値である（1989年の時点で）。$n_1=1$ の時がライマン系列，2 の時がバルマー系列，3 の時がパッシェン系列に対応する。これらの他に，$n_1=4, 5$ に対応するブラケット系列やフント系列（共に赤外光放射）が知られている。水素原子の発光スペクトルに関する記述は，「発光線が飛び飛びの値であった」ことだけにとどめておく。このような観測結果の理論的証明は，1926年にシュレーディンガーが行なうことになる。

4-2 黒体放射

　黒体とはあらゆる振動数の電磁波をすべて吸収できる物体である。近似的には黒いビロードや煤がそれにあたるが，厳密には外からの電磁波を通さない壁に囲まれた一定温度の空洞の壁に，壁の全面積より十分小さな穴をあけて中をのぞいたときに実現される。黒体放射とは，この穴から放射される電磁波を指す。古典的には空洞内で熱平衡にある電磁波を指し，一般的には，磁器で作った空洞を電気炉で加熱して観察された。キルヒホフ（G. Kirchhoff）は1859年に黒体放射の様子は温度のみに依存し，壁の材質や穴の形には依存しないことを報告した。

　さて，このような現象の解明に取り組むためには，第4章1節で使ったのと同様のスペクトル分析をすれば良いことがわかる。1879年にシュテファン（J. Stefan）は，実験によって単位時間に単位面積の黒体から放射されるエネルギー（これをエネルギー密度と呼ぶ）は温度の4乗に比例するという結果を報告した。ボルツマン（L. Boltzmann）は，マクスウェル（J. C. Maxwell）の電磁気学の理論を用いて放射による圧力を計算し，放射のエネルギーを圧力のする熱力学的な仕事と関係付けることによって，シュテファンの実験式を理論的に裏付けた。

$$\text{エネルギー密度} = aT^4 \quad (a = 56.7 \times 10^{-9} \text{ Wm}^{-2}\text{K}^{-4}) \qquad (4\text{-}1)$$

この式はシュテファン-ボルツマンの法則を表す式である。

1893年に，ウイーン（W. Wien）は熱力学的考察から，ある温度におけるエネルギー分布がわかれば，他の温度における分布のシフトを予測できると考えて，放射最大波長と温度の関係式を導出した。これはウイーンの変位則と呼ばれるものである。

$$T \times \lambda_{max} = 一定 \ (= 2.898 \times 10^{-3} \, mK) \tag{4-2}$$

Tは絶対温度，λ_{max}は発光スペクトルの極大波長である（黒体放射スペクトルは水素原子の発光スペクトルのような輝線ではなく，広い波長幅で観測される）。ウイーンの変位則は，恒星や赤熱するフィラメント等の直接測定できないものについてその温度を推定するときに用いられる便利な式である。

1900年には，レイリー（Rayleigh［ジョン・ウィリアム・ストラット（J. W. Strutt）のこと］）が統計力学的等分配則（三次元運動する粒子はx, y, z方向に等しくエネルギーを有している）を用いてスペクトル関数を導いた。ジーンズ（J. Jeans）は理論の中の間違いを修正して報告したので，その式は今ではレイリー－ジーンズ式と呼ばれている。実はウイーンの導いたエネルギー密度に関する理論式はレイリー－ジーンズ式とは互いに矛盾するのである。前者は低温度領域での実験値を良く説明し，後者は高温度領域の実験値を良く説明するのであるが，古典力学的体系では全観測領域での測定値を合理的に説明することができないことがわかってきたのである。

4-3　固体の比熱

比熱は，質量mの物質の温度をΔTだけ上げるのに必要な熱量ΔQについて，ΔTを限りなくゼロに近付けたときの$\Delta Q/m\Delta T$で定義される。mの代わりに1モルあたりの値として定義するとモル比熱になる。単原子からなる固体のモル比熱がおおむね25 J mol^{-1}K^{-1}の値であることから，1819年にデュロン（P. L. Dulong）とプティ（A. T. Petit）は「固体のモル比熱は$3R$（Rは気体定数）」という経験則を導いた。この法則は，粒子の熱振動エネルギーは一自由度あたりRであるというエネルギーの等分配則を適用して，統計力学的

に証明することができる。しかし，幅広い温度で比熱を測定すると，その値は低温で $3R$ から次第に小さくなり，さらに低い温度領域では T^3 に逆比例してゼロに近づくことがわかってきた。このような現象は古典的なモデルによる説明が不可能であり，理論的な説明が成功するのは1912年になってからである。

4-4 プランク仮説から古典量子論へ

1900年にプランクは電磁波のエネルギーは「離散的：連続ではなく飛び飛びという意味，discrete」でなくてはならないとする結論に至り，振動数が ν の電磁波のエネルギーが，プランク定数 h を用いて $h\nu$ で表されることを示した。このような考えは，突然ひらめいたわけではない。1877年にボルツマンはエネルギーをいくつかのセグメントに分けて，確率論的に粒子の熱分布に関する理論（ボルツマン分布）を導いた。プランクは黒体放射のエネルギー分布について考えたとき，黒体の中には仮想的ないくつもの共鳴箱があり，それぞれが単一の周波数（エネルギーに対応する）の放射に対応すると考えた。ボルツマンの方法をまねて，電磁波のエネルギーをゼロから全エネルギーに至る領域で等分し（セグメントに分ける），エネルギー分布が計算できると考えたわけである。しかし，計算結果がすでに報告されている実験結果と合うようにするには，いつでもセグメントの大きさが $h\nu$ という特定の値にならなければならないことがわかった。さらに $0.5\,h\nu$ とか $0.3\,h\nu$ といった中間の値は取れず，必ず $h\nu$ の整数倍でなくてはならないという結論に至ったのである。プランク自身は当初この結果を信じがたいと思ったが，1909年には確信に至ったといわれている。これが「エネルギーは連続」とする古典論の崩壊の始まり，すなわち「古典量子論」といわれる時代の始まりである。

プランクは，電磁波のエネルギーが離散的であると仮定すれば，実験的に観測された黒体放射のエネルギー密度が理論的に説明できることを示した。一般的には，プランクは「エネルギーは不連続である」という結論を利用して黒体放射の問題にすぐ取り組んだように書かれているものもあるが，プランクの方法を検証し，「離散的エネルギーの概念」の重要性を確信して最初に理論的考察に応用したのは，アインシュタインやエーレンフェスト（P. Ehrenfest）な

ど他の若手物理学者だったのである。アインシュタインはプランクの考えを発展させ、光の吸収と放出は「エネルギー量子」の形で行われ、放射自体に粒子性があることまで言及して「光量子」と名付けた（1905年）。

同じ年に、アインシュタイン–デバイの関係といわれる固体の比熱に関する考察が提出され、絶対零度に至る全領域の比熱の変化が上手に説明できることがわかった。絶対零度の概念は、1851年にケルビン（kelvin［ウィリアム・トムソン（William Thomson）のこと］）によって提唱された概念である。この議論でも「振動する原子が取りうるエネルギーは $h\nu$ の整数倍（飛び飛びの値）である」と仮定している。このほかにも、アインシュタインは特殊相対性理論（1905年）、ブラウン運動の理論（1905年）、光電効果の理論（1906年）、一般相対性理論（1916年）など、現代量子論と関係する多くの研究業績を発表している。

さて、このような古典量子論の時代にアインシュタインが用いた「光量子」という言葉からわかるように、「量子（quantum）」とはエネルギーや運動量の「単位の量」を表す」言葉である。

この後、1923年にはド・ブロイ（L. d. Broglie）が「物質波」の概念を提唱し、運動量 p の粒子には $p=h/\lambda$ の関係（1905年にアインシュタインが特殊相対性理論の帰結として提唱）で表される波長 λ の波としての性質が付随するという仮説が出された。同じく1923年には、コンプトン（A. Compton）がX線の散乱実験からコンプトン効果を発見し、いよいよ光の波動性と粒子性は現実的な概念として定着してくる。コンプトン効果とは、短波長のX線を物質にあてたとき、散乱して出てくる二次X線の波長が入射X線より長くなるという現象である。コンプトン効果とはX線と電子との衝突により、X線のエネルギーの一部を電子に与えて、波長が変化する現象なのである。このようなターゲットとのエネルギーのやり取りがある非弾性散乱は、光の粒子性を表している。その後1925年にはデビソン–ガーマーの実験で有名な電子線の回折現象が発見され、それまで粒子と考えられていた電子が波としての性質を有する（光の干渉と同じ効果が観測される）ことが実証された。このようにミクロな世界を支配する要因、

① 光（波）のエネルギーが離散的であること。

② 波は粒子性を備えていること（二重性）。

などが，その後の量子力学体系に繋がっていく。

古典量子論（初期量子論）の時代の原子モデル（ボーアモデル1913年：1911年のラザフォードの有核原子模型から派生）は，電子軌道に古典力学の運動方程式を適用するが，その一方で，古典力学の特質である「初期条件に応じて運動は多様になる」という考えを否定して「プランク仮説にしたがう量子条件で選ばれた軌道（固有のエネルギーを持つ定常的状態）だけが実現する」と考える折衷案であった。電子の運動を円運動として，その角運動量は $h/2\pi$ の整数倍になる（＝エネルギーは $h\nu = hc/\lambda$ の間隔でしか許されない）と考え，水素のバルマー系列を見事に説明したが，その後このモデルは間違いであることがわかる。しかし，ボーアの概念は軌道が定常状態（定在波）であることを要求するので，後の概念と通じるところがある。また，この考え方からアインシュタイン－ド・ブロイの関係（$p = h/\lambda$）を導くことができた。

1905年にアインシュタインが発表した特殊相対性理論から，アインシュタイン－ド・ブロイの関係式（$p = h/\lambda$）を直接導くことができる。第2章において，相対論的力学においては質量とエネルギーは互換関係にあるので，運動量は四元のベクトル（$E/c, p_x, p_y, p_z$）で表されることに触れた。E/c は粒子の運動量成分であると考えることができる。運動する粒子を考えるとき，全エネルギーが E であれば，運動量は質量による寄与を考慮して $(E/c)^2 = (m_0 c)^2 + p^2$ である。したがって，

$$E = \sqrt{p^2 c^2 + m_0^2 c^4} \tag{4-3}$$

運動していない粒子では運動量 $p = 0$ なので $E = m_0 c^2$ という有名な式が導かれる。逆に「光には質量はないが運動量はある」と考えれば，$E = pc$ という単純な関係が導かれる。プランクの関係から，光のエネルギーは $E = h\nu$ なので，$h\nu = pc$ である。波長 λ と振動数の間には $\lambda = c/\nu$ の関係があるので，光の運動量は $p = h/\lambda$ となるのである。このアインシュタイン－ド・ブロイの関係式が，粒子性と波動性の橋渡しをする重要な概念であり，1925年のシュレーディンガーによる量子力学（現代量子論）の誕生に繋がる。しかし，シュレーディン

ガーの量子論は，「非相対論的量子論」と呼ばれるものであり，アインシュタイン－ド・ブロイの関係は単に特殊相対論からも導出できるというに過ぎない。

4-5 定在波（定常波）とシュレーディンガーの波動方程式

波動は三角関数によって表される。これを $y_+ = a\sin(kx+ut)$ とする。この波は，時間 t と共に位相が変化する進行波である。x が波長 λ に等しいときには，$kx = 2\pi$ であるから，$k = 2\pi/\lambda$ である。u は x 軸方向への波の進行速度（m/s）である。この波の振動数は，単位時間当たりに，x 軸上の定点を通過する波の数であるから，$\nu = u/\lambda$ である。角速度と振動数の関係から角速度（rad/s）ω は，$\omega = 2\pi\nu$ である。したがって，この進行波 y_+ は，$y_+ = a\sin(kx+\omega t)$ と書くことができる。この一般的な進行波を表す微分方程式を求めてみよう。三角関数は二回微分すると元の関数に戻ることを知っている。式（4-4）に現れる偏微分記号については付録を参照されたい。

$$\begin{aligned}
\left(\frac{\partial y_+}{\partial x}\right)_t &= ak\cos(kx+\omega t) \\
\left(\frac{\partial^2 y_+}{\partial x^2}\right)_t &= -ak^2\sin(kx+\omega t) = -k^2 y_+ \\
\left(\frac{\partial y_+}{\partial t}\right)_x &= a\omega\cos(kx+\omega t) \\
\left(\frac{\partial^2 y_+}{\partial t^2}\right)_x &= -a\omega^2\sin(kx+\omega t) = -\omega^2 y_+
\end{aligned} \quad (4\text{-}4)$$

2番目と4番目の式を見比べると，一般的な波動を表す微分方程式は式（4-5）になることがわかる。

$$\left(\frac{\partial^2 y_+}{\partial x^2}\right)_t = \frac{k^2}{\omega^2}\left(\frac{\partial^2 y_+}{\partial t^2}\right)_x = \frac{1}{u^2}\left(\frac{\partial^2 y_+}{\partial t^2}\right)_x \quad (4\text{-}5)$$

一方，2つの対向する進行波を重ね合わせると，$y_+ = a\sin(kx+ut)$ と $y_- = a\sin(kx-ut)$ という逆向きの進行波を足し合わせて，$y = y_+ + y_- = 2a\sin kx \cdot \cos ut$ という波を作ることができる。この関数型をよく見ると，sin 関数部分

は時間に依存しないから、この $\sin kx$ で表される波は進行しないことがわかる。$\cos$ 関数部分は時間 t に依存して変化するが距離 x に依存しないから $\cos ut$ はゼロから1の大きさで息継ぎする運動である。すなわち、$y=y_+ +y_- =2a\sin kx \cdot \cos ut$ という波は下図で表されるような定位置（腹と節が常に同じ位置）で膨れたり萎んだりする波を表す関数であることがわかる。関数 y で表される波は、「定在波（定常波）」と呼ばれ、振幅が $2a$ の単純なサイン波が「節と腹の位置」を変えることなく $\cos ut$ で「息継ぎ運動」しているような波を表しているのである。

$$y=y_+ +y_- =2a\sin kx \cdot \cos ut \tag{4-6}$$

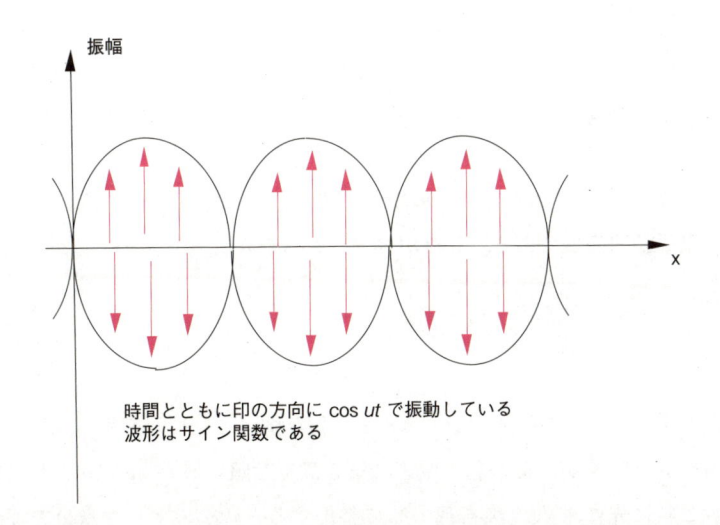

時間とともに印の方向に $\cos ut$ で振動している
波形はサイン関数である

この定在波も、当然、先ほど求めた波動を表す微分方程式を満足するはずである。ここで、$y=\phi\cos ut$ と言うように、時間に依存しない波動成分を未知の関数 ϕ と置き換えて先の微分方程式に適用すると、この関数を二階微分することによって、

$$\frac{\partial^2 y}{\partial t^2} = -\phi\omega^2 \cos ut$$

$$\frac{\partial^2 y}{\partial x^2} = \frac{\partial^2 \phi}{\partial x^2} \cos ut$$

$$\frac{\partial^2 \phi}{\partial x^2} \cos ut = \frac{1}{u^2}(-\phi\omega^2 \cos ut)$$

$$\therefore \frac{\partial^2 \phi}{\partial x^2} = -\frac{\omega^2}{u^2}\phi$$

(4-7)

最後の式が定在波を表す微分方程式の古典力学的表現であることがわかる。この微分方程式を量子力学の世界に移項するのは、アインシュタイン-ド・ブロイの関係式（$p=h/\lambda$）である（第一の量子化と呼ぶ）。

このとき $\omega^2/u^2 = 4\pi^2 p^2/h^2$ であるから、

$$\frac{\partial^2 \phi}{\partial x^2} = -\frac{p^2}{\hbar^2}\phi \tag{4-8}$$

ただし、$\hbar$ はディラック定数（$h/2\pi$）である。これが定在波を満たす微分方程式の量子論的表現である。したがって、これを p^2 について解くと、

$$p^2 = -\frac{\hbar^2}{\phi}\frac{\partial^2 \phi}{\partial x^2} \tag{4-9}$$

一方、電子の運動を記述するエネルギー保存則（これに対応する関係をハミルトニアンと呼ぶが、その名の由来は第5章を参照）は $E=p^2/2m+V$ であるから、これに先に求めた p^2 を代入して整理すると、次のような微分方程式が得られる。

$$-\frac{\hbar^2}{2m}\frac{\partial^2 \phi}{\partial x^2} + V\phi = E\phi \tag{4-10}$$

これが「質量 m の粒子の一次元の運動を量子論的（エネルギーが離散的であることを容認したとき）に表現した」方程式である。この概念を粒子の三次元の運動に拡張すると、1926年にシュレーディンガーが提唱した「時間を含ま

ないシュレーディンガーの波動方程式」になる。

また蛇足であるが，定在波に関する微分方程式から，「運動量の演算子」を容易に求めることができる。

$$\hat{p}_x = \frac{\hbar}{i}\frac{\partial}{\partial x} \tag{4-11}$$

演算子とは，エネルギーや運動量などの物理量に対応する微分成分（演算命令文）と考えれば良い。

さらに波動関数が時間に依存するときには，オイラーの公式を利用して，

$$\phi = e^{i(kx+\omega t)} \tag{4-12}$$

と置いて，この関数を時間で微分することにより，

$$\frac{\partial \phi}{\partial t} = i\omega\phi \tag{4-13}$$

ここで，$E = h\nu = h\omega/2\pi$ であることを思い出せば $\omega = 2\pi E/h$ であるから，

$$\frac{\partial \phi}{\partial t} = \frac{iE}{\hbar}\phi \tag{4-14}$$

また，時間を含まない波動方程式の関係を用いると，

$$\begin{aligned} E\phi &= -\frac{\hbar^2}{2m}\frac{\partial^2 \phi}{\partial x^2} + V\phi \\ \therefore\ -\frac{\hbar^2}{2m}\frac{\partial^2 \phi}{\partial x^2} &+ V\phi = \frac{\hbar}{i}\frac{\partial \phi}{\partial t} \end{aligned} \tag{4-15}$$

このように，時間を含むシュレーディンガーの波動方程式を導くことができる。

最後に数学的な約束事として，次のような略号を覚えておくと便利である。$\varDelta$（delta）のひっくり返った記号は文字どおり atled（アトレッド）と読む。2乗したものは△（ラプラス演算子と呼ぶ）で表すこともある。

$$\frac{\partial}{\partial x} + \frac{\partial}{\partial y} + \frac{\partial}{\partial z} = \nabla$$

$$\frac{\partial^2}{\partial x^2} + \frac{\partial^2}{\partial y^2} + \frac{\partial^2}{\partial z^2} = \nabla^2$$

この記号を使うと,シュレーディンガーの波動方程式は時間を含む場合,含まない場合でそれぞれ次のように表現できてわかりやすい。

$$\left(-\frac{\hbar^2}{2m}\nabla^2 + V\right)\phi = E\phi$$

$$\left(-\frac{\hbar^2}{2m}\nabla^2 + V\right)\phi = \frac{\hbar}{i}\frac{\partial \phi}{\partial t}$$

通常,化学で必要なのは時間を含まないシュレーディンガーの波動方程式とその解だけである。しかし,電子遷移などの過渡的現象を考えるときには時間を含む表現が必要になることを記憶のどこかに留めておく必要がある。

調べてみよう

(1) 量子論(古典的/近代的を問わず)の発展の歴史を年代に沿って,それに関わった著名な研究者の名前と業績でまとめてみよう。

(2) 色温度が 5000 K と書かれた自動車のヘッドライト用の電球は,何 nm の波長に発光のピークを持つか考えてみよう。

第5章

量子力学の基礎〜古典力学との関係

ニールス・ボーア（1885〜1962）

　ニールス・ボーア（Niels Henrik David Bohr）は，量子力学の成立に際して最も評価されている物理学者の一人で，「量子論の育ての親」として知られている。コペンハーゲン学派を成した。多くの物理学者から慕われたが，アインシュタインがボルン宛てに書いた「神はサイコロを振らない」という手紙（アインシュタインは当時量子論に反対する立場を取った）に反論して，「神の成されることに注文を付けるでない」と説得したと言われている。

　この章では，ハミルトン方程式の意味とそれを用いた古典的な回転運動の解析を記述する。数学や物理学が苦手な学生は，この章の数式は読み飛ばしても本書の理解に支障はない。

5-1 古典力学におけるハミルトン方程式とハミルトニアンの名前の由来

　黒体放射に関するプランクの考察から，プランク定数が導かれた（詳しくは第3章を参照）が，この値はミクロな（量子論的）世界とマクロな（古典力学的）世界の関係を象徴する値であると考えられている。マクロな世界はプランク定数がゼロとなる（極限移行と呼ばれる第一の量子化の逆に対応）世界と考えれば良い。すなわち，量子性の程度が異なるいくつかの世界があったとすれば，プランク定数はその「量子性の程度」を表す尺度であると考えられる。

　古典力学的な世界を描くことのできる表現として，19世紀にハミルトン（W. R. Hamilton・1805〜65年）が正準方程式（canonical equation，基準になるあるいは正統な規則に沿った方程式という程度の意味）を導入した。三次元空間における質点の運動を記述するためには質点の座標とその時間変化を調べれば良いが，運動の様子によっては通常の直交座標ではなく極座標で表現した方が便利なときがある。そのような場合，このような運動を一義的に記述するために必要な独立変数を一般化座標という。たとえば，単振動の振り子運動は平面的な運動として見れば良いので，振り子の中心からの距離と振れ角だけが一般化座標になる。ハミルトンは質点の運動を n 個の一般化座標（q_n）と n 個の一般化運動量（$p_n = \partial L/\partial q_i'$; $q_i' = \partial H/\partial p_i$）の合計 2n 個と時間（$t$）の合計 2n＋1 個の独立変数で表される運動方程式を提案した。L はラグランジュ関数と呼ばれているものであるが，その中身は運動エネルギー（T）からポテンシャル（位置）エネルギー（U）を引いたものである。また H はハミルトニアンと呼ばれる関数で，次のように運動量 p，座標 q，時間 t で表現される。

$$H = H(p_1, p_2 .... p_n; q_1, q_2 .... q_n; t)$$

下付きの添字は n 次元の一般化座標の方向を表す番号である。このときハミルトンは，次のような連立偏微分方程式が成り立つことを示し，これを解くことによって力学系の運動を記述できることを証明した。これを正準（運動）方程式と呼んでいる。

$$\frac{dq_i}{dt} = \frac{\partial H}{\partial p_i}, \ \frac{dp_i}{dt} = -\frac{\partial H}{\partial q_i}, \ i = 1, 2, \ldots n \tag{5-1}$$

このような関係において，ハミルトニアンが時間をあらわに含まないときには，Hは全系のエネルギーである$T+U$になるので，エネルギー保存則を満たす。

5-2 古典力学的な原子の模型──円運動のハミルトニアンと解

例えば，一次元において2個の粒子が相互作用ポテンシャル（位置エネルギー）Uで存在するとき，2つの粒子の運動を記述するには，次のようなハミルトニアンを用いれば良い。

$$H = \frac{p_1^2}{2m_1} + \frac{p_2^2}{2m_2} + U \tag{5-2}$$

同様に，たとえば原子核と電子の間に働く静電的なポテンシャルをUとすれば，原子内の1個の電子の古典的な運動は次のように表すことができる。

$$H = \frac{p^2}{2(M+m)} + \frac{p^2}{2\mu} + U \tag{5-3}$$

ただし，μは原子核の質量をM，電子の質量をmとしたときに，$\mu = mM/(M+m)$で表される換算質量と呼ばれる物理量である。右辺の第一項は重心の運動に対応する項で，第二項は重心に対する電子の運動に対応する。原子核の質量は電子の質量と比べて非常に大きく，重心の運動は電子の運動と分離して考えられるので，電子の運動の極座標表現によるハミルトニアンは式（5-4）で近似される。

$$H = \frac{p^2}{2\mu} + U \tag{5-4}$$

角運動量はベクトル積の$r \times p$であるから（付録参照），例えば，z軸方向の角運動量の大きさは$M_z = xp_y - yp_x$である。この時間微分を取ると次のように

なる。

$$\frac{dM_z}{dt} = x\frac{dp_y}{dt} - y\frac{dp_x}{dt} + p_y\frac{dx}{dt} - p_x\frac{dy}{dt} \tag{5-5}$$

式(5-4)のハミルトニアンはハミルトン方程式から,

$$\begin{aligned}
\frac{dx}{dt} &= \frac{\partial H}{\partial p_x} = \frac{p_x}{\mu} \\
\frac{dy}{dt} &= \frac{\partial H}{\partial p_y} = \frac{p_y}{\mu} \\
\frac{dp_x}{dt} &= -\frac{\partial H}{\partial x} = -\frac{x}{r}\frac{\partial U}{\partial r} \\
\frac{dp_y}{dt} &= -\frac{\partial H}{\partial y} = -\frac{y}{r}\frac{\partial U}{\partial r}
\end{aligned} \tag{5-6}$$

これらを M_z の時間微分式の右辺に代入すると,これがゼロになることがわかる。

$$\frac{dM_z}{dt} = 0$$

同様にして,M_y と M_x についても時間微分がゼロになることが容易に証明される。これらのことは,「古典力学的には角運動量は時間変化」しないことを示している。角運動量はベクトル積の $r \times p$ であるから,角運動量 M を z 軸方向に取れば,r と p は xy 平面内にあることになる。このようなときには,z 軸方向の運動はないので,エネルギーは次のように表される。

$$E = \frac{1}{2}\mu\left[\left(\frac{\partial x}{\partial t}\right)^2 + \left(\frac{\partial y}{\partial t}\right)^2\right] - \frac{e^2}{(x^2+y^2)^{1/2}} \tag{5-7}$$

ただし,U は半径 r を x と y で表し,電荷を e と置いて,次のように置き換えてある。

$$U = -\frac{e^2}{(x^2+y^2)^{1/2}}$$

このように，エネルギーも時間に依存しないことが証明された。この表現を極座標に変換するには $x=r\cos\phi$, $y=r\sin\phi$ で置き換えて，両辺を時間で微分して角運動量とエネルギーの式に代入する。

$$M_z = \mu r^2 \frac{\partial \phi}{\partial t}$$
$$E = \frac{1}{2}\mu\left(\frac{\partial r}{\partial t}\right)^2 + \frac{M_z^2}{2\mu r^2} - \frac{e^2}{r} \tag{5-8}$$

この関係から r の時間依存を求めることができる。

$$\frac{dr}{dt} = \left(\frac{2E}{\mu} - \frac{M_z^2}{\mu^2 r^2} + \frac{2e^2}{\mu r}\right)^{1/2} \tag{5-9}$$

この関係を積分すれば時間に依存する r の関数形を求めることができる。この式（5-9）と式（5-10）の関係から，

$$\frac{\partial \phi}{\partial t} = \frac{M_z}{\mu r^2} \tag{5-10}$$

dt を消去して積分すれば ϕ を r の関数として解くことも可能である。

$$\phi = \int \frac{M}{\mu r^2}\left(\frac{2E}{\mu} - \frac{M_z^2}{\mu^2 r^2} + \frac{2e^2}{\mu r}\right) dr \tag{5-11}$$

このように，古典力学の最終期に現れたハミルトンの正準運動方程式はその後のシュレーディンガー波動方程式の成立に貢献することになる。

5-3 古典的アプローチの破綻とそれを回避するためのアイデア

古典力学的に原子モデルを考えると，非常に大きな問題が起こる。それは荷

電粒子である電子が核の電場で束縛されているため,「どのような半径の軌道にいても電磁波を放射してエネルギーを失っていく運命にある」ということである。すなわち,ラザフォードが考えた有核モデル（1911 年）では,古典力学的には「電子はいずれ失活して核に埋没してしまう」ことになり安定に存在できないのである。しかし,当時のすべての実験結果はラザフォードのモデルに基づく原子の構造を支持していたのである。

そこで,ラザフォードの研究室で学んでいたボーアは,プランクとアインシュタインの思想を取り込んで,「原子における 2 つの安定エネルギー状態の間には $h\nu$ の差がある」とする考えに至った（1913 年）。

$$h\nu = |E_k - E_l|$$

この考え方は,電子の軌道が特定の波長（振動数）のエネルギーに対応する状態しか許されないことを示しており,原子構造の安定性を保証するものであった。ボーアの鋭いところは,「エネルギーではなく,角運動量が離散的である」として取り扱えば良いと考えた点である。

$$M = nh/2\pi$$

ここで n は整数である。ボーアの考えに沿って話を進めると,電子が角速度 ω で xy 平面を回っているとすれば,その速度 v はベクトル積の $\omega \times r$ で与えられ,角速度が一定であればその速度も時間に依存しない。このとき,電子と核の間には e^2/r という引力と $\mu v^2/r$ という遠心力が釣り合っている。角運動量の μrv が先の条件（$M=nh/2\pi$）で量子化されていると考えれば電子の速度,半径ならびにエネルギーはそれぞれ式（5-12）で表される。

$$v = \frac{2\pi e^2}{nh}$$

$$r = \frac{n^2 h^2}{4\pi^2 \mu e^2} \tag{5-12}$$

$$E_n = -\frac{2\pi^2 e^4 \mu}{n^2 h^2}$$

このような結果は，水素原子のスペクトルを表すリュードベリー式における実験値であるリュードベリー定数と定量的に一致するものであった。
$[\lambda^{-1} = \Delta E_n / hc = R_H (1/n_1^2 - 1/n_2^2)]$

$$R_H = \frac{2\pi^2 e^4 \mu}{ch^3} \tag{5-13}$$

この結果，ボーアの仮定した「角運動量が量子化されている」とする仮定，

$$M = nh/2\pi$$

が正しいことがわかったが，まだ数多くの謎が解き明かされていなかった。それらは，
① なぜ電子に対して安定な軌道が存在しないといけないのか。
② なぜ，これらの軌道にある電子が，光を吸収したり放射したりしないのか。

といった疑問である。このような疑問は，電子を「粒子」としてとらえることによるが，後に提出される「ド・ブロイの波動の概念（1924年）」と「ハイゼンベルグ（W. K. Heisenberg）」の不確定性原理（1927年）」によって解決されるのである。

5-4 粒子の波動性の克服

前章で記述したように，一次元の波動は三角関数で表される。λ を波長，β

を位相とすれば一般的に,

$$\varphi(x) = A \sin\left[2\pi\left(\frac{x}{\lambda} + \beta\right)\right]$$

となる。もちろん，これはコサイン波として表しても同じである。波形の x 軸方向の移動（進行波）は，位相の変化と同じなので，β が時間の関数であるとして，一般的な進行波は次式の形で表されることはすでに示した。

$$\varphi(x, t) = A \sin\left[2\pi\left(\frac{x}{\lambda} + \beta(t)\right)\right] \tag{5-14}$$

波の進行速度を v とすれば，γ を位相角（もはや時間の関数ではない）として,

$$\varphi(x, t) = A \sin\left[\frac{2\pi}{\lambda}(x - vt) + \gamma\right] \tag{5-15}$$

である。T 秒後に元の波とぴったり重なるようになるには,

$$\varphi(x, t) = \varphi(x, t + T)$$

より，$T = \lambda/v$ であり，振動数はこの逆数である。波長の逆数を「波数」と呼び，その大きさが $\sigma = 1/\lambda$ で表されることはすでに説明した。

　ド・ブロイによれば，自由に運動する粒子は三次元の波動と関係付けられる（1923年）。三次元の波動は平面波の重ね合わせとして理解できる。平面波とは三次元の波数ベクトルに直行し，波数ベクトルの成分に対して $\sigma_x x + \sigma_y y + \sigma_z z$ が一定値になっている平面で成り立っている。これらの平面は互いに平行で，波動の進行方向に垂直である。すなわち，波数ベクトルは平面波の伝搬方向を示すベクトルであり，その大きさは一次元の波動の場合と同様に，波長の逆数になっている。

$$|\sigma| = (\sigma_x^2 + \sigma_y^2 + \sigma_z^2)^{1/2} = \lambda^{-1} \tag{5-16}$$

しかし，粒子の運動を波として捉えても，粒子性と波動性を結び付ける何らのすべもないのである。ボーアはシュレーディンガーと同時期に，「波動を表す関数形（φ）の2乗は粒子の存在確率を表すものである」という大胆な仮説を立てた。

$$\rho = \varphi^* \varphi$$

ρは粒子の存在確率（あるいは密度）で，星印は「複素共役」という意味であるが，ここでは深く立ち入らないことにする（詳しくは付録参照）。このことは，「振幅を含めた波動を表す関数の2乗を全空間で積分すると粒子の存在確率である1になる」という規格化条件の導入に対応している。さらに，波動を表す関数だけを用いて粒子の位置や運動量などを求める方法として，確率論における「期待値」を「波動を表す関数で求めたい物理量に対応する演算子を挟み込んで全空間で積分することによって定義する」という概念を導入した。例えば，位置rの期待値は次のような，粒子の存在する全空間における積分で表される。

$$\bar{r} = \int \varphi^* r \varphi \, dr$$

これによって，粒子と波という2つの概念が波動の概念で統一されたことになる。

このような確率論的な手法を用いると，例えば，ハイゼンベルグの不確定性原理（1927年）の証明が可能になるが，その前に，数学的な三角関数の表現法について簡単に記述する。波動に関する微分や積分は，三角関数を用いるよりも指数関数を用いると取り扱いが簡単になる。それは「オイラーの公式」と呼ばれる関係である。

$$e^{i\phi} = \cos \phi + i \sin \phi \tag{5-17}$$

この関係はそれぞれの関数をベキ級数展開すれば証明できる。これは複素関数

であるが，この形で波動が完全に規定できることから，観測される量がすべて実数であるような現実問題であっても，「波動の数学的表現」として用いて良いと考える。

5-5 ハイゼンベルグの不確定性原理（1927年）

波動を表す関数形では，粒子の確率像は時間がゼロの時の関数の選び方によって決まることがわかっている。そこで，「一定の軌道上を動く粒子」という古典的な考え方に近付けるために，座標上のある位置において粒子の存在確率が極端に大きいような波動関数を選べば，議論は「古典的な（ここでは「確率論的な」に対する意味）」考え方に近付く。このように「波を局在化させたようなもの」を波束と呼ぶ。

時間ゼロにおけるこのような波動は，たとえば，一次元の波（波束といって良い）であれば次のような関数形を選ぶことができる。

$$\varphi(x;t=0)=(2a)^{1/4}e^{-\pi ax^2-2\pi i\sigma_0 x} \tag{5-18}$$

この関数は規格化されている。位置 x ならびに x^2 の期待値は，ボーアの仮説にしたがって，それぞれ次のような積分と積分値で表される。

$$\begin{aligned}\bar{x}&=\int_{-\infty}^{+\infty}\varphi(x;t=0)^*x\varphi(x;t=0)dx=0\\ \bar{x}^2&=\int_{-\infty}^{+\infty}\varphi(x;t=0)^*x^2\varphi(x;t=0)dx=\frac{1}{4\pi a}\end{aligned} \tag{5-19}$$

この計算には次の積分公式を用いている。

$$\begin{aligned}\int_{-\infty}^{+\infty}e^{-ax^2}dx&=\frac{1}{2}\left(\frac{\pi}{a}\right)^{1/2}\\ \int_{-\infty}^{+\infty}x^2e^{-ax^2}dx&=\frac{1}{4}\left(\frac{\pi}{a^3}\right)^{1/2}\end{aligned} \tag{5-20}$$

波数ベクトルに関する期待値はこのように簡単には求められない。すなわち，波数は振幅の時間変化なのである。振幅関数は波動を表す関数を全空間で積分して求められる。

$$A(\sigma) = (2a)^{1/4} \int_{-\infty}^{+\infty} e^{-\pi a x^2 - 2\pi i \sigma_0 x} dx \tag{5-21}$$

この積分はフーリエ変換（付録2参照）という数学的手法を用いて行われる。結果は良く知られた次のような関数である。

$$A(\sigma) = \left(\frac{2}{a}\right)^{1/4} e^{-\frac{\pi(\sigma-\sigma_0)^2}{a}} \tag{5-22}$$

この関数もすでに規格化されている。この関数形を用いるとσとσ^2の期待値も同様にして求められる。

$$\begin{aligned}
\bar{\sigma} &= \int_{-\infty}^{+\infty} A(\sigma)^* \sigma A(\sigma) dx = \sigma_0 \\
\bar{\sigma}^2 &= \int_{-\infty}^{+\infty} A(\sigma)^* \sigma^2 A(\sigma) dx = \frac{a}{4\pi}
\end{aligned} \tag{5-23}$$

もちろん，$A(\sigma)$の複素共役関数は$A(\sigma)$そのものである。ここまでで得られた結果から，粒子の位置の期待値はxについてはゼロであるが，x^2の期待値は，$1/4\pi a$であることがわかる。同様に，σの期待値はσ_0であるが，σ^2の期待値は$a/4\pi$である。そこで，x^2とσ^2をそれぞれ2乗平均値とみなせば，これらの平方根を取った値が粒子の存在する座標xの絶対値と波数の絶対値であると考えることができる。これらをΔxと$\Delta \sigma$とすれば，これらの積は，$\Delta x \Delta \sigma = 1/4\pi$であることがわかる。アインシュタイン–ド・ブロイの関係（$p=h/\lambda$）を用いると，$\sigma = 1/\lambda$であるから次式の関係が得られる。

$$\Delta x \cdot \Delta p = \frac{h}{4\pi} \tag{5-24}$$

この関係はハイゼンベルグの不確定性原理を表す式（観測精度の上限）と呼ばれており，「私たちには，粒子の位置と粒子の運動量はある一定以上の誤差を持ってしか同時に決めることはできない」と言うことを表している。すなわち，位置を正確にとらえれば，運動量に関する情報はまったく得られなくなるし，運動量（速度と言い換えても良い）を正確に計ったときには，もはや粒子の位置に関する情報は完全になくなってしまうということである。運動量やエネルギーが離散的であると仮定して得られたこの帰結から，量子論の世界は「運動する物体の位置と運動量はいつでも同時に正確に把握できる」とする古典力学的な世界観とはまったく違うものであることが理解される。

5-6　波束に基づくシュレーディンガーの波動方程式の導出

　粒子が波の性質を有するという考え方の理解が深まると，粒子の持つ運動量やエネルギーは無限に存在するので，それらに対応する無限個の波があることが予想される。粒子（自由に動き回る粒子）の波を表す関数形は，すぐ前で示した波動を表すすべての関数の重ね合わせで表すことができる（フーリエ解析というが，これはある関数を三角関数の和で表現する数学的手法である。付録2参照）。1つ1つの波を特徴づけるパラメータは，波数（エネルギーと考えても良い）σと原点からの距離 r，そして時間的変位である。

$$\Psi = \int A(\sigma) g(r, t) d\sigma$$
$$g(r, t) = e^{2\pi i (\sigma \cdot r - \nu t)}$$
(5-25)

　このなかで，$A(\sigma)$ は振幅成分であり，e で表された項は時間に依存する波の様子を表しているから，積分記号の中は1つ1つの波（平面波）を表していると考えれば良い。積分はこれらをすべて足し合わせたという意味である。これらの平面波のそれぞれは，一次元の波に関する考察から，次のような条件を満たしていることがわかる。

$$\nu = \frac{h\sigma^2}{2m} \tag{5-26}$$

すなわち，アインシュタイン-ド・ブロイの関係から $p=h/\lambda=\sigma h$ であり，$E=h\nu=p^2/2m$ だからである。

$A(\sigma)$ は，第5章5節で説明したように次のような形の指数関数である。

$$A(\sigma) = \left(\frac{2}{a}\right)^{1/4} e^{-\frac{\pi(\sigma-\sigma_0)^2}{a}} \tag{5-27}$$

r は x, y, z の関数であるから，$g(r, t)$ を x で1回微分すると次の関係を満たすことが容易に証明できる。

$$\frac{1}{2\pi i}\frac{\partial g}{\partial x} = \sigma_x g \tag{5-28}$$

この関係は，g を y あるいは z で微分した場合も同様であり，$g(r, t)$ を時間で微分したときに次のようになることは明らかである。

$$\begin{aligned}\frac{1}{2\pi i}\frac{\partial g}{\partial y} &= \sigma_y g \\ \frac{1}{2\pi i}\frac{\partial g}{\partial z} &= \sigma_z g \\ \frac{1}{2\pi i}\frac{\partial g}{\partial t} &= -\nu g\end{aligned} \tag{5-29}$$

また，g を x, y, z あるいは t で二階微分すれば次のようになることがわかる。

$$\frac{1}{4\pi^2}\frac{\partial^2 g}{\partial x^2} = -\sigma_x^2 g$$

$$\frac{1}{4\pi^2}\frac{\partial^2 g}{\partial y^2} = -\sigma_y^2 g$$

$$\frac{1}{4\pi^2}\frac{\partial^2 g}{\partial z^2} = -\sigma_z^2 g \tag{5-30}$$

$$\frac{1}{4\pi^2}\frac{\partial^2 g}{\partial t^2} = -\nu^2 g$$

したがって，ド・ブロイの関係から得られた次式の関係に σ を導入すると，

$$\nu = \frac{h\sigma^2}{2m}$$

$$\therefore \frac{h(\sigma_x^2 + \sigma_y^2 + \sigma_z^2)}{2m} - \nu = 0 \tag{5-31}$$

この式の両辺に $g(r, t)$ を掛けて式 (5-29)，式 (5-30) の関係を代入することによって次の微分方程式が得られる。

$$-\frac{h}{8\pi^2 m}\left(\frac{\partial^2}{\partial x^2} + \frac{\partial^2}{\partial y^2} + \frac{\partial^2}{\partial z^2}\right)g + \frac{1}{2\pi i}\frac{\partial g}{\partial t} = 0 \tag{5-32}$$

両辺にプランク定数 h を掛けて，$h/2\pi$ をディラック定数（h の上に横棒を付けたもの）で表すと次のような式になる。

$$-\frac{\hbar^2}{2m}\left(\frac{\partial^2}{\partial x^2} + \frac{\partial^2}{\partial y^2} + \frac{\partial^2}{\partial z^2}\right)g + \frac{\hbar}{i}\frac{g}{t} = 0 \tag{5-33}$$

さて，一般的な波動を表す波動関数は次の形であった。

$$A(\sigma) = \left(\frac{2}{a}\right)^{1/4} e^{-\frac{\pi(\sigma-\sigma_0)^2}{a}}$$

$$\Psi = \int A(\sigma)g(r, t)d\sigma \tag{5-34}$$

$$g(r, t) = e^{2\pi i(\sigma \cdot r - \nu t)}$$

積分項がすべての波動関数の総和であり，$A(\sigma)$ が σ のみの関数であることに気を付ければ，先の関数 g による導出が，関数 Ψ についても同じように成り立つことがわかる。

$$-\frac{\hbar^2}{2m}\left(\frac{\partial^2}{\partial x^2}+\frac{\partial^2}{\partial y^2}+\frac{\partial^2}{\partial z^2}\right)\Psi+\frac{\hbar}{i}\frac{\partial}{\partial t}\Psi=0 \tag{5-35}$$

これが自由粒子（束縛するポテンシャルがないとき）に関するシュレーディンガーの波動方程式である。

ところで，束縛された粒子では系のエネルギー（ハミルトニアン）は，$E=p^2/2m+U$ で与えられる。U はポテンシャルエネルギーである。自由粒子の運動を表すシュレーディンガー方程式では，第一項は粒子の運動エネルギーに相当することは自明である（$h^2\sigma^2/2m=E$ なので）。そこで，この波動方程式にポテンシャルエネルギー項を付け足して，束縛のある場合の波動方程式とした。

$$-\frac{\hbar^2}{2m}\left(\frac{\partial^2}{\partial x^2}+\frac{\partial^2}{\partial y^2}+\frac{\partial^2}{\partial z^2}\right)\Psi+U\Psi+\frac{\hbar}{i}\frac{\partial}{\partial t}\Psi=0 \tag{5-36}$$

この形の波動方程式（時間を含むシュレーディンガーの波動方程式と呼ばれている）は 1926 年のシュレーディンガーの論文に掲載された。このような関数形を取れば，U の寄与が位相因子のシフトのみに影響し，物理的観測量に影響しないことがわかっている。この波動方程式の正当性については，「物理的観測がその正しさを証明している」と言うしかない。ようするに，我々は波動方程式の正当性を完全に証明するすべを持たないのである。このような認識は，すべての物理理論に共通する。

系が定常状態にあるときには，一定のエネルギー（$E=h\nu$）を持つ。$g(r,t)$ の関数形は，r と ν の指数関数の積で表されている。したがって，r の成分についての関数を $\phi(r)$ とすると，$\Psi(r,t)=\phi(r)\phi(\nu)$ と表される。ここで，$\phi(\nu)$ は $\exp(-2\pi iEt/h)$ である。なぜなら，関数 $\Psi(r,t)$ は関数 $g(r,t)$ と同様に以下の式を満たすからである。

$$g(r,t)=e^{2\pi i(\sigma\cdot r-\nu t)}=e^{2\pi i\sigma\cdot r}e^{-2\pi i\nu t}=e^{2\pi i\sigma\cdot r}e^{-2\pi iEt/h} \tag{5-37}$$

これを時間を含む波動方程式に適用すると,

$$-\frac{\hbar^2}{2m}\left(\frac{\partial^2}{\partial x^2}+\frac{\partial^2}{\partial^2 y}+\frac{\partial^2}{\partial z^2}\right)\phi(r)+U\phi(r)-E\phi(r)=0 \qquad (5\text{-}38)$$

これが一般的な化学の教科書に載っているシュレーディンガーの波動方程式(時間を含まないシュレーディンガーの波動方程式と呼ぶ)である。

5-7 自由に運動する粒子が波動としての性質を示すときの波の解釈

ド・ブロイによれば(1924 年),自由に運動する粒子は三次元の波動の重ね合わせで記述される波動であることはすでに記述した。平面波とは三次元の波数ベクトルに直行し,波数ベクトルの成分に対して $\sigma_x x+\sigma_y y+\sigma_z z$ が一定値になっている平面の重ね合わせである。たとえば,このような平面波の中で原点 $(x, y, z)=(0,0,0)$ を通る波を考えてみると,この平面波上で原点からの距離が $r(x_1, y_1, z_1)$ の点においても $\sigma_x x+\sigma_y y+\sigma_z z=0$ が満たされているはずである。このことは,波数ベクトルが平面波上のすべての点と直行していることを示している。したがって,これらの平面は互いに平行で,波動の進行方向(波数ベクトル σ)に垂直である。すなわち波数ベクトルは平面波の伝搬方向を示すベクトルであり,その大きさは波長の逆数になっている。

5-8 ボーアの対応原理(1918〜23 年)

ボーアはミクロな世界の不連続性は,その極限でマクロな連続性に移行するであろうと考え,対応原理という考え方を提案した。ボーアによれば,それは「量子論は量子数が大きくなる極限で古典論に漸近的に収束しなければならない」というものであった。原子のエネルギー準位は離散的な値をとり,電子が原子核から離れれば離れるほど,離散値の飛び飛びが小さくなるから,その極限で古典論に収束すると考えたのである(第 6 章参照)。このような考え方はある意味では正しく,ある意味では間違っているといわれているが,このよう

な思想から，当時の科学者の混迷状態が理解される。

同じように，量子力学の発展に大きな寄与を果たしたオランダの物理学者エーレンフェスト（P. Ehrenfest・1880〜1993年）も，量子力学と古典力学の対応を論じるために，ある程度の曖昧さを許せば「シュレーディンガー方程式の期待値を取ることで古典力学における運動方程式（$f=ma$）の表現が得られる」ことを証明するなど，古典力学と量子力学体系の極限における対応には色々な考えが出されてきているが，エネルギー準位が飛び飛びであることや，ある程度の不確定性を導入しないと完全な対応は困難であるといわれている。

調べてみよう

(1) 不確定性原理の意味することを簡潔にまとめてみよう。

第6章

粒子の一次元の運動に関する波動方程式の解と量子力学的世界観

ジョージ・ガモフ（1904〜1968）

ジョージ・ガモフ（George Gamow）は火の玉宇宙に始まるビッグ・バン仮説で有名であるが，α崩壊に対して量子論を適用するなど，幅広い分野で活躍した。科学啓蒙活動にも熱心で，「不思議の国のトムキンス」など多くの啓蒙書を残している。科学を志す人もそうでない人も，一度は読んでほしい名著が多い。

この章では，一次元の粒子の運動を波動として捉えたときの，方程式とその解について考える。トムキンス氏になった気分で量子論の世界を散歩していただきたい。

6-1 等速直線運動する粒子の波動としての性質

　等速直線運動する粒子の運動の方向を x 軸とすると，第4章と第5章の考察からこの粒子の運動は一次元の「束縛のない」シュレーディンガー波動方程式（もちろん時間を含まない）を満足することがわかる。

$$-\frac{\hbar^2}{2m}\frac{d^2}{dx^2}\Psi = E\Psi \tag{6-1}$$

Ψ が求めようとする「粒子の運動を描像する波動関数（粒子の運動を波として表現した関数）」であり，E がその波動関数に対応するエネルギーである。このような運動では，エネルギーの値を特定していないので，Ψ と E の解の組は無限に存在することがわかる。この波動方程式を満たす解（Ψ）は三角関数であることが容易に予測できる。すなわち，x の関数 Ψ は二階微分して元の形にもどることがわかっているからである。そこで，$\Psi = a \sin kx$ と置いてみよう。上の波動方程式にこの関数を代入すると，

$$\frac{\hbar^2}{2m}ak^2\sin kx = Ea\sin kx$$

すなわち，この運動のエネルギーは，

$$\frac{\hbar^2 k^2}{2m} = E$$

で表されることがわかる。このとき k は，

$$k = \frac{\sqrt{2mE}}{\hbar}$$

である。
　kx が 2π のとき x は一波長分の長さ λ であるから，$k\lambda = 2\pi$ なので，$k = 2\pi/\lambda$ である。したがって，ディラック定数（プランク定数に横棒を付けたもの）がプランク定数を 2π で割ったものであることに気を付けて，エネルギー E で直

線運動する質量 m の粒子の波長は次の式で表されることがわかる。

$$\lambda = \frac{h}{\sqrt{2mE}}$$

しかし，プランク定数が 6.6×10^{-34} Js という小さい値であるから，E が非常に小さいか，質量 m が非常に小さいような時を除けば，有意な大きさの波長（運動する物体に固有の波長）は観測されないことがわかる。すなわち，巨視的な世界では粒子の波動性は物理量としては観測されない。もしプランク定数がもっと大きな値であったら，どのような世界が出現するか考えてみると面白い。そのような世界についてはガモフ（Gamow）全集に記述がある。

この例で扱った無限の距離を等速直線運動する粒子では，エネルギーとそれに対応する波は無限に存在し，エネルギーが飛び飛びである必然性を見いだすことはできない。しかし，何らかの束縛を受けた粒子では「エネルギーと対応する運動量」が飛び飛びであることが明らかになる。次に，一次元の直線運動をする粒子が，運動空間の束縛を受けた時を考えてみる。

図のように運動が距離 L の長さに限定されたときの粒子の一次元の挙動を考えてみよう。波動方程式は無限の空間を運動する粒子の場合と違って，ポテンシャル関数を含むものである。束縛条件は数式で表すと次のようになる。

$$-\frac{\hbar^2}{2m}\frac{d^2}{dx^2}\Psi + U\Psi = E\Psi$$
$$U(x)=\infty : x>L,\ x<0 \qquad (6\text{-}2)$$
$$U(x)=0 : 0 \leq x \leq L$$

x がゼロから L の空間では，$U(x)=0$ であり，これは無限空間を運動する粒子の時と同じ答えになる。ここでは，先ほどと違ってより一般的な方法でその解を求めてみよう。

この微分方程式の解（付録2参照）として e^{ikx} と e^{-ikx} の2つが候補に上がる。これらの2つの解は，間違いなく上の微分方程式を満たし，その他には候補はない。このような解を特殊解という。数学的には，一般解は特殊解の線形結合（単に足し合わせたもの）で表すから，この微分方程式の一般解は未知の

定数 A と B を用いて，

$$\Psi = Ae^{ikx} + Be^{-ikx} \tag{6-3}$$

である。ただし，$x \langle 0$ では粒子は存在しえないので，$x=0$ で波動関数はゼロでなくてはならない（ボルンの解釈を思い出そう。ここには粒子は存在しない）。したがって，$A+B=0$, すなわち $B=-A$ である。このことは，

$$\Psi = C \sin kx \tag{6-4}$$

であることを示している。すなわち，$\Psi = C\sin kx$ が一般解なのである。

　粒子は $x \langle 0$ と $x \rangle L$ の領域では存在しないのであるから（Ψ は確率に関係する関数であることを思い出そう），この波動関数は $x=L$ でもゼロでなくてはならない。しかし，粒子が $x=0$ から L の間に存在することは確かであるから，C はゼロであってはいけない。したがって，$\sin kL=0$ なのである。このことは kL が π の整数倍であることを要求する。

$$\begin{aligned} kL &= n\pi \\ n &= \pm 1, \pm, \pm 3 \ldots etc \end{aligned} \tag{6-5}$$

ただし，k と L は正であるから，n としては正の値だけが意味を持つ。
　対応する波動関数は，

$$\Psi = C_n \sin \frac{n\pi x}{L} \tag{6-6}$$

この関数について，ボルンの解釈（$x=0 \sim L$ で積分すると粒子の存在確率である 1 になる）に基づいて「規格化」すると，係数 C_n を決めることができる。

$$\int_0^L C_n^2 \sin^2 \frac{n\pi x}{L} x dx = C_n^2 \left[\frac{1}{2}x - \frac{L \sin \frac{2n\pi x}{L}}{4n\pi} \right]_0^L = 1$$

ただし，この計算には次の積分公式を使う。

$$\int \sin^2 tx\, dx = \frac{1}{2}x - \frac{\sin 2tx}{4t} + C$$

つまり，規格化された波動関数は次のようなものになる。

$$\Psi = \sqrt{\frac{2}{L}} \sin \frac{n\pi x}{L} \qquad (6-7)$$

また，この波動関数に対応する粒子のエネルギーは次のようになることが容易にわかる。

$$E = \frac{n^2 h^2}{8mL^2} \qquad (6-8)$$

この計算には次の関係式を用いている。

$$k = \frac{n\pi}{L} = \frac{\sqrt{2mE}}{\hbar}$$

$$n = 1, 2, 3, \cdots\cdots$$

このように，束縛された条件下の粒子の運動は，n という整数値に規定された「飛び飛びのエネルギー」を有することが示された。それぞれのエネルギー（n が異なる）に対して，たった1つの関数（n が異なる運動状態）が対応することがわかるであろう。

さて，ここまでの説明では，あえて「数学／物理学的な」方法で波動方程式を解いた。一般的な化学の教科書では別の考え方が示してあることが多いので，それに触れてみよう。第5章の波動方程式の導出のところで，「定在波（定常波）の微分方程式」を量子化する方法について述べた。つまり波動関数は時間をあらわに含まない「定在波」として考えることができる。

時間を含む成分は，エネルギーが一定の条件では $\exp(-2\pi iEt/h)$ であり，これは波動方程式の導出の際に両辺でキャンセルされる関数であった。このことは，この成分が定在波における振幅の時間変化を表す関数であると考えるこ

とができる（定在波は $y=y_++y_-=2a\sin kx \cdot \cos ut$ で表されることを思い出そう）。その結果，化学の教科書では現在扱っている井戸型のポテンシャル場を考える際に，「サイン関数で表される波動が，ぴったりと井戸の間に入る条件」を境界条件として，微分方程式の解を求めているのである。その方法では，$\Psi=a\sin kx$ という解に対して，このサイン波の波長が $k\lambda=2\pi$ であることを利用し，「波長の半分の長さの整数倍が L になっていれば，定在波が井戸の中にぴったりと納まる」ことから $n(\pi/k)=L$ として波動関数とエネルギーを求めるのである。その結果，普通は下のような図が描かれている。

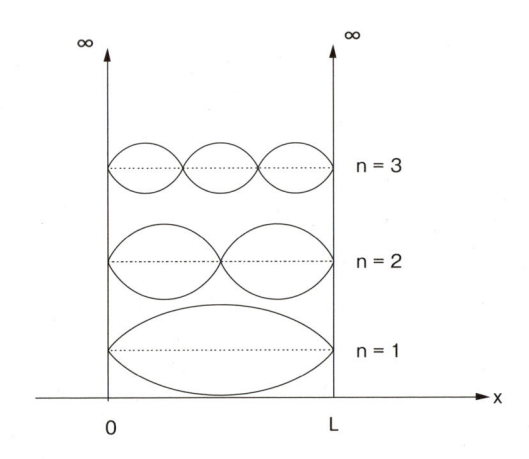

定在波が井戸型のポテンシャルにぴったりとおさまっている様子

　ここで，n 番目の許された運動状態に対応するエネルギーと $n+1$ 番目のエネルギーの差を取ってみる。こうするとエネルギー差を無限に小さくする（極限移行に対応する）条件が良くわかる。

$$E_{n+1}-E_n=\frac{(2n+1)h^2}{8\pi mL^2}$$

この差が任意の n について，限りなくゼロに近づく条件は，粒子の質量 m が非常に大きいか，井戸の幅 L が非常に大きいときであることがわかる。すなわち，肉眼で観察できるような条件では，量子効果は無視できるほど小さいと考えられる。

6-2 波動関数の制約

　シュレディンガーの波動方程式は一般的に無限個の解を含んでいる。それは運動する粒子のエネルギーが非常に小さな値から無限に大きい値まで取りうるからである。そして，1つ1つのエネルギーが，それぞれ波動関数（運動状態を記述する関数）に対応している。このような関係を固有値と固有関数という名前で表現する。シュレディンガー波動方程式を解くということは，エネルギー固有値とそれに対応する固有関数（粒子＝電子の運動を表す波動関数）を求めることなのである。

　また，それぞれのエネルギーに対応する運動の様子は「現実的なもの」でなくてはならない。すなわち，波動関数に対する制約として，いくつかの数学的な規制がある。

① 波動関数は空間のすべての点で連続であり，微分可能で，しかもその傾きも連続的でなくてはいけない。
② 波動関数は規格化されうるものでなくてはならない。

というような制約である。

　さて，すぐ上の井戸の中の粒子の問題に関して，$x=0$ と $x=L$ で微分が連続にならないことは無視してきたが，このことに気が付いたであろうか。しかしこの問題では，仮定したポテンシャル関数 $U(x)$ 自体が $x=0$ と $x=L$ で不連続であるばかりでなく，この点で無限個の不連続点を持つのである。ここでは，このような場合には「波動関数の微分は連続にならなくても良い」ということだけ記しておく。本書は物理学ではなく，化学を学ぶ人のために書かれているので，これ以上数学に深く立ち入る必要はないと思う。

調べてみよう

(1) 定在波とはどのような波か，具体的な例を示して誰にでもわかるように説明してみよう。
(2) もし，プランク定数が大きな値であったとしたら，身の回りの現象はどのように観測されると考えられるか考察してみよう。

第7章

電子を1個しか持たない原子（水素様原子）の波動関数

エルヴィン・シュレーディンガー（1887～1961）ノーベル財団提供

　エルヴィン・シュレーディンガー（Elwin Rudolf Alexander Schrödinger）は，ド・ブロイの物質波の概念を基に波動方程式を提唱し（1926年），波動力学を展開したオーストリアの物理学者である。1927年に，当時の科学のメッカであったベルリンにプランクの後継者として移るが，1933年のヒトラーの台頭に際してドイツを離れた。1933年には英国のポール・ディラック（相対論的量子論の祖）と共にノーベル賞を受賞した。

　前章までで，シュレーディンガー波動方程式が生まれるまでの足取りと，一次元の直線運動をする粒子の波動性について考えて来た。この章では，束縛のある三次元の波動方程式を解くことによって化学の本質に関わる軌道の概念を導きだしてみよう。

水素原子が「中心の核電荷によって束縛された電子」を有するものであるという概念を数式化すると三次元のシュレーディンガー波動方程式が得られる。ここでは，中心の核電荷をZeとし，核外に電子（電荷$-e$）が1個だけある原子（あるいはイオン）を考える。$Z=1$であれば水素原子に相当する。このようなモデルを水素様原子と呼んでいる。

$$H\Psi = E\Psi,$$
$$H = -\frac{\hbar^2}{2m}\left(\frac{\partial^2}{\partial x^2} + \frac{\partial^2}{\partial y^2} + \frac{\partial^2}{\partial z^2}\right) - \frac{Ze^2}{r} \tag{7-1}$$

この方程式を解いて，最終的に波動関数とそれに対応するエネルギーを求めれば良いわけであるが，波動方程式を具体的に解く前に，その方針をまとめておくとわかりやすい。

7-1 シュレーディンガー波動方程式を解く方針

一般的には，このような波動方程式は，次のような方針で解く。

解く過程で，束縛された一次元の粒子の運動の所で現れたのと同様の量子数（quantum number）と呼ばれる整数を定義しなければいけなくなる。このような量子数による解の束縛は，波動方程式の解である波動関数（電子の運動を三次元空間の波として表した関数形）が粒子（この場合は電子）の物理的状態として「許されるもの」であるための条件（例えば無限大の距離で関数が発散しないことや，関数が微分可能な連続関数であることなど）を満たす必要があるので，関数がこのような条件を満たすために数学的に導入される。シュレーディンガーの波動方程式を解くと，一般的に3つの量子数（主量子数n，方位量子数ℓ，磁気量子数mと呼ばれる）が束縛条件として現れる。

7-1-1 波動方程式を解く方針

① 三次元座標を極座標に表現しなおす。
　直交座標x, y, zで表された方程式を極座標r, θ, ϕの関数で表した方が

② 得られる解（波動関数）が r, θ, ϕ について変数分離が可能であることを利用する。
$$\Psi(r, \theta, \phi) = R(r)\Theta(\theta)\Phi(\phi)$$
このような形に変数分離できれば，それぞれの関数を独立して求めることが可能になる。

③ ハミルトニアンが r のみと θ, ϕ のみの2つの成分から成り立っており，θ, ϕ に対応する部分が剛体の量子化された回転（7章2節参照）と同じ解を与えることを利用する。
ここで，磁気量子数 m と方位量子数 l の束縛条件が決まる。

④ r のみの関数は Laguere 多項式として解く（$R(r)$）。
ここでは合流型超幾何関数に関する微分方程式（付録の微分方程式の解法）を参照する。ここで主量子数 n と方位量子数 l に関する束縛条件が決まる。

以上から得られた $R(r)$，$\Theta(\theta)$，$\Phi(\phi)$ から，波動関数は次のように求められる。

$$\Psi = R(r)\Theta(\theta)\Phi(\phi)$$

シュレーディンガーの波動方程式をいきなり解く前に，少し準備運動をしておくと非常にわかりやすい。ここでは，剛体の回転を量子化した場合に対応する波動方程式とその解について考察する。

7-2 剛体の量子化された回転に関する考察

質量 m_1 と m_2 の2つの粒子が重さの無視できる硬い棒で繋がっていて，ポテンシャルのない場で自由に回転している状態を考える。このとき，2つの質点の重心は静止している（重心の周りを棒で繋がった2つの質点が回転している）ものとする。この運動に関するハミルトニアンは第6章で扱ったように式(7-2)で表される。

$$H = \frac{P^2}{2(m_1+m_2)} + \frac{p^2}{2\mu} \tag{7-2}$$

ただし，P は重心に関する運動量であり，p は重心に対する粒子の「相対運動量」である。μ は換算質量である（$\mu = m_1 m_2/(m_1+m_2)$）。重心は自由粒子として運動する（この場合は静止している）から，ここではその部分を無視して，重心に対する粒子の相対回転運動のみを独立して扱うことが可能である。2つの粒子の重心に対する座標をそれぞれ r_1 と r_2 のベクトルで表せば，2つの粒子間の距離（ベクトル）は $r = r_1 - r_2$ であり，相対運動量は $p = \mu dr/dt$ で定義される。したがって，このような相対運動を表すシュレーディンガー方程式は式（7-3）で表される。

$$-\frac{\hbar^2}{2\mu}\left(\frac{\partial^2}{\partial x^2} + \frac{\partial^2}{\partial y^2} + \frac{\partial^2}{\partial z^2}\right)\Psi(x, y, z) = E\Psi(x, y, z) \tag{7-3}$$

2つの質点間の距離は R で一定に保たれている。したがって，元々三次元の運動ではあるが，極座標で表して R の成分を一定にすれば2変数（θ と ϕ）の問題に帰結することが容易に予想できる。

三次元座標を極座標に変換する関係式は次のようなものである。

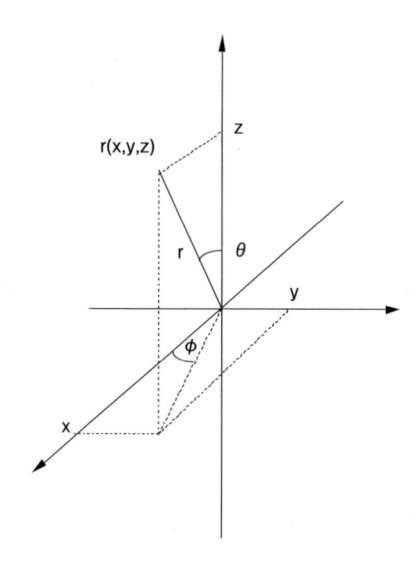

$$x = r\sin\theta\cos\phi,\ y = r\sin\theta\sin\phi,\ z = r\cos\theta$$

若干複雑な考察から，式 (7-3) の波動方程式は，式 (7-4) のように極座標変換される。

$$-\frac{\hbar^2}{2\mu}\left(\frac{\partial^2}{\partial r^2} + \frac{2}{r}\frac{\partial}{\partial r} + \frac{1}{r^2}\frac{\partial^2}{\partial\theta^2} + \frac{\cos\theta}{r^2\sin\theta}\frac{\partial}{\partial\theta} + \frac{1}{r^2\sin^2\theta}\frac{\partial^2}{\partial\phi^2}\right) \quad (7\text{-}4)$$
$$\Psi(r,\theta,\phi) = E\Psi(r,\theta,\phi)$$

r は $r=R$ で一定なので，r に関する微分項を除いて，定数項 R と置いて変型すると，

$$\left(\frac{1}{R^2}\frac{\partial^2}{\partial\theta^2} + \frac{\cos\theta}{R^2\sin\theta}\frac{\partial}{\partial\theta} + \frac{1}{R^2\sin^2\theta}\frac{\partial^2}{\partial\phi^2}\right)\Psi(r,\theta,\phi) = -\frac{2\mu E}{\hbar^2}\Psi(r,\theta,\phi) \quad (7\text{-}5)$$

となる。書き直して式 (7-6) が最終的な波動方程式になる。

$$\left(\frac{\partial^2}{\partial\theta^2} + \frac{\cos\theta}{\sin\theta}\frac{\partial}{\partial\theta} + \frac{1}{\sin^2\theta}\frac{\partial^2}{\partial\phi^2}\right)\Psi(r,\theta,\phi) + \lambda\Psi(r,\theta,\phi) = 0$$
$$\lambda = \frac{2\mu R^2 E}{\hbar^2} \quad (7\text{-}6)$$

$\Psi(\theta,\phi)$ が $\Psi(\theta,\phi) = f(\theta)g(\phi)$ のように変数分離できると考えて代入すると，式 (7-7) が得られる。

$$\left(g(\phi)\frac{\partial^2}{\partial\theta^2}f(\theta) + \frac{g(\phi)\cos\theta}{\sin\theta}\frac{\partial}{\partial\theta}f(\theta) + \frac{f(\theta)}{\sin^2\theta}\frac{\partial^2}{\partial\phi^2}g(\phi)\right) + \lambda f(\theta)g(\phi) = 0 \quad (7\text{-}7)$$

両辺を $\Psi(\theta,\phi) = f(\theta)g(\phi)$ で割って整理すると式 (7-8) のようになる。

$$\frac{1}{f(\theta)}\left(\frac{\partial^2}{\partial\theta^2} + \frac{\cos\theta}{\sin\theta}\frac{\partial}{\partial\theta}\right)f(\theta) + \frac{1}{g(\phi)\sin^2\theta}\frac{\partial^2}{\partial\phi^2}g(\phi) + \lambda = 0 \quad (7\text{-}8)$$

この微分方程式は，$g(\phi)$ が実数固有値 m を持つと仮定して，次の方程式を

満たすと考えると，2つの連立微分方程式に分離できる（m^2を媒介変数にする）。

$$\frac{\partial^2}{\partial \phi^2}g(\phi)=-m^2g(\phi) \tag{7-9}$$

$$\left(\frac{\partial^2}{\partial \theta^2}+\frac{\cos\theta}{\sin\theta}\frac{\partial}{\partial \theta}\right)f(\theta)+\left(\lambda-\frac{m^2}{\sin^2\theta}\right)f(\theta)=0 \tag{7-10}$$

この連立微分方程式を解けば，回転運動に関する量子化された情報が得られるわけである。最初に，

$$\frac{\partial^2}{\partial \phi^2}g(\phi)=-m^2g(\phi)$$

を満たす解は簡単に見つかり，

$$g(\phi)=e^{im\phi}$$

であることがわかる。

　第6章で，波動関数の満たすべき条件として，波動関数は空間のすべての点で連続であり，微分可能で，しかもその傾きも連続的でなくてはいけないという制約があることを述べた。この条件を満たすためには，

$$g(\phi)=g(\phi+2\pi) \quad \text{すなわち,} \quad g(\phi)=e^{im\phi}=e^{im(\phi+2\pi)}$$

であることが必要である。このような関係を満たすときには$m=0, \pm 1, \pm 2, \pm 3, \pm 4, \pm 5$………であることがわかる。

　もう1つのθに関する微分方程式は，新しい変数tを導入し，$t=\cos\theta$と置くことによって，

$$(1-t^2)\frac{d^2}{dt^2}f-2t\frac{d}{dt}f+\left(\lambda-\frac{m^2}{1-t^2}\right)f=0 \tag{7-11}$$

と変型される。

これはルジャンドル (Legendre) 陪多項式を解とする微分方程式である（付録：微分方程式の解法：球面調和関数を参照）。m がゼロのときにはこの微分方程式はルジャンドルの微分方程式になる（$\lambda = l(l+1)$ と置けば良くわかる）。ルジャンドルの微分方程式（$m = 0$）の解とルジャンドル陪多項式を解とする微分方程式（m はゼロではない）の解がともに有限である（発散しない）ための条件は「l が負でない整数で、なおかつ l が m の絶対値を含みそれ以上の大きさのときだけである」ことが数学的に証明されているので、これが束縛条件になる。したがって、『ルジャンドル倍多項式が有限になるという数学的要請の帰結として、次のような m と l の間の束縛条件が得られる』のである。

$$|m| \leq l$$

θ に関するこの方程式の解は、次のようなルジャンドル陪多項式であり、

$$f(\theta) = P_l^{|m|}(\cos \theta)$$

Ψ は $g(\phi)$ との積なので、球面調和関数になる（付録参照）。

$$\Psi(\theta, \phi) = P_l^{|m|}(\cos \theta) e^{im\phi} = Y_{l,m}(\theta, \phi)$$

ただし、ここでは次のような束縛条件があることに気を付けなければいけない。波動関数に関する要請から、

$$m = 0, \pm 1, \pm 2, \pm 3, \pm 4, \pm 5 \cdots$$

数学的要請の帰結として、

$$|m| \leq l$$

また，Ψに対するエネルギー固有値は，

$$E_l = l(l+1)\frac{\hbar^2}{2\mu R^2}$$

であることが計算によって求められる。

> 準備運動が終わったところで，第7章3節で水素様原子に対するシュレーディンガー波動方程式を解いてみよう。

7-3 シュレーディンガー波動方程式を解いて水素様原子の波動関数を求める

水素様原子における電子の運動を表す波動方程式は次のような型である。

$$H\Psi = E\Psi,$$
$$H = -\frac{\hbar^2}{2m}\left(\frac{\partial^2}{\partial x^2} + \frac{\partial^2}{\partial y^2} + \frac{\partial^2}{\partial z^2}\right) - \frac{Ze^2}{r} \tag{7-12}$$

ハミルトニアンを極座標に変換すると（第7章2節の剛体球の回転に関する取り扱いと同じ），次のような形になることがわかる。

$$-\frac{\hbar^2}{2m}\left(\frac{\partial^2}{\partial r^2} + \frac{2}{r}\frac{\partial}{\partial r} + \frac{1}{r^2}\frac{\partial^2}{\partial \theta^2} + \frac{\cos\theta}{r^2\sin\theta}\frac{\partial}{\partial \theta} + \frac{1}{r^2\sin^2\theta}\frac{\partial^2}{\partial \phi^2}\right) - \frac{ze^2}{r} \tag{7-13}$$

したがって，波動方程式は式（7-14）のように書き表される。

$$\left(\frac{\partial^2}{\partial r^2} + \frac{2}{r}\frac{\partial}{\partial r} + \frac{1}{r^2}\frac{\partial^2}{\partial \theta^2} + \frac{\cos\theta}{r^2\sin\theta}\frac{\partial}{\partial \theta} + \frac{1}{r^2\sin^2\theta}\frac{\partial^2}{\partial \phi^2}\right)$$
$$\Psi(r, \theta, \phi) = \frac{2m}{\hbar^2}\left[\frac{ze^2}{r} - E\right]\Psi(r, \theta, \phi) \tag{7-14}$$

剛体球の回転に関する考察の場合と同様にΨが動径rと角度成分（θ, ϕ）の関数に分離できると考えれば，

$$\Psi(r, \theta, \phi,) = f(r)g(\theta, \phi,)$$

λ を媒介変数として，次のような 2 つの偏微分方程式に分けることができる（容易に証明できるので，自分でやってみよう）。

$$\left[\frac{\partial^2}{\partial \theta^2} + \frac{\cos\theta}{\sin\theta}\frac{\partial}{\partial\theta} + \frac{1}{\sin^2\theta}\frac{\partial^2}{\partial\phi^2}\right]g(\theta, \phi,) + \lambda g(\theta, \phi,) = 0$$
$$\left[\frac{\partial^2}{\partial r^2} + \frac{2}{r}\frac{\partial}{\partial r} - \frac{\lambda}{r^2} + \frac{2mE}{\hbar^2} - \frac{2mze^2}{\hbar^2 r}\right]f(r) = 0 \quad (7\text{-}15)$$

$g(\theta, \phi)$ に関する微分方程式の解は，剛体球の回転に関する場合と同じであるから，その解は次のような束縛条件を伴う球面調和関数になっていることを思い出そう。

$$\lambda = l(l+1) \qquad [l = 0, 1, 2, 3, 4, \ldots\ldots]$$
$$g(\theta, \phi) = Y_{l,m}(\theta, \phi) \qquad [m = 0, \pm 1, \pm 2, \pm 3, \pm 4 \ldots\ldots]$$
$$Y_{l,m}(\theta, \phi) = \left[\frac{2n+1}{4\pi}\frac{(n-|m|)!}{(n+|m|)!}\right]^{\frac{1}{2}} P_n^{|m|}(\cos\theta) e^{im\varphi}$$
$$l \geq |m|$$

この球面調和関数はすでに規格化してあり，しかも異なる l, m に対応する関数同士は互いに直行している。

2 番目の r に関する微分方程式は，$\lambda = l(l+1)$ として書き直すと式 (7-16) のようになる。

$$\frac{d^2}{dr^2}f(r) + \frac{2}{r}\frac{d}{dr}f(r) + \left[\frac{2mE}{\hbar^2} + \frac{2mze^2}{\hbar^2 r} - \frac{l(l+1)}{r^2}\right]f(r) = 0 \quad (7\text{-}16)$$

ここで，新しいパラメータ k を導入し，

$$k^2 = -\frac{mz^2e^4}{2\hbar^2 E}$$

さらに，r の代わりに変数を x で次式のように置き換えると，

$$r = \frac{k\hbar^2}{2mze^2}x$$

微分方程式は次のように簡単な形になる。

$$\frac{d^2}{dx^2}f + \frac{2}{x}\frac{d}{dx}f + \left[-\frac{1}{4} + \frac{k}{x} - \frac{l(l+1)}{x^2}\right]f = 0 \quad (7\text{-}17)$$

　この微分方程式を直接解く前に，動径関数が有すべき条件から解を推定する。x はゼロから無限大の値を取るが，波動関数は無限大の距離においても発散してはいけないはずである。そこで，この微分方程式の極限形が，

$$\frac{d^2}{dx^2}f - \frac{1}{4}f = 0$$

であるとして解を求める。この時の特殊解は，$f = e^{x/2}$ と $f = e^{-x/2}$ である。前者は無限大の距離で発散するので，合理的ではない。したがって，この微分方程式の解は後者を含む関数形である。そこで，$f = w(x)e^{-x/2}$ として元の方程式に適用すると，式（7-18）のような $w(x)$ に関する微分方程式になる。

$$\frac{d^2}{dx^2}w(x) + \left(\frac{2}{x} - 1\right)\frac{d}{dx}w(x) + \left[\frac{k-1}{x} - \frac{l(l+1)}{x^2}\right]w(x) = 0 \quad (7\text{-}18)$$

この微分方程式を付録に示した級数展開法で解く。

$$w(x) = x^\rho \sum_{n=0}^{\infty} a_n x^n$$

として代入すると，特性方程式 $\rho^2 + \rho - l(l+1) = 0$ の解として，$\rho = l$ あるいは，$\rho = -l-1$ が得られる。しかし，$\rho = -l-1$ では，$x = 0$ のときに無限大に発散するので都合が悪いことがわかる。その結果，$\rho = l$ でなくてはならないことになる。そこで，$w(x) = x^l u(x)$ と置き換えると元の微分方程式は，式（7-19）のような形になることがわかる。

$$x\frac{d^2}{dx^2}u(x)+(2l+2-x)\frac{d}{dx}u(x)+(k-l-1)u(x)=0 \quad (7\text{-}19)$$

この方程式は，付録で解き方を解説した「合流型超幾何関数」に関する微分方程式（次式）と同じ形である．

$$x\frac{d^2}{dx^2}u(x)+(b-x)\frac{d}{dx}u(x)-cu(x)=0$$

$c=l+1-k, b=2l+2$ として，付録の解法を利用すると，2つの解 y_1 と y_2 が得られる．

$$\begin{aligned}y_1&=1+\frac{b}{c}\frac{x}{1!}+\frac{b(b+1)}{c(c+1)}\frac{x^2}{2!}+\frac{b(b+1)(b+2)}{c(c+1)(c+2)}\frac{x^3}{3!}+\cdots\cdots\\ y_2&=x^{1-c}\left[1+\frac{1+b-c}{2-c}\frac{x}{1!}+\frac{(1+b-c)(2+b-c)}{(2-c)(3-c)}\frac{x^2}{2!}+\cdots\cdots\right]\end{aligned} \quad (7\text{-}20)$$

これらの2つの解のうち，y_2 は $x=0$ に特異点（微分可能でない）を有するので波動関数としての性質を満たさない．一方，y_1 は大きな x の値に対して e^x に漸近する関数であるため，この関数が発散しない条件を数学的に定めないといけないことがわかる．煩雑な数学的証明は省くが，この条件は「c が負の整数」であるときに満たされる．すなわち，

$$l+1-k=-p \quad p=0, 1, 2, 3, 4, 5,\cdots\cdots$$

これに対応する解は，

$$f_{l,p}(x)=x^l y_1 e^{-\frac{1}{2}x}$$
$$x=\frac{2mze^2}{(p+l+1)\hbar^2}r$$

である．

これで，水素様原子の波動関数が完全に導かれたことになる．すなわち，

$$\Psi(r, \theta, \phi) = f_{p,l}(x)\, Y_{l,m}(\theta, \phi)$$

ただし，p, l, m には束縛条件があり，

$p = 0, 1, 2, 3, \ldots\ldots$
$l = 0, 1, 2, 3, \ldots\ldots$
$m = 0, \pm 1, \pm 2, \pm 3, \ldots\ldots$
$l \geq |m|$

の場合しか許されない。すなわち，これらの「数学的」束縛条件をみたさないと，波動関数が有限で微分可能ではなくなるのである。

7-4 水素様原子の波動関数

一般的には，p の代わりに n という記号を用いて軌道を表す習慣がある。その場合には，$k = n$ と置き，

$n \geq l + 1$
$l \geq |m|$
$n = 1, 2, 3, \ldots\ldots$
$l = 0, 1, 2, 3, \ldots., n-1$
$m = 0, \pm 1, \pm 2, \pm 3, \ldots., \pm l$

と置くことによって条件が満たされる。このとき，n, l, m は「量子数」と呼ばれる。n は主量子数，l は方位量子数，m は磁気量子数と呼ばれる。l と m の呼称は，後述するように軌道の方向性を表すことと，外部電磁場の影響によって分裂する成分であることに由来する。

$$k^2 = -\frac{mz^2e^4}{2\hbar^2 E}$$

であるから，$k=n$ を代入してエネルギーは，

$$E = \frac{mz^2e^4}{2\hbar^2} \frac{1}{n^2} \ldots\ldots\ldots (n=1, 2, 3, \ldots)$$

という飛び飛びの値を持つことがわかる．この表現から，「水素様原子の電子のエネルギーは主量子数にしか依存しない」ことがわかる．シュレーディンガーはこの解が水素の原子スペクトルを正しく再現することを証明し，「波動方程式が原子内の電子の挙動を（ほぼ）正しく描像する」ことを証明した．

各量子数に対応する波動関数は，

$$\Psi(r, \theta, \phi) = f_{l,p}(x) Y_{l,m} = x^l e^{-\frac{1}{2}x} y_1 Y_{l,m}(\theta, \phi)$$
$$x = \frac{2mze^2}{n\hbar^2} r$$

(7–21)

である．

7–5　水素様原子の波動関数が与える電子の動径分布と各軌道の形

難しい表現を避けるために，ボーア半径（$a=0.53$ Å）と呼ばれる長さの単位を導入する．

$$a = \frac{\hbar^2}{me^2}$$

このときエネルギー固有値は次のように表される（主量子数にしか依存しない）．

$$E_n = -\frac{mz^2e^4}{2\hbar^2n^2} = -\frac{(ze)^2}{2an^2}$$

規格化された波動関数の動径成分 ($f_{n,l}(r)$) は，合流型超幾何関数の定義（付録参照）から，主量子数と方位量子数のいくつかの値に対して次のような関数形であることが容易に示される。

$$n=1,\ l=0 \to 2\left(\frac{z}{a}\right)^{\frac{3}{2}} e^{-zr/a}$$

$$n=2,\ l=0 \to 2\left(\frac{z}{2a}\right)^{\frac{3}{2}}\left(1-\frac{zr}{2a}\right)e^{-zr/2a}$$

$$n=2,\ l=1 \to \frac{1}{\sqrt{3}}\left(\frac{z}{2a}\right)^{\frac{3}{2}}\frac{zr}{a}e^{-zr/2a}$$

$$n=3,\ l=0 \to 2\left(\frac{z}{3a}\right)^{\frac{3}{2}}\left[1-\frac{2zr}{3a}+\frac{2(zr)^2}{27a^2}\right]e^{-zr/3a}$$

$$n=3,\ l=1 \to \frac{8}{9\sqrt{2}}\left(\frac{z}{3a}\right)^{\frac{3}{2}}\left(\frac{zr}{a}\right)\left(1-\frac{zr}{6a}\right)e^{-zr/3a}$$

$$n=3,\ l=2 \to \frac{2\sqrt{2}}{27\sqrt{5}}\left(\frac{z}{3a}\right)^{\frac{3}{2}}\left(\frac{zr}{a}\right)^2 e^{-zr/3a}$$

角度成分に関する関数形 $Y_{l,m}(\theta,\phi)$ は，球面調和関数の定義から，いくつかの方位量子数と磁気量子数の値に対して次のようなものであることがわかる。

$$l=0,\ m=0 \to \frac{1}{\sqrt{4\pi}}$$

$$l=1,\ m=0 \to \sqrt{\frac{3}{4\pi}}\cos\theta$$

$$l=1,\ m=\pm 1 \to \mp\sqrt{\frac{3}{8\pi}}\sin\theta e^{\pm i\phi}$$

$$l=2,\ m=0 \to \sqrt{\frac{5}{16\pi}}(3\cos^2\theta-1)$$

$$l=2,\ m=\pm 1 \to \mp\sqrt{\frac{15}{8\pi}}\sin\theta\cos\theta e^{\pm i\phi}$$

$$l=2,\ m=\pm 2 \to \sqrt{\frac{15}{32\pi}}\sin^2\theta e^{\pm 2i\phi}$$

全波動関数は，

$$\Psi(r, \theta, \phi) = f_{n,l}(r)\, Y_{l,m}(\theta, \phi)$$

であるから，いずれの量子数の場合でも，$e^{-zr/na}$ を含み，電子が中心の核から離れて距離が遠くなると，波動関数がゼロに漸近することは明らかである．主量子数 n は無限に定義できるから，原子には沢山の軌道が存在すると考えてしまうのは早計である．周期表を思い出すと，天然に存在しうる安定な元素は92番目のウランまでであるから，軌道の数としては電子を92個くらいまで収納できるくらい知っていれば十分ということがわかる．しかも，第7章6節に示すように軌道の形は球面調和関数にしか依存しないから，化学者が実際に覚えておかなくてはならない軌道の形はたったの4種類（それぞれ s, p, d, f 軌道と呼ばれる）だけである．

一般的に，各波動函数に対応する「電子軌道」を量子数に基づいて次のように定義する．

$n=1$(K-shell) → $l=0$ → 1s 軌道（1個しかない）
$n=2$(L-shell) → $l=0$ → 2s 軌道（1個しかない）
　　　　　　　　　$l=1$($m=0, \pm 1$ の3個）→ 2p 軌道（3個ある）
$n=3$(M-shell) → $l=0$ → 3s 軌道（1個しかない）
　　　　　　　　　$l=1$($m=0, \pm 1$ の3個）→ 3p 軌道（3個ある）
　　　　　　　　　$l=2$($m_l=0, \pm 1, \pm 2$ の5個）→ 3d 軌道（5個ある）

....

K, L, M, O, P, Q などの shell（殻）は主量子数 n で定義されている．

このように，s 軌道は各 shell に1個，p 軌道は各 shell（$n \geq 2$ のときだけ）に3個，d 軌道は各 shell（$n \geq 3$ のときだけ）に5個ずつあることがわかる．

次の図は，動径方向に対する関数 $f_{n,l}$ の計算値を示したものである．横軸は揃えてあるので，各軌道の空間的な広がりを比べて頂きたい．縦軸のスケールは各図で異なるので気を付けて欲しい．

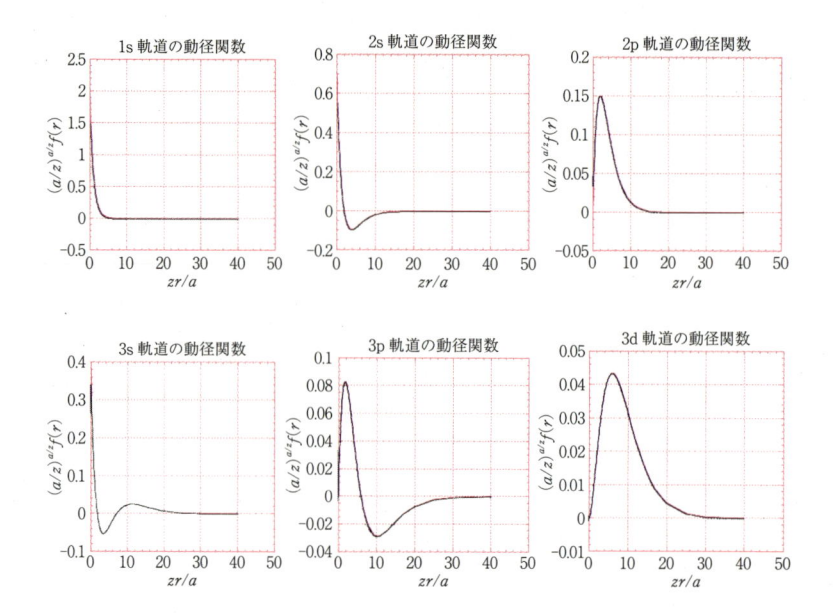

特徴をいくつか記述すると次のようになる。

① 1s 軌道関数には r 軸を横切る性質はない（いつでも正）。

② 2s 軌道関数は r 軸を一回横切る。同様に 3s 軌道関数は r 軸を 2 回横切る。このように，動径関数が r 軸を横切る場所を「節（せつ）」と呼んでいる。一般的には，音波の場合と同じで節が多い波ほどエネルギーが高い。

③ s 軌道関数は原子核付近の値がゼロではないが，p, d 軌道関数は，原子核付近では値を持たない。

④ 主量子数が大きくなるにしたがって，$f(r)$ がゼロに漸近する距離は遠くなっており，「電子はより原子核から遠い距離まで存在できそう」である。

電子密度分布を正確に調べるためには，波動関数 $f(r)^2$ の全空間での積分が電子の存在確率を表すという性質を利用する（ボルンの解釈を思い出そう）。

$$\int f(r)^2 dV = 1$$

球の体積は $V=4\pi r^3/3$ で表されるが，これを r で微分すると，

$$V = \frac{4\pi r^3}{3}$$

$$\therefore dV = 4\pi r^2 dr$$

つまり，動径 r 方向の関数を用いたときに，微小体積成分 dV に電子が見い出される確率は $f^2 dV$ で表される。原子核の中心からの距離 r から微小距離成分 dr の球殻領域に電子を見い出す確率は，

$$f^2 dV = 4\pi r^2 f^2 dr$$

であることがわかる（動径関数が規格化されていれば，r をゼロから無限大まで積分すれば積分値は1になる）。$4\pi r^2 f^2$ を縦軸に取って，横軸に原子核の中心からの距離 r を取ったものが，次の図である。横軸は揃えてあるが，縦軸のスケールが違う点に気を付けて眺めて欲しい。

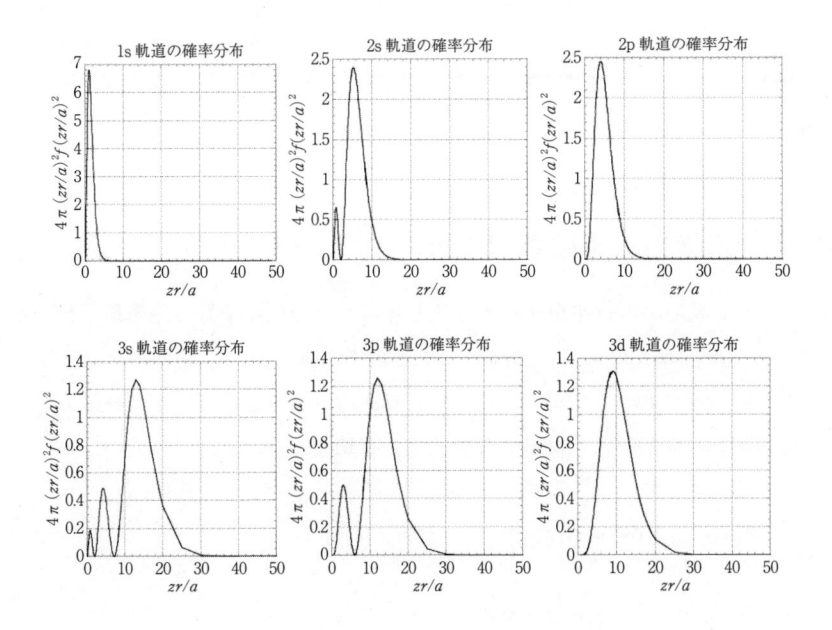

特徴を列挙すると次の様になっている。

① s軌道は，原子核の中心付近まで電子の存在確率がゼロではない領域を持つ。それに対して，p, d軌道は原子核の中心付近で電子の存在確率はゼロである。

② おなじshell内（同じ主量子数）の軌道では，平均電子密度はどの軌道も原子核からおなじくらいの距離にあるように見える。詳しく見ると，じつはs軌道のピーク（最も電子の存在確率が高い所）より，p軌道のピークの方が原子核寄りにあるし，d軌道はp軌道よりもさらに原子核よりに最大電子密度の位置がある。このような傾向は，すべてのshellに当てはまる。

最後に蛇足である。各shellのエネルギーが主量子数n^2の関数になっていることはすでに示した。実はn^2は各shellの「多重度」に一致している。軌道多重度とは，同じエネルギーを有する軌道の数のことである。つまり，主量子数が1の軌道の多重度は1^2で，1s軌道1つであるが，主量子数が2の軌道の多重度は2^2で合計4個の軌道（2s軌道1個と2p軌道が3個），主量子数が3の軌道の多重度は3^2で合計9個の軌道（3s軌道1個と3p軌道が3個，3d軌道5個）なのである。水素様原子では，このように各主量子数nに対応するすべての軌道は縮重している（同じエネルギーである）。

7-6 水素様原子の軌道の形

s, p, d軌道の形は主量子数とは関わりなく，方位量子数と磁気量子数のみできまる球面調和関数$Y_{m,l}(\theta, \phi)$で表される。なぜなら，動径のrは三次元空間で原点を中心として全方向を向いた半直線であるからだ。下に軌道の形を表す球面調和関数（波動関数の角度成分）を示す。

$$l=0, \ m=0 \rightarrow \frac{1}{\sqrt{4\pi}}$$

$$l=1, \ m=0 \rightarrow \sqrt{\frac{3}{4\pi}} \cos \theta$$

$$l=1,\ m=\pm 1 \to \mp\sqrt{\frac{3}{8\pi}}\sin\theta e^{\pm i\phi}$$

$$l=2,\ m=0 \to \sqrt{\frac{5}{16\pi}}(3\cos^2\theta-1)$$

$$l=2,\ m=\pm 1 \to \mp\sqrt{\frac{15}{8\pi}}\sin\theta\cos\theta e^{\pm i\phi}$$

$$l=2,\ m=\pm 2 \to \sqrt{\frac{15}{32\pi}}\sin^2\theta e^{\pm 2i\phi}$$

これらの関数に基づいて，次の手順で各軌道の形を描いてみよう。

7-6-1　s軌道はここに示した $l=0, m=0$ の関数形に代表される

　主量子数がいくつのときでも，角度成分（θ と ϕ）を持たない（θ と ϕ はあらゆる可能な値を取るという意味である）。したがって，s 軌道は球対称の軌道であることがわかる。とりあえず r は各軌道で一定であると考えておこう。実際には第7章5節で見たような電子分布を持つ関数形であり，もちろんこの球殻の中の電子密度は均一ではなく，第7章4節で示したような動径分布を呈するから，「濃いところと薄いところが層状（1s 軌道では外に行くほど電荷密度は単調に低くなるが，2s, 3s 軌道ではこのような層状分布をしている）になって無限遠でゼロになるように変化する」ことを示している。しかし，電子密度はある一定の距離でほとんどゼロになることがわかっているので，ここでは図 7-1 に示すような球状の軌道と解釈しておいて問題ない。

7-6-2　どのp軌道も主量子数に関わらず同じ形である

　2p, 3p 軌道と主量子数が大きくなっていくと，ローブと呼ばれる軌道の形がどんどん距離 r の長い方に広がっていくだけですべての p 軌道は，基本的に同じ形である。p 軌道は方位量子数 $l=1$ に対応するが，これには磁気量子数 m が $-1, 0, 1$ に対応する3つの軌道があることがわかる。これらのうち，$m=0$ に対応する軌道は θ のみに依存する実数関数なので，その形は簡単にわかる。三次元の極座標では，θ は z 軸からの傾き角（θ は $0\sim\pi$）であった。θ

が 0 度と 180 度のときは，$\cos\theta$ は 1 および -1 であるが，90 度のときはゼロである。それ以外の角度では $\cos\theta$ はいつでもゼロでない値を持つ（正と負も考慮する）。したがって，この軌道は三次元直交座標上では「原点の付近はゼロであるが +z 軸方向で正の値（符号）を持ち，-z 軸方向で負の値（符号）を持つアレー型の関数であることがわかる。角度 ϕ の束縛がない（あらゆる値を取る）ので，この軌道は z 軸周りの回転体であるといえる。この軌道を p_z 軌道と呼ぶことにする（図 7-1 参照）。

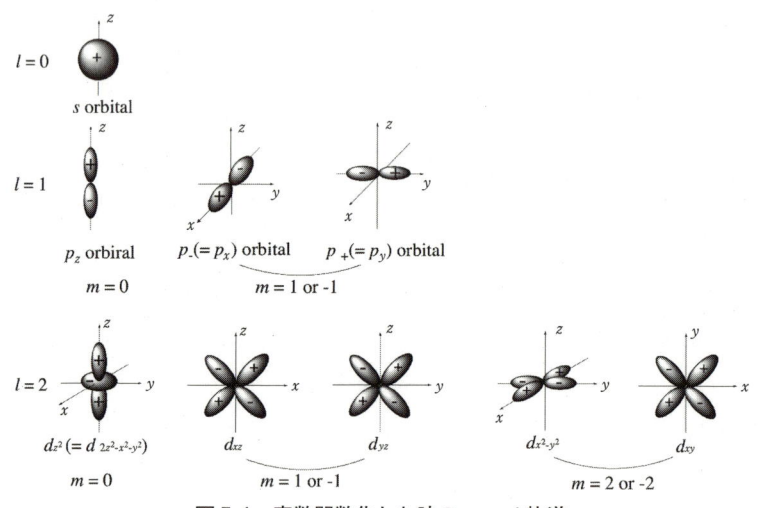

図 7-1　実数関数化した時の s, p, d 軌道

7-6-3　残りの 2 つの p 軌道（$m=-1$ と 1 に対応する軌道）はやっかいである

　なぜなら，これらの軌道は複素数を含む関数であるからだ。これらの関数は実数部分が $\sin\theta$ の関数になっている。したがって，これら 2 つの軌道は三次元座標の z 軸方向の成分を持たない。たとえば，この軌道が x 軸方向を向いていると考えると，この軌道は第 7 章 6 節 2 項で検討した p_z 軌道と同じような形を有していることがわかる。しかし，虚数成分があるのでこれらの 2 つの軌道（$m=1$ と -1 に対応する軌道）は x 軸方向に p_z 軌道と同じ形をした軌道を想定し，しかもそれが角度 ϕ 方向（＋と－の方向がある）に回転したよう

な形を想像すれば良いと思われる。

　複素数を含む関数のままでは化学的な考え方（結合の方向など）を実践するのに都合が悪いので，通常は実数関数としてこれら2つの軌道を表現する方法がとられる。何度も述べていることであるが「これらの波動関数は直行している」。つまり，これらを組み合わせてできる互いに直行した関数であれば，どれをとっても数学的に許されるのである。そこで，p軌道のうち$m=1$と-1に対応する軌道の和と差を取り，適宜虚数単位を掛けることによって実数化する。

$$p_+ = \frac{i}{\sqrt{2}}(Y_{1,1}+Y_{1,-1}) = \frac{\sqrt{3}}{2\sqrt{\pi}}\sin\theta\sin\phi$$
$$p_- = \frac{i}{\sqrt{2}}(-Y_{1,1}+Y_{1,-1}) = \frac{\sqrt{3}}{2\sqrt{\pi}}\sin\theta\cos\phi$$
(7-22)

p_+はp_z軌道と同じ形でy軸方向を向いていることから，p_y軌道と呼ばれる。同様に，p_-はp_z軌道と同じ形でx軸方向を向いていることから，p_x軌道と呼ばれる。このようにして，直行する3個のp軌道に分けることができた。

7-6-4　d軌道も同様に虚数表現されているものが4つある

$$l=2, m=0 \to \sqrt{\frac{5}{16\pi}}(3\cos^2\theta - 1)$$
$$l=2, m=\pm 1 \to \mp\sqrt{\frac{15}{8\pi}}\sin\theta\cos\theta\, e^{\pm i\phi}$$
$$l=2, m=\pm 2 \to \sqrt{\frac{15}{32\pi}}\sin^2\theta\, e^{\pm 2i\phi}$$

$m=0$に対応する軌道は実数関数で，z軸方向を向いているが，$\cos\theta$が2乗になっているので，$+z$方向も$-z$方向も共に正の値（符号）になっている。さらに，xy平面方向（$\theta=90$度付近）でもこの関数は「負の符号」を有しゼロではない。このあたりが，p軌道とは異なる。動径成分も考慮すると核の中心付近の電子密度はゼロであるからxy平面付近の負の値は原子核（座標の原

点）付近に密度分布を持たないドーナツ状であることがわかる。この軌道は $d_{2z^2-x^2-y^2}$ 軌道と呼ばれる。一般的な教科書では d_{z^2} と書かれていることが多いが，$d_{2z^2-x^2-y^2}$ 軌道と書けば，この軌道上の電子密度が $+z$ 軸方向と $-z$ 軸方向にそれぞれ 1/3 ずつ（合計 2/3），残りの 1/3 の電子密度が xy 平面に分布している（2：1 の比率）ことを表していることが明白になるわけである。

他の4個の軌道は虚数で表されているので，p 軌道の時と同様に $m=1$ と -1，$m=2$ と -2 でそれぞれ足し引きして実数関数にする方法がとられる。

$$d_{zx} = \frac{1}{\sqrt{2}}(Y_{2,-1} - Y_{2,1}) = \frac{\sqrt{15}}{2\sqrt{\pi}} \cos\theta \sin\theta \cos\phi$$

$$d_{yz} = \frac{i}{\sqrt{2}}(Y_{2,1} + Y_{2,-1}) = \frac{\sqrt{15}}{2\sqrt{\pi}} \cos\theta \sin\theta \sin\phi \quad (7\text{-}23)$$

$$d_{xy} = \frac{i}{\sqrt{2}}(Y_{2,2} - Y_{2,-2}) = \frac{\sqrt{15}}{2\sqrt{\pi}} \sin^2\theta \sin\phi \cos\phi$$

$$d_{x^2-y^2} = \frac{1}{\sqrt{2}}(Y_{2,2} + Y_{2,-2}) = \frac{\sqrt{15}}{4\sqrt{\pi}} \sin^2\theta (2\cos^2\phi - 1)$$

このようにしてできる軌道の呼称は，三次元座標における軌道の方向性をまちがいなく表している。これらの軌道の形を図 7-1 に示しておく。

一般的に用いられているこれらの軌道では，もともとの関数形をとどめているのは p_z と $d_{2z^2-x^2-y^2}(=d_{z^2})$ 軌道だけである。他の実関数表現の軌道を用いることは，数学的には何らの不都合はないのであるが，角運動量の観点からすると，これらの関数形は，もはや元々の意味がなくなっていることを忘れてはならない。すなわち，磁気量子数は p 軌道や d 軌道の z 軸方向の角運動量に対する量子数（後述する）なのだが，d_{xy}，d_{yz}，d_{zx}，$d_{x^2-y^2}$ や p_y，p_x と表記された軌道は，もはやこれらの角運動量量子数には対応していない。

7-7 角運動量に関する考察

波動方程式を解くプロセスで，方位量子数 l や磁気量子数 m は z 軸からの「ずれ角」である θ と z 軸周りの角度 ϕ に関係する関数を束縛する条件として

現れることがわかった。剛体の回転運動に関する物理学的描像が電子の原子核周りの運動の描像と同じであることからも θ と ϕ に関わる成分が原子核（剛体の回転では重心）の周りの電子の回転運動に関係することがわかる。すなわち，電子の回転運動は量子数 l と m で量子化されていると捉えることができるのである。例えば，z 軸と直行する平面内の回転運動の運動量は，付録（量子力学の基礎を学ぶための物理学の復習）で述べたように z 軸方向のベクトルとして表される。

シュレーディンガーの波動方程式の成り立ちをもう一度眺め直してみよう。中心の核電荷に束縛された電子の三次元の運動を描像する「極座標」表現のハミルトニアンは次のようなものであった。

$$H = -\frac{\hbar^2}{2m}\left(\frac{\partial^2}{\partial r^2} + \frac{2}{r}\frac{\partial}{\partial r} + \frac{1}{r^2}\frac{\partial^2}{\partial \theta^2} + \frac{\cos\theta}{r^2\sin\theta}\frac{\partial}{\partial \theta} + \frac{1}{r^2\sin^2\theta}\frac{\partial^2}{\partial \phi^2}\right) - \frac{ze^2}{r} \quad (7\text{-}24)$$

波動方程式におけるハミルトニアンは，角度成分と動径（r）成分に分けて，次のように書き表されることをすでに知っている。ただし，このために媒介変数 λ（定数）を導入したことを忘れてはならない。

$$\left[\frac{\partial^2}{\partial \theta^2} + \frac{\cos\theta}{\sin\theta}\frac{\partial}{\partial \theta} + \frac{1}{\sin^2\theta}\frac{\partial^2}{\partial \phi^2}\right]g(\theta, \phi_i) + \lambda g(\theta, \phi_i) = 0$$
$$\left[\frac{\partial^2}{\partial r^2} + \frac{2}{r}\frac{\partial}{\partial r} - \frac{\lambda}{r^2} + \frac{2mE}{\hbar^2} - \frac{2mze^2}{\hbar^2 r}\right]f(r) = 0 \quad (7\text{-}25)$$

下の方の式は運動を動径方向の関数として見たものであり，原子核周りの回転（極座標表現の角度）に関する情報を含んでいない。一方，上の方の式は間違いなく角運動量成分を記述する関数であることがわかる。

一方，古典力学におけるハミルトンの運動方程式では，ハミルトニアンは，次のようなものである。

$$H = T + V = p^2/2m + V$$

V はポテンシャルエネルギーであり，極座標表現では上の式の $-ze^2/r$ に対応

する。
この式と上の方の式を見比べれば，次式が「角運動量の2乗の演算子」であることが容易に理解できるであろう。

$$\frac{\partial^2}{\partial\theta^2}+\frac{\cos\theta}{\sin\theta}\frac{\partial}{\partial\theta}+\frac{1}{\sin^2\theta}\frac{\partial^2}{\partial\phi^2} \tag{7-26}$$

このことを証明してみよう。

まず，電子の三次元の回転運動を記述するために，直交座標系における角運動量の3つの演算子 $\hat{\ell}_x$, $\hat{\ell}_y$, $\hat{\ell}_z$ を考える。もちろん $\hat{\ell}^2=\hat{\ell}_x^2+\hat{\ell}_y^2+\hat{\ell}_z^2$ の関係がある。これらを極座標表現すると，独立した3つの関数に変換される。

$$\begin{aligned}\hat{\ell}_z&=-i\frac{\partial}{\partial\phi}\\ \hat{\ell}_\pm&=e^{\pm\phi}\left(\pm\frac{\partial}{\partial\theta}+i\cot\theta\frac{\partial}{\partial\phi}\right)\end{aligned} \tag{7-27}$$

この表現を用いれば，$\hat{\ell}^2=\hat{\ell}_x^2+\hat{\ell}_y^2+\hat{\ell}_z^2=\hat{\ell}_+\hat{\ell}_-+\hat{\ell}_z^2-\hat{\ell}_z=\hat{\ell}_-\hat{\ell}_++\hat{\ell}_z^2+\hat{\ell}_z$ であることは容易に証明することができる。ここで $\hat{\ell}_\pm$ は $\hat{\ell}_\pm=\hat{\ell}_x\pm i\hat{\ell}_y$ で表される演算子であり，角運動量に関する波動関数に $\hat{\ell}_\pm$ のどちらかを作用させると，対応する量子数を1個大きくしたり小さくしたりする作用があるので，$\hat{\ell}_\pm$ は昇降演算子と呼ばれている。以上の関係を用いると，

$$\hat{\ell}^2=\left[\frac{1}{\sin^2\theta}\frac{\partial^2}{\partial\phi^2}+\frac{1}{\sin\theta}\frac{\partial}{\partial\theta}\left(\sin\theta\frac{\partial}{\partial\theta}\right)\right]=\frac{\partial^2}{\partial\theta^2}+\frac{\cos\theta}{\sin\theta}\frac{\partial}{\partial\theta}+\frac{1}{\sin^2\theta}\frac{\partial^2}{\partial\phi^2} \tag{7-28}$$

であることが容易に証明できる。すなわち，$\hat{\ell}^2$ は剛体の三次元回転運動に関する角運動量の演算子なのである。

また，$\hat{\ell}_z$ に関しては ϕ のみの関数であるから，求める波動関数 P の ϕ 成分は次の関係を満たすはずである。

$$\hat{\ell}_z P(\phi)=\ell_z P(\phi)$$

ただし，ℓ_z は軌道角運動量の z 成分（スカラー量）であるとする。
この解は，

$$P(\phi) = e^{i\ell_z\phi}$$

である。波動関数は連続でしかも微分可能でなくてはならないから，

$$P(\phi) = P(\phi + 2\pi)$$

すなわち，

$$P(\phi) = e^{i\ell_z\phi} = e^{i\ell_z(\phi+2\pi)}$$

であることが必要である。このような関係を満たすときには $\ell_z = 0, \pm 1, \pm 2,$ $\pm 3, \pm 4, \pm 5 \cdots\cdots$ でなくてはならないことがわかる。この ℓ_z が先のシュレーディンガー波動方程式の解法で示した磁気量子数 m に対応することは，すでにお気づきであろう。

話を元に戻して，昇降演算子の関係を考えてみよう。

$$\hat{\ell}_+ P = (\ell + 1) P$$

というように $\hat{\ell}_+$ 演算子は波動関数 P の固有値を1つ上げる（固有関数と固有値については付録を参照。ここでは単に波動方程式のような方程式におけるパラメータとそれに対応する関数と考えておくだけで十分である）。

$$\hat{\ell}_- \hat{\ell}_+ = \hat{\ell}^2 - \hat{\ell}_z^2 - \hat{\ell}_z$$

であったことを思い出すと，最大の角運動量（$m = l_{\max}$）に対して，

$$\hat{\ell}_+ P = 0$$

である。なぜなら $m>l_{max}$ の m は定義によって存在しないからである。この式に $\hat{\ell}_z$ を作用させる（左から掛けて演算する）と，

$$\hat{\ell}_-\hat{\ell}_+P=(\hat{\ell}^2-\hat{\ell}_z^2-\hat{\ell}_z)P=\hat{\ell}^2P-\hat{\ell}_z^2P-\hat{\ell}_zP=(\ell^2-\ell_z^2-\ell_z)P=0 \quad (7\text{-}29)$$

であることから，

$$\ell^2=l(l+1)$$

でなくてはならないことがわかる。すなわち，角運動量の2乗の演算子の固有値は，$l(l+1)$ なのである。この関係は式 (7-15) あるいは，式 (7-25) において，$\lambda=l(l+1)$ と置いた関係と一致している。ここで，l_{max} は，すでに磁気量子数として定義した m の最大値であり，すなわち，

$l \geq |m|$
$m=0, \pm 1, \pm 2, \pm 3, \ldots\ldots$

の関係を満たしている。この関係は，波動方程式を解く段階で導入された「数学的束縛条件」と同等のものであることがわかる。角運動量の固有関数は，もちろん球面調和関数，$Y_{l,m}(\theta,\phi)$ である。

　一般的に，「角運動量 l の状態」というときは，実は「角運動量の2乗が $l(l+1)$ の状態」を指していると考えるのが正しいといわれている。l は正確には「角運動量の2乗が $l(l+1)$ のときの角運動量の z 成分」なのである。もちろん角運動量 l がゼロの状態は球対称の状態である（s 軌道に対応する）。ここまでの取り扱いでは，z 軸として任意の方向を選んだことに気を付けるべきである。したがって，z 軸方向への投影（その長さが整数になることは数学的な束縛である）で，すべての回転運動状態が記述できるわけである。ハイゼンベルグの不確定性原理によれば，一方向（例えば z 軸方向）の角運動量成分を確定すれば，他の方向はまったく不確定になるからと考えることも可能である

(あるいは，外部から磁場をかけたときに，l の磁場方向の成分が $l(l+1)$ の平方根にならないのは，不確定性原理によると考えても良い)。

角運動量は $J_z = pr$ で定義される。量子化（アインシュタイン―ド・ブロイの関係）により，$p = h/\lambda$ であるから，回転運動が微分可能な連続関数になるには，$m\lambda = 2\pi r$（ただし，$m = 0, \pm 1, \pm 2, \pm 3, \cdots\cdots$）である。すなわち，

$$J_z = m(h/2\pi) \qquad m = 0, \pm 1, \pm 2, \pm 3, \cdots\cdots$$

となっている。つまり，回転運動の量子（単位量）は $h/2\pi$ である。漫画的には，z 軸の周りを時計回りの回転では m は正，半時計回りなら m は負になるといっても良い。方位量子数がゼロの状態は電子が静止しているというわけではない。球対称の軌道では電子の運動によって角運動量を生じないということを示しているだけである。

調べてみよう

(1) 水素原子の 1s 軌道，2p 軌道，3d 軌道の形を直交座標上に描いてみよう。このとき，各関数の符号も合わせて記述できるように描けることが望ましい。

(2) 描いたこれらの軌道の形を，ローブの符号（プラス／マイナス）も含めて記憶してしまおう。化学を理解する上で，ローブの符号と軌道の形を知っていることは非常に重要である。

第 8 章

多電子原子

ウォルフガング・パウリ (1900〜1958) ノーベル財団提供

　ウォルフガング・パウリ (Wolfgang Ernst Pauli) は，論文として発表するよりも，友人たちに書簡の形で色々な研究業績を伝えることを好んだと言われる。スピンに関する非相対論を展開し，それに刺激を受けたディラックは相対論的効果を取り込んだ量子論を確立した (1928年)。アインシュタインの推薦により，1945年にノーベル賞を受けた。

　この章では，たった 1 個の電子しか有さない水素様原子の波動関数（軌道）と，2 個以上の電子を有する一般的な原子やイオンの波動関数（軌道）にどのような違いがあるのかを考察し，原子における電子のつまり方のルールを学ぶ。量子論の発展の歴史が，偉大な物理学者たちの活躍の歴史であることを感じつつ，読み進んでいただきたい。

第7章では水素様原子に関するシュレーディンガー波動方程式を解いて，軌道の形や電子密度分布について議論した。この章では，2個以上の電子を有する一般的な原子について考える。電子数が2個以上になると波動方程式を作って解くことが困難になる。その理由は，3個以上の物体が同時に存在するとき（原子の場合では原子核と電子2個以上），それぞれの物体間に働く相互作用を正確に記述して解くことが，特殊な場合を除いて不可能になるためである。その結果，「水素様原子」以外の原子については波動方程式を厳密に解いて波動関数を求めるすべはない。

　2個以上の電子が存在するときには，電子間に存在する静電的反発を考慮しないといけないが，このような要素は水素原子について得られた波動関数では考慮されていないので，水素以外の原子に対して水素原子の波動関数をそのまま用いることはできない。このような状況の中から，様々な間接的な手法で多電子系の波動関数とそれに対応するエネルギーを見積もる方法が考案された。本題に入る前に電子のスピンについて触れておこう。電子のスピンという概念は水素様原子の波動関数を記述する際には議論されなかった（シュレーディンガーの波動方程式からはスピンに関する情報はまったく得られないと言う方が正しい）。2個以上の電子を有する原子については，電子のスピンが重要な役割を演じるのである。電子スピンの概念がどこからどのように出てきたのかということと，それがどの様な化学的な意味を持つのかを歴史的な観点に照らし合わせながら記述するのが次節を中心とする本章の目的である。

8-1　電子スピンの存在

　現代科学では，原子核の周りを回る電子の運動は太陽の周りを回る惑星の運動に類似したものと考えられている。すなわち，地球が「自転しながら公転している」のと同じように，電子には固有のスピン（自転）が存在すると考えるのである。実際にはこのように「電子にスピンがある」という言い方は適切ではないのだが，少なくとも前章までの議論で得られた3つの量子数（主量子数，方位量子数，磁気量子数）の他に，「もう1つの量子数」を仮定しないと現実に観測される科学現象が説明できないのである。このことは，「シュレーディ

ンガー波動方程式は完全には正しくない」ことを意味している。

　量子力学仮説の正当性を証明する実験の中で，原子の吸光／発光スペクトルの観測に関する実験は極めて重要なものであった。水素原子の発光スペクトルを普通の条件で観測すれば，ほとんど正確にシュレーディンガーの波動方程式の解で観測結果を説明することができた〔厳密な測定を行うとまずいことがわかるので，「ほとんど」という言葉を用いた〕。ところが，原子の発光スペクトルを均一磁場の中で観測するとゼーマン効果と呼ばれる「スペクトル線が複数に分かれる現象」が観測される（1896年）ことが知られていた。また，オットー・スターン（O. Stern）とゲルラッハ（W. Gerlach）も1922年に蒸発させた銀粒子のビームが磁場中を通過する際に2つに分かれることを発見している。これらの現象はシュレーディンガー波動方程式とその解では説明できなかったのである。

　当時学生であったジョージ・ウーレンベック（G. Uhlenbeck）とハウトスミット（SA. Goudsmit）（1925～26年）は「電子にスピンがあると仮定すれば（スピンの名称はゾンマーフェルト（A. J. Sommerfeld）が与えた）」ゼーマン効果を説明することができることを示したが，彼らの仮説は「相対論」を用いなければ実験値を定量的に説明できないこともわかった。実は，「シュレーディンガーの波動方程式は相対論的には正しくない」のである（正確には相対論的変換に対して不変でないという）。このことは，後にディラック（P. Dirac）が相対論的量子力学体系を提唱することによって証明される（1928年）。すなわち，ディラック方程式の解は電子スピンの概念を必然的に含むものであった（ディラック方程式の解としての電子の運動は4つの量子数（n, ℓ, j, m）で記述されるが，これらの量子数のいくつかは互いに相関している。例えば，主量子数nはシュレディンガー原子と同じ意味を有するが，方位量子数ℓはもはや軌道角運動量に対応しないし，角運動量子数jは$\ell \pm 1/2$の絶対値（常に正）になる。また磁気量子数mは$-j$から$+j$の間の半奇整数値しか取らない。また，現代科学で言うスピンという概念はなく，電子は半整数の量子数で記述される属性を持っているというにすぎない。これは見方を変えれば，電子はスパイラル状の運動しか許されていないと解釈してもかまわないことを意味している）。ディラックの基本方程式は「相対論的効果を無視すればシュ

レーディンガー方程式になる」ことがわかっている。ディラックの理論は煩雑でしかも方程式の解法もずっと難しい。また化学の世界では「相対論的効果」が影響する現象はないと考えられた（当事者のディラックでさえ当時はそう思っていた。しかし近年重い原子の関与する現象では相対論的効果が重要であることがわかってきている）。その結果，いまでもシュレーディンガー波動方程式の帰結と「取って付けたような電子スピン」の概念で化学現象や物性を語る習慣になっている。

電子スピンは，軌道角運動量に関する議論からの類推で論じられる。すなわち，スピン角運動量の z 軸（任意）への投影が s であると考えるのである。もちろん，電子スピンに起因して観測される磁化の成分（磁気モーメントと呼ばれる）は $s(s+1)$ の平方根に比例する（前章の軌道角運動量についての考察を思い出そう）。この関係は角運動量の 2 乗の演算子の固有値の最大値 $l(l+1)$ と角運動量演算子の固有値の最大値 l の関係と同じであると仮定している（不確定性原理の帰結であることを思い出そう）。

磁気量子数に関する束縛条件である

$$|m| \leq l$$

は，電子スピンを含むときについては m が整数でないときにも成立すると考えると（これは球面調和関数の性質を考えるとかなり乱暴な仮定であるが），$s=1/2$ という半整数もその条件を満たすことがわかる（m と同様に s も 1 つ飛びで許容されるから，s として $-1/2$, $+1/2$ の 2 つがこの条件を満たす）。1 個の電子スピンが関与する系で磁場によって分裂するエネルギー成分が 2 つだけしかないという実験事実からも，$2s+1=2$ を解いて，s が 1/2 でなくてはいけないということがわかる。本当は，「ディラック方程式がスピンらしきものを含む電子の運動状態について半整数の量子数を要求する」というのが一番正しいと思う。ここでは，「電子のスピンにはスピン量子数として 1/2 と $-1/2$ の 2 つが許されており，それぞれ時計回りと半時計回りの自転に相当する」と了解しておけば良い。電子スピンの取り扱いは「非相対論的スピン理論（un-relativistic spin theory）としてパウリ（W.Pauli）による取り扱いが存在す

るが，もちろんこの取り扱いはその名称に反して「相対論的効果（relativistic effect）」を含んでいる。電子スピンのようなパリティーの問題は「第二の量子化」と呼ばれている。すなわち，スピンという運動状態は，理由はともかく，相反する性質を持った固有の量子状態に対応する量子数であるスピン量子数に対応させざるをえないからである。

8-2　パウリ（Pauli）の排他原理

シュレーディンガーの波動方程式を2電子系に拡張すると式（8-1）のようになる。

$$\left[-\frac{\hbar^2}{2m}\left(\frac{\partial^2}{\partial x_1^2}+\frac{\partial^2}{\partial y_1^2}+\frac{\partial^2}{\partial z_1^2}\right)-\frac{\hbar^2}{2m}\left(\frac{\partial^2}{\partial x_2^2}+\frac{\partial^2}{\partial y_2^2}+\frac{\partial^2}{\partial z_2^2}\right)\right.$$
$$\left.-\frac{Ze^2}{r_1}-\frac{Ze^2}{r_2}+\frac{e^2}{r_{12}}\right]\Psi=E\Psi \tag{8-1}$$

方程式は2つの電子（1と2の番号が振ってある）に関する座標成分と，原子核（核電荷Z）とそれぞれの電子の引力および2つの電子間の静電的斥力（最後の項で符号は正）でできている。同様に，3電子，4電子….と多電子系に拡張することができる（その微分方程式が実際に解けるかどうかは別問題である）。N電子系について考えるとき，N個ある電子の1つ1つはまったく同じ役割を果たしているのであるから，任意の2つの電子を入れ替えてもハミルトニアンは変わらないことがわかる。ここで，N個の電子を任意に入れ替えることに対応する演算子Pを導入する。このとき，ハミルトニアンは任意の2電子の置換に対して不変なのであるから，

$$[H, P]=[P, H] \tag{8-2}$$

という演算子の「可換関係〔順番を入れ替えて演算しても同じ結果になるという意味〕」が成立するはずである。

一方，N電子系における任意の電子のエネルギー固有値と固有関数をそれ

それ E_n と ϕ_n とすれば，

$$H\phi_n = E_n\phi_n \tag{8-3}$$

が成り立つはずであるから，両辺の左側から演算子 P を作用させて，

$$P(H\phi_n) = PE_n\phi_n \tag{8-4}$$

が成り立つ。ところが P と H は可換であるからこの関係は，

$$H(P\phi_n) = E_n(P\phi_n) \tag{8-5}$$

となるはずである。この式（8-5）は，$P\phi_n$ という波動関数も E_n というエネルギー固有値を有することを示している。これだけであれば別に問題はないのであるが，現実には「N 電子系で，沢山の（N 個の）縮重を許してしまうことになる」のである。すなわち，E_n というエネルギー状態は「極めて多重に縮重している」ことを許容するのである。このように，シュレーディンガー波動方程式におけるハミルトニアンは「多電子系における任意の電子の交換に対して多重の固有値を認めてしまう」。現実の系では，このように極端に多くの多重に縮重した固有値は存在しないので，シュレーディンガー波動方程式を解く段階で必然的に現れた数学的な束縛条件以外に，このような不合理を解消するような「量子力学外の仮定」が必要になる。「パウリの排他原理」と呼ばれる原理（仮定）がこの矛盾を解消するのである。パウリの排他原理とは，波動関数 ϕ_n が電子の入れ替えに対して反対称になることを要請するという規約である。もっとわかりやすい表現を用いれば「任意の2つの電子は4個の量子数（主量子数 n，方位量子数 l，磁気量子数 m，にスピン量子数 s を加えた4個）がすべて等しいような状態を占有することはできない」という約束事である。このパウリの排他原理が，多電子系の電子配置（電子のつまり方）を決定する重要な要素の1つになっている。例えば，1s 軌道では $n=1, l=0, m=0$ である。この軌道には，2個の電子が入ることができる。ただし，パウリの排他原

理は4つ目の量子数であるスピン量子数 s はそれぞれ $+1/2$ と $-1/2$ というように違うものでなくてはならないことを要求するわけである。

ここまでの議論をまとめると，シュレーディンガーの波動方程式は1電子については正しい解を与えたが，相対論的変換に対して不変ではないため，電子のスピンに関する記述を与えないことがわかった。その結果，多電子系の取り扱いでは矛盾を生じるので，パウリの排他原理によってこの矛盾を解消しているのである。

8-3 スレーター（J. C. Slater）軌道と有効核電荷

スレーターは多電子系においては，「着目する電子以外の電子が着目する電子に対して与える影響は，それら電子の「電子雲」のうち，着目する電子より原子核側にある部分が核電荷を遮蔽する効果と同等である」と考えた。この遮蔽を σ で表すと，着目する電子が実際に経験する原子核の電荷は $Z-\sigma$ で表される。σ を遮蔽定数と呼び，$Z'=Z-\sigma$ を有効核電荷と呼ぶ（1930年）。

さらにスレーターは，動径成分を簡略化した波動関数を用いることで，原子に対する厳密な波動関数を用いなくても「簡便にしかも精密な」計算ができることを指摘した。現在でもスレーター軌道として使われている波動関数を提唱したわけである。それらは式（8-6）のような関数である。

$$\phi_{n,l,m}(r,\theta,\phi) = r^n \exp\left(-\frac{Z'r}{n}\right) Y_{l,m}(\theta,\phi) \tag{8-6}$$

実は，厳密な水素の波動関数を用いて有効核電荷の補正をしようとすると，本来有していた直行性が失われてしまうのである。

スレーターは次のような規則で有効核電荷 Z' を見積もることができることを示した。この方法は，後に述べる「原子のイオン化ポテンシャル」から逆算したものであるから，もちろん現実の原子の性質を如実に反映している。

> スレーターの方法による有効核電荷の見積もりかた。

各軌道にある電子による遮蔽の程度は軌道によって異なるので，次のように軌道の組を区別する。(1s), (2s, 2p), (3s, 3p), (3d), (4s, 4p), (4d), (4f), (5s, 5p) ……

(ルール 1)

着目している電子より外側にある電子軌道による中心核電荷の遮蔽は無いとする。

(ルール 2)

着目している電子と同じ組にある電子による核電荷の遮蔽は，電子1個当たり0.35である。ただし，1s軌道に限って0.30とする。

(ルール 3)

着目している電子が (ns, np) の組にあるものならば，その組より主量子数が1だけ小さい組にある電子による遮蔽は，電子1個当たり0.85である。それより内殻にある軌道の電子による核電荷の遮蔽は，電子1個当たり1.00とする。

(ルール 4)

着目している電子が (nd) または (nf) の組に属しているときには，それより前のグループに属する電子による遮蔽は電子1個当たり1.00とする。

この方法にしたがえば，例えばCaの原子価殻電子に対する有効核電荷は次のようにして見積もることができる。

Caの原子番号は20である。したがって核電荷Zは+20であり，電子構造は$1s^2, 2s^2, 2p^6, 3s^2, 3p^6, 4s^2$である。原子価殻電子に対する有効核電荷とは，最後の4s軌道上の電子が感じる核電荷である。まず，4s軌道上のもう1つの電子による遮蔽は（ルール2）から0.35である。また，4s軌道より内側の電子殻では，主量子数が1つ小さい3sと3p軌道の電子による遮蔽は電子1個あたり0.85である（ルール3）。それより内側の電子殻（1s, 2s, 2p軌道）の電子による遮蔽は，電子1個当たり1.00である（ルール3）。

それゆえ，有効核電荷は次のように計算される。

$$Z' = 20 - (1.00 \times 10) - (0.85 \times 8) - (0.35 \times 1) = 2.85$$

このようにして計算された有効核電荷とスレーター原子軌道は，現在でも多くの多電子系の計算に利用されている。

量子力学的な取り扱いとは直接関係しないが，このような有効核電荷の概念は原子の性質に関する議論に大きな影響を与える。ここで見たように，中性のカルシウム原子の最も外側にある電子は，原子核の電荷を+2.85も感じているのである。このような電子を剥ぎ取るにはそれなりのエネルギーが必要であることがわかる。周期表でカルシウムと同じ周期でより右側にある元素では，原子価殻電子が感じる有効核電荷はもっと大きくなるので，このような傾向がさらに強くなることが期待される。

8-4 ハートリー－フォック（Hartree-Fock）の自己無撞着場による原子軌道関数の見積もり

ハートリーとフォック（1927～30年）は，1電子ハミルトニアンとクーロン演算子（J）ならびに交換演算子（K）を用いて新たな演算子（Hartree-Fock Hamiltonian）を定義すると，電子の交換による反転対称性も含めた議論が可能であると提唱した。JとKは次のように定義される。

$$J_n(i) = \int \phi_n^*(j) \frac{e^2}{r_{ij}} \phi_n(j) \, dr_j$$
$$K_n(i)\varphi(i) = \left[\int \phi_n^*(j) \frac{e^2}{r_{ij}} \varphi(j) \, dr_j \right] \phi_n(i) \tag{8-7}$$

クーロン演算子（J）は同一波動関数を有する2個の電子の斥力の成分を，交換演算子（K）は電子の位置交換によって生じる成分（エネルギー）を表す演算子である。このとき，ハートリー－フォック演算子は，

$$F = -\frac{\hbar^2}{2m}\nabla_j^2 - \frac{Ze^2}{r_j} + \sum_l (2J_l - K_l) \tag{8-8}$$

の形で表され，ハートリー－フォック方程式 $F\phi_k = \lambda_k \phi_k$ を解けば多電子系の波

動関数を求めることができることが示された．実際には，例えば前述のスレーター軌道関数を出発点として，1つの軌道に着目し，他の軌道を固定して演算を行う．このようにして改良された1つの波動関数を固定して，今度はそれ以外の軌道の1つに着目して同様の演算を繰り返し，最終的にこれ以上すべての軌道が改良できなくなくなったときに，すべての軌道が改良されたことになるのである．このように，コンピュータを使って何度も同じ演算を繰り返して，最終的に整合性のある結果を得る方法を「自己無撞着場（self-consistent field）による計算」と呼ぶ．このような計算によっても，多電子系の軌道関数が計算されている．

8-5　トマス-フェルミ-ディラック（Thomas-Fermi-Dirac）ポテンシャル

この節では，ハートリー-フォックの自己無撞着場のような理論的取り扱いではなく，経験的なポテンシャル場を取り込んだ原子軌道（多電子系）の取り扱いについて述べる．この方法では，シュレーディンガーの波動方程式をそのまま適用するが，

$$\left[-\frac{\hbar^2}{2m}\left(\frac{\partial^2}{\partial x^2}+\frac{\partial^2}{\partial y^2}+\frac{\partial^2}{\partial z^2}\right)-V(r)\right]\Psi=E\Psi$$

中心場の1電子ポテンシャル関数である $V(r)=Ze^2/r$ を経験的なポテンシャルで置き換えて計算するのである．この経験的ポテンシャルは統計的な手法を用いて交換反対称性の補正も加味したものであり，極めて信頼性の高いものであるといわれている．例えば，

$$V(r)=\frac{Ze^2}{r}\left[1+0.02747\left(\frac{r}{\mu}\right)^{1/2}+1.243\left(\frac{r}{\mu}\right)-0.1486\left(\frac{r}{\mu}\right)^{3/2}\right.$$
$$\left.+0.2302\left(\frac{r}{\mu}\right)^2+0.007298\left(\frac{r}{\mu}\right)^{5/2}+0.006944\left(\frac{r}{\mu}\right)^3\right]^{-1} \quad (8-9)$$
$$\mu=0.8853a_0/Z^{1/3}$$

のような関数であれば，かなり精度良く原子軌道のエネルギーを計算できるこ

とが知られている（1955年）。ただし，a_0 はボーア半径である。もちろんこのような統計的ポテンシャルで計算された原子軌道のエネルギーは，実測されたイオン化ポテンシャルや原子スペクトルを良く再現することがわかっている。図 8-1 は，このような計算から得られた各原子の最外殻軌道のエネルギーをプロットしたものである。この図が，一般的な無機化学の教科書に見られる類似のプロットのオリジナル版なのである。

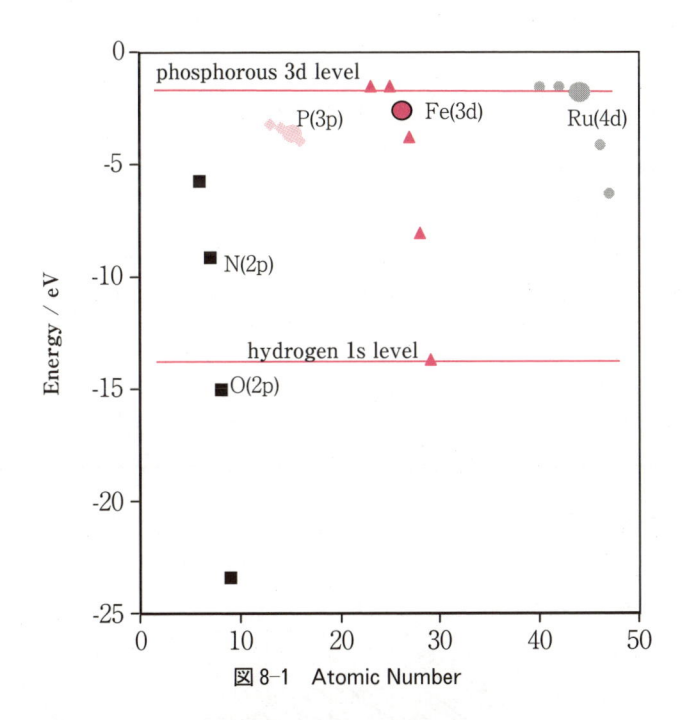

図 8-1　Atomic Number

8-6　多電子系と 1 電子系の軌道とそのエネルギー

　ここまでで述べたように，シュレーディンガー波動方程式の解（として得られる軌道）は多電子系には直接適用できないので，様々な補正が必用であることがわかった。これはすべからく，2 電子以上の系における電子間のポテンシャルの存在と波動関数の交換反対称性の要請（相対論的効果と言い換えても良

い）に起因するのである。しかし，スレーターによる有効核電荷の導入，ハートリー–フォックの自己無撞着場の方法やトマス–フェルミ–ディラックポテンシャルのおかげで，現実の多電子原子の軌道とそのエネルギーに関する情報はかなり正確に記述できるようになった。この節では，1電子系と多電子系の違いを指摘しながら，多電子系における電子配置を考察する。

まず，1電子系（第7章1節参照）では，軌道のエネルギーは主量子数にしか依存しなかった。しかし，多電子系の取り扱いでは，各軌道のエネルギーは明らかに方位量子数にも依存することがわかったのである。実際には軌道にエネルギーが割り振られていると考えるとまずいことがある。それは，系全体のエネルギーは電子配置（電子間の反発が違うため）に依存するからである。しかし，ここでは取りあえず各軌道には固有のエネルギーが対応すると考えておこう。

多電子系の軌道のエネルギーは方位量子数にも依存し，2s軌道のエネルギーは2p軌道のエネルギーよりも明らかに低いのである。このような各量子数に対応する軌道のエネルギーの順番を定性的に「覚えやすいように」まとめたものがMoellerの図（図8-2）である。この図は電子軌道が低い順を示すものであり，多電子原子ではエネルギーが低い順番に電子が詰まっていく。その際ガイドラインとなるのがパウリの排他原理も含めてルール化した，フントの規則（第8章7節参照）である。

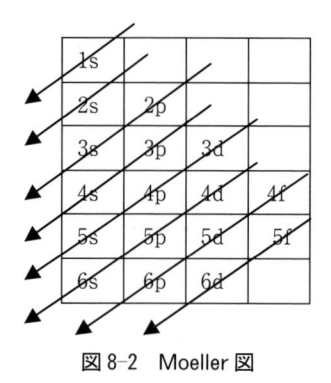

図8-2　Moeller図

しかし，多電子原子でも「各軌道の形（球面調和関数の部分）は水素様原子の軌道とまったく同じ」である。これはハートリー−フォック−フェルミ−ディラックポテンシャルの取り扱いや，スレーターの取り扱いからも明らかであろう。異なるのは動径のポテンシャル成分だけであるが，基本的に電子密度分布の傾向も，多電子系と1電子系で同じであると考えられている。すなわち，主量子数以外に方位量子数に依存して軌道エネルギーが異なることのほかは，水素様原子に対して得られた軌道の情報は多電子系に対してもそのまま適用できる。

8-7　多電子系の電子の詰まり方のルール〜フント（Hund）の規則

どの電子配置が最も安定（最もエネルギーが低い）であるかを知れば多電子系の電子の詰まり方がわかるはずである。周期表に現れる元素の性質は電子の詰まり方によってうまく説明できるので，このルールを理解して，与えられた原子に対して最低エネルギーの電子配置（基底状態の電子配置と呼ぶ）が描けるようにしておくことが化学を理解する上で重要である。

2個の電子1と2が同じエネルギーの2つの軌道 ϕ_a と ϕ_b に分かれて存在していると仮定する（同じエネルギーレベルの軌道が2つ以上存在する状態を軌道が縮重（degenerate）しているという。このような状況はp軌道やd軌道で生じる）。この電子配置を表す波動関数は式（8–10）のように表される。

$$\Psi = \phi_a(1)\phi_b(2) \tag{8–10}$$

2つの電子は識別できないから，式（8–11）の波動関数もこの状態を表す波動関数として正しいはずである。

$$\Psi = \phi_a(2)\phi_b(1) \tag{8–11}$$

このような場合には，2つの波動関数の一次結合がこの電子配置を表すことになる。ところが，この2つの波動関数の一次結合には2つの可能性があること

がわかる（係数は省いてある）。すなわち，

$$\Psi_{sym} = \phi_a(1)\phi_b(2) + \phi_a(2)\phi_b(1)$$
$$\Psi_{antisym} = \phi_a(1)\phi_b(2) - \phi_a(2)\phi_b(1) \qquad (8\text{-}12)$$

である。symとantisymの記号は，電子1と2の入れ替えによって符号が変わるか否かで区別してある。ここまでの話には電子のスピンについての議論はない。電子の空間配置のみを考えているからである。電子スピンに関する波動関数 Ψ_{spin} も考慮すると，この系の全波動関数は，式（8-13）で表される。

$$\Psi_{total} = \Psi_{sym \text{ or } antisym} \Psi_{spin} \qquad (8\text{-}13)$$

ここで，パウリの排他原理を思い出していただきたい。排他原理では電子の交換に対して反対称の配置しか許されない。そのため，許容される組み合わせは，

$$\Psi_{total} = \Psi_{sym} \Psi_{spin}^{antisym} \qquad (8\text{-}14)$$

または，

$$\Psi_{total} = \Psi_{antisym} \Psi_{spin}^{sym} \qquad (8\text{-}15)$$

の2通りある。Ψ_{sym} は2つの電子が空間的に非常に近い配置であることに相当すると考えられる。このような配置では電子スピンは $\Psi_{spin}^{antisym}$ すなわち2つの電子のスピンが反対向き〔+1/2と-1/2〕になっていなければいけない。このような状態は，He原子の1s軌道の電子の詰まり方に対応する。逆に，空間的に遠い（電子間反発が小さいということができる）配置ではスピンは平行（同じ向き）になっていることを要請するのである。後者の関係は「フントの第一則」として表現される。すなわち，多電子系では（エネルギーレベルが同じの空間的に離れた複数の軌道に）電子スピンは，できるだけ平行になるように配置されることによってエネルギー的に安定化する。このことは，平行なス

ピンの数が多ければ，その交換による安定化が得られるというように表現されることもある。

　また，同じスピン状態（同じスピン状態で電子が入っているものどうしを考えたとき）であれば，できるだけ磁気量子数が大きいほどエネルギーが低い（安定である）。このことは，磁気量子数（方位量子数）が角運動量の量子数であることを思い出せば容易に理解できる。すなわち，正で最も大きな磁気量子数の軌道が最も回転運動のエネルギーに関して安定な軌道なのである。これを「フントの第二則」という。このほかにも第三則があるが，これは当面重要ではない。ちなみに「フントの第三則」とは準殻（副殻）にある電子の数がその殻に入ることのできる電子数の半分以下の時には L–S（軌道角運動量とスピン角運動量の差）が最小値になるときが最も安定な電子配置であるというものである。このときには，軌道磁気モーメントの配列（電子が軌道を回ることによって生じる磁場の方向）がスピンによる磁気モーメントと逆平行になっている。L は準殻のすべての電子の角運動量子数の総和であり，S はスピン角運動量子数の総和である。フントの第三則はスピンと軌道の相互作用が強い時にのみ重要で，通常の原子の基底状態の電子配置を議論するときには必要ない。フントの規則は，第一則が電子スピン－電子スピンの相互作用，第二則が軌道－軌道の相互作用，第三則が電子スピン－軌道の相互作用に関係している（この順で相互作用のエネルギーは小さくなる）規則であることがわかる。

　Moeller の図とフントの規則にしたがって，水素原子からネオン原子までの各原子の基底状態（最低エネルギーの状態）の電子の詰まり方（電子配置）を

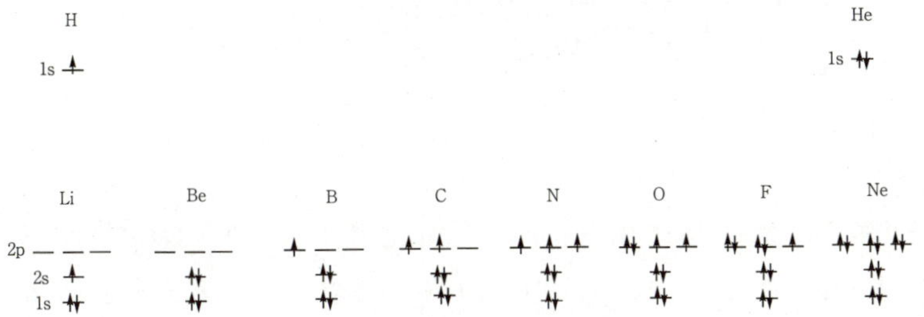

図 8–3

書くと図 8-3 のようになる。2 種類の電子スピンは上向きと下向きの矢印で示してある。2p 軌道は，慣例にしたがって左から磁気量子数 $m=1, 0, -1$ である。

8-8　周期表とその構成

現在世界で用いられている周期表（Periodic Table）は図 8-4 のようなものである。このような周期表は，それぞれの周期が原子価殻（最外殻）の主量子数に対応するように書かれている。

元素の周期表（2012）

原子番号 1　元素記号[注1] H　元素名 水素　原子量（2012）[注2]

周期＼族	1	2	3	4	5	6	7	8	9	10	11	12	13	14	15	16	17	18
1	1 H 水素 1.00784~ 1.00811																	2 He ヘリウム 4.002602
2	3 Li リチウム 6.938~ 6.997	4 Be ベリリウム 9.012182											5 B ホウ素 10.806~ 10.821	6 C 炭素 12.0096~ 12.0116	7 N 窒素 14.00643~ 14.00728	8 O 酸素 15.99903~ 15.99977	9 F フッ素 18.9984032	10 Ne ネオン 20.1797
3	11 Na ナトリウム 22.98976928	12 Mg マグネシウム 24.3050											13 Al アルミニウム 26.9815386	14 Si ケイ素 28.084~ 28.086	15 P リン 30.973762	16 S 硫黄 32.059~ 32.076	17 Cl 塩素 35.446~ 35.457	18 Ar アルゴン 39.948
4	19 K カリウム 39.0983	20 Ca カルシウム 40.078	21 Sc スカンジウム 44.955912	22 Ti チタン 47.867	23 V バナジウム 50.9415	24 Cr クロム 51.9961	25 Mn マンガン 54.938045	26 Fe 鉄 55.845	27 Co コバルト 58.933195	28 Ni ニッケル 58.6934	29 Cu 銅 63.546	30 Zn 亜鉛 65.38	31 Ga ガリウム 69.723	32 Ge ゲルマニウム 72.63(1)	33 As ヒ素 74.92160	34 Se セレン 78.96	35 Br 臭素 79.904	36 Kr クリプトン 83.798
5	37 Rb ルビジウム 85.4678	38 Sr ストロンチウム 87.62	39 Y イットリウム 88.90585	40 Zr ジルコニウム 91.224	41 Nb ニオブ 92.90638	42 Mo モリブデン 95.96	43 Tc* テクネチウム (99)	44 Ru ルテニウム 101.07	45 Rh ロジウム 102.90550	46 Pd パラジウム 106.42	47 Ag 銀 107.8682	48 Cd カドミウム 112.411	49 In インジウム 114.818	50 Sn スズ 118.710	51 Sb アンチモン 121.760	52 Te テルル 127.60	53 I ヨウ素 126.90447	54 Xe キセノン 131.293
6	55 Cs セシウム 132.9054519	56 Ba バリウム 137.327	57~71 ランタノイド	72 Hf ハフニウム 178.49	73 Ta タンタル 180.94788	74 W タングステン 183.84	75 Re レニウム 186.207	76 Os オスミウム 190.23	77 Ir イリジウム 192.217	78 Pt 白金 195.084	79 Au 金 196.966569	80 Hg 水銀 200.59	81 Tl タリウム 204.382~ 204.385	82 Pb 鉛 207.2	83 Bi* ビスマス 208.98040	84 Po* ポロニウム (210)	85 At* アスタチン (210)	86 Rn* ラドン (222)
7	87 Fr* フランシウム (223)	88 Ra* ラジウム (226)	89~103 アクチノイド	104 Rf* ラザホージウム (267)	105 Db* ドブニウム (268)	106 Sg* シーボーギウム (271)	107 Bh* ボーリウム (272)	108 Hs* ハッシウム (277)	109 Mt* マイトネリウム (276)	110 Ds* ダームスタチウム (281)	111 Rg* レントゲニウム (280)	112 Cn* コペルニシウム (285)	113 Uut* ウンウントリウム (284)	114 Fl* フレロビウム (289)	115 Uup* ウンウンペンチウム (288)	116 Lv* リバモリウム (293)		118 Uno* ウンウンオクチウム (294)

57~71 ランタノイド	57 La ランタン 138.90547	58 Ce セリウム 140.116	59 Pr プラセオジム 140.90765	60 Nd ネオジム 144.242	61 Pm* プロメチウム (145)	62 Sm サマリウム 150.36	63 Eu ユウロピウム 151.964	64 Gd ガドリニウム 157.25	65 Tb テルビウム 158.92535	66 Dy ジスプロシウム 162.500	67 Ho ホルミウム 164.93032	68 Er エルビウム 167.259	69 Tm ツリウム 168.93421	70 Yb イッテルビウム 173.054	71 Lu ルテチウム 174.9668
89~103 アクチノイド	89 Ac* アクチニウム (227)	90 Th* トリウム 232.03806	91 Pa* プロトアクチニウム 231.03588	92 U* ウラン 238.02891	93 Np* ネプツニウム (237)	94 Pu* プルトニウム (239)	95 Am* アメリシウム (243)	96 Cm* キュリウム (247)	97 Bk* バークリウム (247)	98 Cf* カリホルニウム (252)	99 Es* アインスタイニウム (252)	100 Fm* フェルミウム (257)	101 Md* メンデレビウム (258)	102 No* ノーベリウム (259)	103 Lr* ローレンシウム (262)

注 1：元素記号の右肩の * はその元素には安定同位体が存在しないことを示す。そのような元素については放射性同位体の質量数の一例を（　）内に示した。ただし，Bi, Th, Pa, U については天然で特定の同位体組成を示すので原子量が与えられる。

注 2：この周期表には最新の原子量「原子量表（2012）」が示されている。原子量は単一の数値あるいは変動範囲で示されている。原子量が範囲で示されている10元素には複数の安定同位体が存在し，その組成が天然において大きく変動するため単一の数値で原子量が与えられない。その他の74元素については，原子量の不確かさは示された数値の最後の桁にある。

図 8-4　元素の周期表

その結果，第一周期（first period）には水素とヘリウムしかない。第二周期には d 副殻がないので，真ん中の 10 個の元素がない。第三周期には d 副殻があるのだが，そこに電子が入るのは 4s 軌道に電子が入ってからになる

(Moeller の図を参照) ので，やはり真ん中の 10 個の元素がない。抜けた部分を挟んで左側は s 軌道に電子が詰まる元素（それぞれの周期で 2 個しかない）で，右側が p 軌道に電子が詰まる元素である（それぞれの周期で 6 個ある）。第四周期と第五周期には，主量子数より 1 つ数が小さい d 副殻に電子を収納する元素が入ってくる（d ブロック元素）。ところが，第六周期には d 軌道に電子が詰まる元素の直前に 4f 副殻に電子が詰まる系列の元素（15 個ある。f 軌道には 7 個の軌道があるので，スピンを考えると全部で 14 個までの電子が入る）がはいる。この様子も Moeller の図から確認できる。15 個あるのは，第 3 族の元素（La）を含むからである。第七周期も同じで，5f 軌道に電子が詰まっていく系列の元素が 15 個，d ブロック元素の直前に入っている。これら f ブロックの元素のうち，4f 軌道に電子が詰まっていく系列の元素をランタノイド元素と呼び，5f 軌道に電子が詰まっていく系列の元素をアクチノイド元素と呼んでいる。

　周期表を横に眺めていくとそれぞれの列に番号が付いており，これを族（group）と呼ぶ。水素を除く第 1 族の元素をアルカリ金属元素と呼ぶ。水素をのけ者にする理由は，この元素の性質がアルカリ金属元素の性質と異なるからである（たとえば，水素原子の電気陰性度はアルカリ金属元素と比べて結構大きい）。第 2 族の元素はアルカリ土類元素（Be と Mg を除くこともある）と呼んでいる。このような仲間はずれを作るのも性質の違いによる。例えば Be と Mg の化合物は他のアルカリ土類元素の化合物と比べて共有結合性が強いといった性質の違いがあるからである。第 3 族元素は希土類元素と呼ばれている。地球上の存在割合が「非常に少ない」と昔は考えられていたので稀な元素という意味合いで付けられた歴史的な名称であるが，分離技術の発達によって，これらの元素は地球上に結構沢山あることがわかってきたため，もはやこの名称はふさわしくない。ただし，「分離にお金がかかる（買うと高い）のであまりお目にかからない（性質の似ている他の元素からの分離と精製が困難）」という意味ではふさわしい名称かも知れない。

　第 17 族元素はハロゲン（塩を作るという意味）元素と呼ばれている。第 16 族元素はカルコゲン（鉱物を作るという意味）元素と呼ばれているが，歴史的には酸素を除くことが多い。第 1～3 族と第 13～18 族の元素をひとまとめにし

て「典型元素 (typical elements)」と呼んでいる。

dブロック元素とfブロック元素を遷移元素 (transition elements) と呼んでいる。ただし，第3族と第12族の元素（例えば第一遷移系列の前後のScとZn）は遷移元素に数えないことが多い。遷移元素は金属元素（単体でピカピカ光る表面，電気を通す性質，熱伝導性が大きいなどの性質を有する元素で，その性質は金属結合によって説明できる）である。周期表全体を見渡すと，第13族のBとAl，第14族のSiとGe，第15族のAsとSb，第16族のTeとPoの間に「右下がりの階段状の線」を引くことができる。この線の上の元素は非金属元素であるが，その線の下の元素は明らかな金属性を示す元素である。第1～3族元素は一般的に金属性の強い元素であることが知られていることから，歴史的には「金属性元素から，非金属性元素への橋渡しをする（間にある）元素」という意味で，その間にあるdブロックとfブロックの元素は遷移元素と呼ばれた経緯がある。

周期表は上に述べたようなものだけが正しいわけではない。元素全体を無機化学的に眺めたときには，主量子数が周期性の最も重要な要素であることに変わりはないものの，もっと各元素の性質を反映した周期表も提案されているのである。最近の論文では「周期表は三次元にして，電子陰性度（後述する）も含めた方が良い」とする意見も出ている。そのくらい「電気陰性度」の概念が重要視されはじめているのである。図8-5に，もう少しマイルドな提案による周期表の例を示す。この周期表は *J. Chem. Edu*, 85, 585 (2008) で提案されているものであり，このような考え方はずいぶん以前から存在する。一般的には「右上がり階段状の周期表」と呼ばれているものである。縦の周期は主量子数 n と方位量子数 l の和を取ったもの ($n+l$) で表現されている。水素をハロゲ

																															H	He	Li	Be	$n+\ell$ 1&2
																														B	C	N	O	F	Ne	Na	Mg	3
																														Al	Si	P	S	Cl	Ar	K	Ca	4
																						Sc	Ti	V	Cr	Mn	Fe	Co	Ni	Cu	Zn	Ga	Ge	As	Se	Br	Kr	Rb	Sr	5
																						Y	Zr	Nb	Mo	Tc	Ru	Rh	Pd	Ag	Cd	In	Sn	Sb	Te	I	Xe	Cs	Ba	6
La	Ce	Pr	Nd	Pm	Sm	Eu	Gd	Tb	Dy	Ho	Er	Tm	Yb	Lu	Hf	Ta	W	Re	Os	Ir	Pt	Au	Hg	Tl	Pb	Bi	Po	At	Ru	Fr	Ra	7
Ac	Th	Pa	U	Np	Pu	Am	Cm	Bk	Cf	Es	Fm	Md	No																			8

図8-5

ン元素と同じ族として考えた方が合理的であるという考えに基づいている。階段を下がると典型元素すべてが網羅された部分が第七周期まで続く。第五周期まで階段を下がると，そこにはdブロック元素があり，さらにその下の最も左側の階段はfブロック元素である。このように表すと，各軌道の位置と元素の性質が周期ごとに変化する様子が一目瞭然になるというわけである。

　周期表の発展には歴史的な背景がある。メンデレーエフの時代に「性質の類似した3つの元素の順番（現代的に言えば周期表を縦にたどるという意味）は，例えば，真ん中の元素の重さはその上と下の元素の相加平均になっているのではないか」という，三つ組元素（triad）の考え方があったのであるが，そのような考え方の中から，未知の元素が予測されたり，新しい元素の発見につながったのである。周期表には，現代的な「量子数の概念や各元素の系統的な性質の相関」の他に歴史的な意味合いも含まれている。

　化学の世界では，周期表1つ取ってみても様々な考え方がある。すなわち，「論理性」を重視する理学（Science）としての側面と，全体を鳥瞰して人類の自然観（抽象化）を表す「哲学的」な側面があり，そのどちらも「化学」を「科学」として成立させる重要な役割を担っている。

コラム

フェルミ粒子とボーズ粒子

　原子を構成する粒子（レプトンである電子や，ハドロン，メソン，ゲージ粒子や原子核そのものなど）はフェルミ粒子とボーズ粒子という2種類の挙動の異なる粒子群に分類される。フェルミ粒子（Fermion）とは，スピン角運動量の大きさが$\hbar$の半整数値（1/2, 3/2, 5/2 など）倍の粒子で，たとえばスピン1/2の電子などがこの仲間である。ボーズ粒子（Boson）とはスピン角運動量が$\hbar$の整数倍の粒子で，ゲージ粒子や中間子などがこの仲間である。

　フェルミ粒子は，2個の粒子がまったく同じ量子状態を占有できないというパウリの排他原理にしたがうが，ボーズ粒子は同一の量子状態をいくつもの粒子が占拠することができる。

調べてみよう

(1) 水素様原子と多電子原子では，軌道のエネルギーや軌道の形についてどのような違いがあるかまとめてみよう。

(2) 元素の性質は各周期で同じ傾向を示しながら変化することが知られているが，その変化の様子はどのような概念を用いて説明すれば良いか考えてみよう。

(3) 周期表を縦に眺める（同じ族の元素を調べる）と，その性質はおおむね「飛び飛び」に変化することが指摘されている。例えば，第17族のハロゲン元素では，Cl と I は XO_4^- 型の酸化物が安定に生成するが，その他の元素ではそうではない。このような性質がなぜ現れるのか考察してみよう。

第9章

元素の性質の周期性

ライナス・ポーリング（1901～1994）ノーベル財団提供

ライナス・ポーリング（Linus Carl Pauling）は量子論に精通した化学者であるが，量子力学の化学分野への応用から，原子価結合理論（第10章参照）を展開した。電気陰性度の概念の確立にも貢献し，化学結合の本質を追究した。物理化学と数理物理学の学位を有し，1954年にノーベル賞を受賞した。

　この章では，前章までに記述した考え方に基づいて，元素の性質を記述する。現代化学で最も重要な概念の1つである「電気陰性度」の概念が有効核電荷の概念と密接に関係しており，「元素の性質の周期性」を論理的に理解する上で，これら2つの「古くて新しい」概念が非常に重要であることを理解していただきたい。

この章では，原子あるいは元素（元素とは化学的性質の違いの根源である原子核の電荷［陽子数］で区別されたものであり，原子レベルでの物質成分を化学的に分類したものである。一方，単体とは元素が安定な形で私たちの目の前に姿を現したものである。蛇足であるが，物質とは化学では純物質をさすのが慣例である）の性質が古典論的（量子論以前の化学）あるいは量子論的な概念とどのように関わっているのかを考えながら，周期表にあらわれる元素の化学的性質の根源を探る。化学は精密な実験と観測に基づいて構築された学問である。解釈が古典的なものであるか，あるいは量子論的なものであるかにかかわらず，実験観測事実は常に正しいものである。化学の歴史は長いので，観測された1つの実験事実に対して，古典的な解釈（仮説）と量子論的な解釈（仮説）の両方が存在する場合が多い。化学という学問の不思議な点は，物理学と違って「古典的な解釈」と「量子論的な解釈」が『極限移行』のような結びつきを持たないことが多いことである。これは，古典的な化学論理の大半が「物理学的／数学的基盤」を有さないことに原因があると思われる。ようするに，古い考え方の多くは，多分 場当たり的 なのである。しかし，特定の現象に対しては極めて「わかりやすい」解釈が散在し，それはそれで「心地よい」まとまりを見せている。たとえそのような解釈が量子論的には間違ったものであっても，化学者はそのような解釈を改めようとしない（小難しい数学や物理を使って本質を学ぶよりは，直感的でそこそこの見方を良しとする）ことが多いので，現代の教科書にも，明らかに間違っているとわかっているような解釈が平然と記述されていることもある。この辺りに化学の「科学」としての怪しさがあるのだが，逆にこのあたりに化学の「取っ付きやすい学問」としての魅力の根源があるのかもしれない。極論を言ってしまえば，有機化学に関連する分野は基本的に経験に基づく化学分野であり，膨大な反応経験の蓄積のおかげで古典的な解釈が「心地よい」領域である。そのため，この分野の反応に関する考え方は，論理よりもむしろ「自己矛盾が少なくて，しかも（物理学的な知識が皆無でも）わかりやすいこと」に重点を置いているように思われる。口の悪い無機／物理化学系の先生の中には「同じ化学の中でも有機は別もの」という人がいることからも，有機化学の「学問としての特殊性」が伺える。日本では昔から有機化学の勢力が無機化学や物理化学よりはるかに大きい。このことは日

本化学会会員にしめる有機化学者数が全化学者数の優に半数を超えていることからもわかる。

本章は，古典的な解釈と量子論的な解釈との対比ができる部分はしっかりと比較しながら，古典的な考え方の「良さ」も生かして化学の基礎を学べるように編纂した。化学のこのような特殊性を認識した上で，色々な考え方の長短を理解してより正しい論理を模索する作業は読者にお任せする。

9-1 元素のイオン化ポテンシャルと電子親和力

元素のイオン化ポテンシャル（イオン化エネルギーともいう）は次式で表される「真空中の」反応に対して定義される。すなわち，単体を構成する各元素を真空状態で原子化し，原子から電子をはぎ取るのに必要なエネルギーである。実際にはすでに述べた原子スペクトルの解析によって実験的に求める。もちろん，このような原子状態にするには高温が必要で，ごくわずかな原子が真空放電管の中にあるような状態で観測する。

$$M \longrightarrow M^+ + e^-$$

この式の例では「第一イオン化ポテンシャル」を示している。第一イオン化ポテンシャルとは，原子の最外殻の（一番エネルギーの高い）電子を1つ真空中に取り出すのに必要なエネルギーである。出来上がったイオンから，さらに1つずつ電子を取り出すのに必要なエネルギーを，第二，第三……イオン化ポテンシャルと呼んでいる。したがって，イオン化ポテンシャルはすべて正の値である（電子をたたき出すのに外からエネルギーを与えなくてはならないから）。通常は電子のエネルギーの基準を「真空レベル」にし，ここをゼロとするので，第一イオン化ポテンシャルは，最外殻の電子のエネルギー（原子核の電場にとらえられて安定化しているので負の値）の符号を変えたものになっていると近似的にみなすことができる。なぜ近似的なのかというと，外からエネルギーを与えて電子を放出させると，その前後で電子配置の変化が起こり，それに伴って系全体のエネルギー変化が起こってしまうので，観測された値はこれらの

情報も含んでしまうし，放出された電子の運動エネルギーがゼロでないこともあるからである。原子内の他の電子の状態にまったく影響を与えないで電子を1個だけ取り出すことは不可能であるともいえる。

表9-1に第三周期までの典型元素についての第一イオン化ポテンシャルを示す。どの周期も，

① 周期表の右に行くにしたがって，イオン化ポテンシャルが大きくなる傾向を示す。
② 第2族から第3族と第5族から第6族の間で，イオン化ポテンシャルの逆転が見られる。
③ 同じ族の元素では第三周期の元素の第一イオン化ポテンシャルは，第二周期の元素のイオン化ポテンシャルより小さくなっている。

表9-1 原子の第一イオン化ポテンシャル

H 13.60							He 24.58
Li 5.39	Be 9.32	B 8.30	C 11.26	N 14.53	O 13.61	F 17.42	Ne 21.60
Na 5.14	Mg 7.64	Al 5.98	Si 8.15	P 10.48	S 10.36	Cl 13.01	Ar 15.76

このような一般的傾向は，前章で学んだ「多電子系に拡張した」電子軌道の概念（特にスレーターの有効核電荷の概念）とフントの規則で説明できる。たとえば，①は他の電子による核電荷の遮蔽が不十分なせいで，有効核電荷が増大した結果であると解釈できる。②はns^2あるいはnp^3の電子配置の安定性（全部あるいは半分満たされた殻の安定性）という議論で説明できそうである。③については主量子数が増大して動径rが大きくなったことにより，nsと$(n+1)s$あるいはnpと$(n+1)p$と比べると，共に後者の軌道が原子核からの距離が遠くなったためと考えることができる。

表9-2には，いくつかの元素のn番目のイオン化ポテンシャルと$n+1$番目のイオン化ポテンシャルの差を示してある。

ここに示された差は元素の安定酸化状態の尺度であると考えられる。一般的

には，この差が 10eV より小さいときには n 番目の酸化状態が $n+1$ 番目の酸化状態よりもかなり不安定になるといわれている．この表からは Al(II) や Ti(I) がその典型的な例であることがわかる．実際，これらの酸化状態の化学種の例は見い出されていない．

表 9-2　いくつかの元素の逐次イオン化ポテンシャルの差（eV）

元素	1→2	2→3	3→4	4→5	5→6	6→7	7→8
C	13.1	23.5	16.5	328	—	—	—
Al	12.8	9.6	91.5	—	—	—	—
Cl	10.8	16.1	13.6	14.3	28.9	17.6	234
Ti	6.8	13.9	15.8	56.6			

中性原子に電子を 1 個付加するのに必要なエネルギー（中性原子に電子を 1 個付加して，その時解放されるエネルギーの符号を変えたもの）を「第一電子親和力」と呼んでいる．電子親和力を直接測定することは困難である．このことは単体を原子状態にする（共有結合性の固体や気体の結合を切って原子にする）ために非常に大きなエネルギー（高温）が必要であることからも伺える．イオン化エネルギーは先に述べたように原子のスペクトル解析から直接決定することができるが，電子親和力は直接測定が困難なときにはイオン化エネルギーや分子やイオン性固体の生成エネルギー，溶媒和エネルギーなどの観測結果や計算結果から総合的に見積もられる．最近では，レーザー分光法の発達により，精度良く実測できるようになった．

その定義から，負の電子親和力は電子を付加することによって生じる陰イオンが安定化することを示している．ハロゲン原子の第一電子親和力は負であるが，第二以降の電子親和力は正になることを覚えておけば，符号を間違うことはない．第一電子親和力の周期表における傾向はイオン化ポテンシャルの関係と同様に，有効核電荷や電子配置と原子の大きさ（軌道の半径：軌道半径が大きいほど（原子番号が大きくなって軌道が外に出るほど）電子の負電荷間の反発が小さくなる）に依存して変化していることがわかる．

表9-3 原子の第一電子親和力の絶対値（eV）

H 0.754							He 不安定
Li 0.618	Be 不安定	B 0.277	C 1.263	N 不安定	O 1.461	F 3.401	Ne 不安定
Na 0.548	Mg 不安定	Al 0.441	Si 1.385	P 0.747	S 2.077	Cl 3.612	Ar 不安定

不安定と書かれたものは，陰イオンが非常に不安定で測定が不能な元素

9-2 電気陰性度

　ベルセリウス（J. J. Berzelius）の電気化学二元論（各元素の原子は，それぞれ電気的極性を持っていて，二元化合物の結合は，電気的な引力で起こるとする考え）以来，元素は固有の電気的極性，すなわち「陽性」と「陰性」を有するという考え方が今でも生き残っている。この考え方は，「有効核電荷」の概念と矛盾しない。ポーリング（L. C. Pauling，1901〜94年）は化学結合の安定性に着目して「原子の電気陰性度」という概念を確立した。

　表9-4に同じ原子間の結合と別の原子間の結合の解離エネルギー（結合生成による安定化エネルギーとみなしても良い）を表にしてある。この表を見て気付くことは，「同じ原子間の結合よりも異なる原子間の結合のエネルギーは大きそうである」という一般的な傾向である。異原子間の結合では各原子の電気的性質が異なるので，結合にイオン性があるということである。化学結合に対

表9-4　いくつかの分子／原子団の解離エネルギー（kJ mol^{-1}）

同じ原子同士の結合	異なる原子同士の結合
H_2(436)	HF(565)
F_2(159)	HCl(431)
Cl_2(243)	HBr(368)
Br_2(192)	HI(297)
I_2(150)	H_3C-H(431)
$C-C$(356)	H_3C-F(490)

する考え方は後の章で述べるが，高等学校で学んだ共有結合とイオン結合の概念をそっくり当てはめると，この表の傾向は「結合に極性がある（結合がイオン結合性を帯びている）ときには，完全に共有結合性の時（同じ原子間の結合）よりも結合は強いらしい」と言い換えても良い。

ポーリングはこの傾向を説明するために，「どの結合も完全に共有結合であると仮定すれば，異なる原子同士の結合の解離エネルギーは同じ原子同士の結合の解離エネルギーの相加平均であることが期待できる」と仮定した。このとき，異なる原子間の結合の解離エネルギーはいつでも同じ原子間の結合の解離エネルギーの相加平均より大きく，その差が次のような「結合における極性の程度」に起因する，イオン結合性の寄与であると結論した。

例えば，HCl の解離エネルギーは H_2 と Cl_2 の解離エネルギーの相加平均である 340 kJ mol^{-1} より 91 kJ mol^{-1} も大きい。この差がイオン結合性の寄与であるとしたとき，次のような関係があるとして，多くの化合物の解離エネルギーの測定値をすべて満足するように，各元素の電気陰性度を決定したのである。

A−A の解離エネルギー：D_{A-A}，B−B の解離エネルギー：D_{B-B}
A−B の解離エネルギー：D_{A-B}

$$\Delta_{A-B} = D_{A-B} - (D_{A-A} + D_{A-B})/2 = 96.5(\chi_A - \chi_B)^2 \tag{9-1}$$

このように定義された χ を「ポーリングの（熱化学的）電気陰性度（1932）」と呼んでいる。96.5 は無次元量の電気陰性度をエネルギーに換算（kJ に）するための係数である。電気陰性度の差の 2 乗を取ったのは，このように取り扱うと，χ の差の正負にかかわらず，多くのデータについてフィットできるからである。このような計算では，一般的には水素原子の電気陰性度が 2.1 となっている。

ポーリングの電気陰性度はこのように，熱化学測定の結果から得られた実測値（化学結合エネルギー）を用いて算出されたものであるが，こののち様々な電気陰性度の概念が提示された。たとえば，マリケン（R. S. Mulliken）は

「イオン化ポテンシャルと電子親和力の差を平均する」という考えを提唱している。これは，電気陰性度を「電子を引き付けようとする力に相当するエネルギー（電子親和力）と電子を引き剥がされまいとする力に対応するエネルギー（イオン化ポテンシャル）」に関係するとみなした考えである。この考えでは，各元素に固有の電子親和力とイオン化ポテンシャルだけで電気陰性度が定義できるが，このようにして計算されたマリケンの電気陰性度の値（eV単位で計算）は2.8で割るとポーリングの電気陰性度にほぼ一致することが知られており，ポーリングの考え方の正しさを裏付けるものである。

　これらのアプローチ以外にも，アルレッド－ロコウ（1958）の定義やアレン（A. C. Allen）による定義がある。アルレッド（A. L. Allred）とロコー（E. G. Rochow）は電気陰性度は有効核電荷が電子を引き付ける力（$z_{eff}e^2/4\pi\varepsilon_0 r^2$，$z_{eff}$は有効核電荷，$e$は電子の電荷，$\varepsilon_0$は真空の誘電率，$r$は核の中心から電子までの半径）に比例すると考え，ポーリングの電気陰性度と関連付けるための係数を導入して電気陰性度を，

$$\chi = 0.359(z_{eff}/r^2) + 0.744 \tag{9-2}$$

と定義する式を提案した。この関数形で表された電気陰性度がポーリングの値と一致することも，ポーリングの考え方が正しいことを示している。

　アレンの電気陰性度（1989年）は「分光学的電気陰性度」と呼ばれる概念であり，分子内の着目する原子のp軌道電子の数をm，s軌道電子の数をnとするとき，分光学的測定からs軌道電子とp軌道電子のイオン化エネルギーε_sとε_pを精密に決定し，それを用いて，

$$\chi = (m\varepsilon_p + n\varepsilon_p)/(m+n) \tag{9-3}$$

を定義する。この方法では，各原子の最外殻における一電子イオン化の平均エネルギーが得られる。

　最近では計算化学の立場からも，電気陰性度の概念の正しさが実証されつつある。1990年頃から，計算機の発達のおかげで量子化学計算による分子の中

の原子，あるいは原子そのものの電気陰性度が計算されるようになった。電子の化学ポテンシャル（μ）として定義される概念である。

$$\mu = \left(\frac{\partial E}{\partial n}\right)_v \tag{9-4}$$

E は電子エネルギーの総和であり，n は電子数である。この偏微分では原子核による電場 v を一定にして計算する。

最後の定義では，分子の中の原子の電気陰性度も計算化学的に見積もることができるかもしれない。「分子の中の原子」の性質が，元々の原子の性質をど

表 9-5 元素の電気陰性度

1	2	3	4	5	6	7	8	9	10	11	12	13	14	15	16	17
H 2.2 2.2 3.06 2.3																
Li 0.97 0.98 1.28 0.91	Be 1.47 1.57 1.98 1.58											B 2.01 2.04 1.82 2.05	C 2.5 2.55 2.67 2.54	N 3.07 3.04 3.08 3.07	O 3.5 3.44 3.21 3.61	F 4.1 3.98 4.43 4.19
Na 1.01 0.93 1.21 0.87	Mg 1.23 1.31 1.63 1.29											Al 1.47 1.61 1.37 1.61	Si 1.74 1.9 2.03 1.92	P 2.06 2.19 2.39 2.25	S 2.44 2.58 2.65 2.59	Cl 2.83 3.16 3.54 2.87
K 0.91 0.82 1.03 0.73	Ca 1.04 1 1.3 1.03	Sc 1.2 1.36	Ti 1.32 1.54	V 1.45 1.63	Cr 1.56 1.66	Mn 1.6 1.55	Fe 1.64 1.83	Co 1.7 1.88	Ni 1.75 1.91	Cu 1.75 1.9 1.36	Zn 1.66 1.65 1.46	Ga 1.82 1.81 1.34 1.76	Ge 2.02 2.01 1.94 1.94	As 2.2 2.18 2.26 2.21	Se 2.48 2.55 2.51 2.42	Br 2.74 2.96 3.23 2.69
Rb 0.89 0.82 0.99 0.71	Sr 0.99 0.95 1.21 0.96	Y 1.11 1.22	Zr 1.22 1.33	Nb 1.23	Mo 1.3 2.16	Tc 1.36	Ru 1.42	Rh 1.45 2.28	Pd 1.35 2.2	Ag 1.42 1.93 1.36	Cd 1.46 1.69 1.4	In 1.49 1.78 1.3 1.57	Sn 1.72 1.96 1.83 1.82	Sb 1.82 2.05 2.06 1.98	Te 2.01 2.1 2.34 2.16	I 2.21 2.66 2.88 2.36
Cs 0.86 0.79	Ba 0.97 0.89	La 1.03 1.1	Hf 1.33 1.23	Ta 1.33 2.36	W 1.4 2.36	Re 1.46	Os 1.52	Ir 1.55 2.2	Pt 1.44 2.28	Au 1.42 2.54	Hg 1.44 2	Tl 1.44 2.04	Pb 1.55 2.33	Bi 1.67 2.02	Po 1.76	At 1.96

一段目はアルレッド―ロコウの電気陰性度（A. L. Allred, JINC, 5, 264 (1958)，二段目はポーリングの電気陰性度（JINC, 17, 215 (1960)），三段目はマリケンの電気陰性度（H. Hotop, W. C. Lineberger, J. P. C Ref data, 14, 731 (1985)，四段目はアレンの分光学的電気陰性度（L. C. Allen, JACS, 111, 9003 (1989) である

れだけ保持しているのかを知ることは極めて興味深いが，今のところ「分子の中の原子」は原子としての本質（noumenon, phenomenon に対をなす言葉）を保持しているとする考えが正しそうである。また，1951 年にサンダーソン（Sanderson）が提唱した電気陰性度均一化原理（electronegativity equalization principle）も分子の中の原子の性質の保持を仮定した原理である。この原理によれば，分子中で結合に預かる原子間で，見かけの電気陰性度が同じになるまで電子密度の偏りが起こると考える。このあたりの議論は，計算手法とその解／実験的分離に関わる哲学的な問題と関係している。化学は極めて奥の深い思想と結びついているのである。

表 9–5 に，原子（元素）の電気陰性度を示す。

いずれの定義であっても，各元素の電気陰性度の大きさはほぼ等しく，有効核電荷が大きくなるに伴って（周期表の右に行くにしたがって）電気陰性度が大きくなる傾向が良くわかる。

9–3　2 原子分子の電気陰性度の差と双極子モーメント

ポーリングは，電気陰性度の概念を一歩進めて，異核 2 原子分子の双極子モーメントが電気陰性度と関係があると考えた。距離 l だけ離れた 2 つの電荷 $-q$ と $+q$ の間には，電気双極子モーメント（$\mu=ql$）が観測されるはずである。この分子の結合が完全にイオン結合性であれば，この値は結合長から計算できる。多くの 2 原子分子では共有結合性とイオン結合性が何パーセントかずつ混ざり合っていると考えれば，2 つの原子の電気陰性度の差がイオン結合性の尺度になりうる。実際にはイオン結合性の寄与を，

$$\alpha(\%) = 100\left[1 - \exp\left\{-\frac{1}{4}(\chi_1 - \chi_2)^2\right\}\right] \tag{9–5}$$

とすると，表 9–6 に示すような実測値と良く一致することがわかっている。この式によれば，2 つの原子の電気陰性度の差が 0.2 未満であればイオン結合性の寄与はほとんどなく（1% 未満），差が 1.7 で約 50% 程度，3.1 以上で 90% 以上イオン結合性であるといわれている。

表 9-6　2 原子分子（でないものはそう仮定して）の
双極子モーメントとイオン結合性の寄与

	μ（デバイ）	r (pm)	α (%)
HI	0.38	161	4
HCl	0.79	141	12
HBr	1.08	127	19
HF	1.91	92	59
NaCl	2.361	236	67
LiF	6.3	156	89

ポーリングのこのような考察は，ファヤンス則（Fajans）と呼ばれる考え方に極めて近く，「完全にイオン性の結合はほとんどない」ことを表している。現在ではイオン結合性の寄与が非常に大きい化合物としては NaF, NaCl, MgF_2, $MgCl_2$ などがあり，$AlCl_3$ は気体では 2 量体（共有結合性が高い），SiF_4, $SiCl_4$ では共有結合性の大きな気体や液体であると考えられている。

9-4　原子半径／イオン半径の定義

　原子半径は通常，単体における共有結合半径や金属結合半径として定義される。もちろん，結合次数（多重結合性の違い）によって半径も変わってくる。たとえば，相互作用によって次のような分類ができるが，これらの見積もりにはそれぞれ異なった定義あるいは基準があるため，直接比較してはいけない。

① 　ファンデルワールス半径：ネオンでは 102 pm など。
② 　共有結合半径：酸素では 66 pm，炭素の単結合では 77 pm，二重結合は 67 pm，三重結合では 60 pm など。
③ 　イオン半径：Na^+ イオンでは 97 pm，O^{2-} イオンでは 140 pm など。

　化学の分野で重要な「イオン半径」は，結晶中で 6 配位構造（ここでは，単に回りに何個他のイオンが配置されているかという意味で「配位」という言葉を用いている。配位結合しているかどうかとは直接的関係はない）の酸素イオ

ン（O^{2-}）のイオン半径を 140 pm として，陽イオンのイオン半径を見積もり，それを元に他の陰イオンのイオン半径を見積もることを繰り返して，すべてのイオンについて整合性のあるイオン半径値を求めたものである。もちろん，着目するイオンの配位数が違えばイオン半径も異なる。一般的に「同じイオンでも配位数が大きいほどイオン半径は大きくなる」傾向があるので，このような評価から得られたイオン半径や結合長だけを頼りに結合のエネルギーを評価す

表 9-7　シャノンの結晶イオン半径の例（*Acta Crystallogr.*, A32, 751-767 (1976).）

アルカリ金属イオンのイオン半径／pm					
配位数	Li^+	Na^+	K^+	Rb^+	Cs^+
4	59	100	---	---	---
6	76	105	138	152	167
8	---	118	151	161	174

アルカリ土類金属イオンのイオン半径／pm					
配位数	Be^{2+}	Mg^{2+}	Ca^{2+}	Sr^{2+}	Ba^{2+}
4	27	57	---	---	---
6	---	72	100	118	135
8	---	---	112	126	142

ハロゲン化物イオンのイオン半径／pm				
配位数	F^-	Cl^-	Br^-	I^-
2	129	---	---	---
4	131	---	---	---
6	133	181	196	220

遷移金属イオンのイオン半径／pm						
配位数	Fe^{2+}	Fe^{3+}	Co^{2+}	Co^{3+}	Ni^{2+}	Cu^{2+}
4	63	49	58	---	55 (td), 49 (sq)	57 (td), 57 (sq)
6	78 (hs), 61 (ls)	64.5 (hs), 55 (ls)	74.5 (hs), 65 (ls)	61 (hs), 54.5 (ls)	69	75 (av)

hs, ls は高スピンと低スピン錯体を表し，td と sq は四面体型と平面型を表す
また，av はヤーンテラー変形による伸長も含めた平均値である

るととんでもないことになる危険性がある。また，金属錯体では配位数はもとより，d電子配置が違うとイオン半径が異なることも知られている。表9-7にシャノン（R. D. Shannon）のイオン半径（1976年）と呼ばれている「結晶学的イオン半径」の例をいくつかのイオンについて示す。これらの値は先に記したように，酸素のイオン半径を140 pmとして割り振られた値である。前節で記したように「100%イオン結合性の化合物はほとんどない」ことを考えると，このようなイオン半径は大まかな目安程度に考えておいた方が無難かも知れない。また，一般的に利用されているシャノンのイオン半径の他に，6配位酸素イオンの半径を126 pmとしたポーリングのイオン半径もある。これを用いると陽イオンのイオン半径はすべてシャノンのイオン半径よりも14 pm大きくなり，陰イオンのイオン半径は14 pm小さくなる。これらの値の方が現実の原子やイオンの半径に近いとする考えもある。

9-5 周期表と原子半径／イオン半径

表9-8におもな元素の原子半径を記す。遷移元素については金属結合半径を示してあるが，他の元素では単結合の共有結合半径である。原子半径（共有結合半径）を各周期の左から右に眺めていくと，典型元素では明らかに有効核電荷の増加によって原子半径が小さくなる傾向を示している（同じ電荷であればイオン半径も同じ傾向を示す）。遷移金属元素では周期表の中程の8〜10族元素について最も原子半径が小さく，その後12族にかけて原子半径は少し大きくなる傾向がある。7族のMnは異常に原子半径が大きい。この辺りの遷移金属元素と11族の遷移元素ではd^5ならびにd^{10}電子配置の安定性などの結果，原子半径は微妙な挙動を示す。12族の元素が比較的原子半径が大きいのはd核に電子がすべて詰まって核電荷を遮蔽したためである［$nd^{10}(n+1)s^2$配置］と考えられる。Ga, In, Tlの原子半径が大きいのはエネルギーの高い（方位量子数の大きな）p軌道に電子が入るためであると考えることができる。

希ガスの原子半径が大きいのは定義の問題である。すなわち，これらの元素の原子半径のみファンデルワールス（van der Waals）半径である。より目立つのは，第二遷移系列の金属元素の原子半径は第三遷移系列金属元素の原子半径

表 9-8 原子半径 (pm)

Li 157	Be 112											B 88	C 77	N 74	O 66	F 64	Ne 102
Na 191	Mg 160											Al 143	Si 118	P 110	S 104	Cl 99	Ar 154
K 235	Ca 197	Sc 164	Ti 147	V 135	Cr 129	Mn 137	Fe 126	Co 125	Ni 125	Cu 128	Zn 137	Ga 135	Ge 122	As 121	Se 117	Br 114	Kr 169
Rb 250	Sr 215	Y 182	Zr 160	Nb 147	Mo 140	Tc 135	Ru 134	Rh 134	Pd 137	Ag 144	Cd 152	In 167	Sn 158	Sb 141	Te 137	I 133	Xe 190
Cs 272	Ba 224	La 172	Hf 159	Ta 147	W 141	Re 137	Os 135	Ir 136	Pt 139	Au 144	Hg 155	Tl 171	Pb 175	Bi 182	Po	At	Rn

とほとんど同じという事実である。このことは La と Hf の間にランタニド元素が存在することを思い出せば理解できる。すなわち，14 個の電子を収容できる f 軌道（f 軌道電子による核電荷の遮蔽は非常に小さい）に電子が詰まっていくランタニド系列では，周期表を右にたどっていくと非常に大きな有効核電荷の増大とそれに伴う原子半径の収縮が起こっているのである（この説明だけでは不十分であり，相対論的効果も考慮しないといけないことが知られている。相対論的効果については拙著「量子論に基づく無機化学」の付録に詳細に記述した）。

類似の現象として，B から Al への原子半径の変化と比べると Ga の原子半径はアルミニウムの原子半径より小さくなっている。その下の In から Tl への原子半径の変化は小さい。ランタニド元素における f 軌道電子の効果ほどではないにしろ，これらは d 軌道電子による核電荷の不完全遮蔽のせいで起こる現象であると考えられる。

d ブロックの遷移金属原子の電子配置を表 9-9 に示す。例えば，電子配置が 3d と 4s 軌道の間で微妙に変化する様子がわかるが，これは「軌道のエネルギー」が変わるというよりも，「電子配置」によってトータルのエネルギーが変化する結果と考える方が正しい。実際，d ブロック元素では，イオンになるとき d 軌道よりエネルギーが低いはずの s 軌道から電子が放出されたように見える（例えば Cu(I) では電子配置は $3d^{10}4s^0$ である）。また，M(0) 原子でも化合物を作るとすべての電子は d 軌道に入り，本来 d 軌道より低いエネルギ

ーであったはずの s 軌道は空になる（例えば Ni(0) 錯体の電子配置は $3d^{10}4s^0$ である）。このことは，「軌道のエネルギーレベルは固定されたものである」と考えてしまうと，誤った結論を導いてしまう危険性があることを示している。典型元素の場合とは違い，遷移金属元素においては基底状態のエネルギーを考察する上で「電子配置」が重要な要素になることを理解しておいて頂きたい。

表 9-9 遷移金属元素の電子配置

Ti $3d^2 4s^2$	V $3d^3 4s^2$	Cr $3d^5 4s^1$	Mn $3d^5 4s^2$	Fe $3d^6 4s^2$	Co $3d^7 4s^2$	Ni $3d^8 4s^2$	Cu $3d^{10} 4s^1$
Zr $4d^2 5s^2$	Nb $4d^4 5s^1$	Mo $4d^5 5s^1$	Tc $4d^6 5s^1$	Ru $4d^7 5s^1$	Rh $4d^8 5s^1$	Pd $4d^{10} 5s^0$	Ag $4d^{10} 5s^1$
Hf $5d^2 6s^2$	Ta $5d^3 6s^2$	W $5d^4 6s^2$	Re $5d^5 6s^2$	Os $5d^6 6s^2$	Ir $5d^7 6s^2$	Pt $5d^9 6s^1$	Au $5d^{10} 6s^1$

調べてみよう

(1) 原子半径とイオン半径の定義をまとめてみよう。

(2) 同じ遷移金属イオンのイオン半径（結晶イオン半径）を比べると，一般的に 4 配位イオン半径の方が 6 配位イオン半径よりも小さい。その理由を考えてみよう。

(3) ポーリングの電気陰性度の定義を利用して，原子間の結合エネルギーを見積もることができるかどうか考えてみよう。

第 10 章

化学結合に関する考え方の歴史と量子論の関係

ジョン・ポープル（1925～2004）ノーベル財団提供

　ジョン・ポープル（John Anthony Pople）はフント，マリケン，チャールズ・クールソン，レナード・ジョーンズ（Lennard Jones）らによって開発された分子軌道理論について，ルドルフ・パリサー，ロバート・パールと共に発展させ，計算科学を確立した物理（化）学者である。晩年（2004年没）にも，量子論の哲学的解釈への熱意は衰えず，絶対電気陰性度の概念や「分子の中の原子」に関する考察を推進した。ポープルの化学分野におけるこのような貢献は，数学の学位（1951年ケンブリッジ大学）と無関係ではない。1998年にノーベル賞を受賞した。

　この章では，化学結合に対する人類の考え方を歴史的な流れにそって記述すると共に，それらを「局在理論」と「非局在理論」に分けて議論する。現代化学では「分子軌道理論（非局在理論）」が正しいと考えられているが，古い考え方に基づく化合物の記述法（ルイス構造）や構造の推定法は今の時代でも十分に機能している。

10-1 化学結合に関する考え方の歴史

　ラボアジェによる化学革命の後の100年間は，化学分野では「新元素の発見と周期律の発見」が続く輝かしい発展期ではあったが，「化学結合」と「構造化学」に関する考え方では，「有機化学の足かせ」を受けた苦しい時代であったと考えられている。有機化学とは，C–C並びにC–H結合を有する化合物を扱う分野の総称であり，おおむね周期表の第二〜三周期の後半にある典型元素のみを対象とした研究分野である。最近では「元素化学」と称して，典型元素から遷移元素に至るすべての元素を有機化学で取り扱うことを宣言している有機化学者が増えているが，より近代的な化学理論を学ぶことにより，無機化学を統合した本来の意味での「元素化学」として発展することを期待したい。

　「有機化学の足かせ」とはパスツール（1848年）のあと，有名なケクレとクーパー（1858年），ファント・ホッフ，ル・ベル（1875年）によって確立された有機化学構造論による足かせであり，その内容は2つある。

① 原子価はそれぞれの原子に対して定まっていて変化しないという固定観念。

② すべての物質は「分子を構成単位としている」とする固定観念。

ここであえて「固定観念」という言葉を付けてあるのは「化学の理解を阻害する誤った妄信」という意味であり，このレベルの考え方で手を打ってはいけないという思いの現れである。これらの「足かせ」は，1887年にアレニウス（S. A. Arrhenius）が電離説を提唱したり，1912年にブラッグ（W. L. Bragg）がNaClは分子でないことを証明するに至って，徐々に否定されていくのであるが，有機化学の世界では，その後もこのような古い概念が生き続けることになる（それで十分に理解できるので，外に踏み出す必要がなかった）。

　有機化学の足かせの結果，無機化合物の構造は次のような面白いものと考えられる時代が続く。

　　　　$CuCl_2$:　　Cl–Cu–Cl
　　　　Cu_2Cl_2:　 Cl–Cu–Cu–Cl

（これらの構造は，Cuの原子価が2で固定されているという固定観念に基づく。偶然正解となったものは，Hg_2Cl_2の構造がCl–Hg–Hg–Clであること

くらいのものか…。ただし，ここでは Hg は 1 価である。水銀（I）がこのような 2 量体構造を好むのも相対論的効果によって説明できる……化学は奥が深い）。

　上の例から原子価と酸化還元の概念が長い間，正しく理解されていなかったことが良くわかる。ここでは原子間に線を入れて結合を示してあるが，これは当時からある習慣に沿ったものである。

　ほかにも，$KClO$, $KClO_2$, $KClO_3$, $KClO_4$ は，K，Cl の原子価は 1 で O の原子価は 2 で固定されていると考えて，それぞれ，

　　K–O–Cl, K–O–O–Cl, K–O–O–O–Cl, K–O–O–O–O–Cl 等と表されていた。このような記述は「有機化学の足かせ」から生じた大きな間違いなので，けっして覚えてはいけない。

　このような考えから脱出した最初の化学者は，クリスチャンウィルヘルム（C. W. Blomstrand, 1850 年）であった。1850 年には，組成の異なる（当時の感覚では色の異なる）様々なコバルト化合物が合成，単離されているが，これらの違いを説明するために，「金属の有する潜在原子価」の概念（原子価は固定されているものではないとする画期的な考え方）を提唱した。たとえば，NH_3 は HCl と反応すると NH_4Cl を与えるから，N には 3 だけでなく 5 という潜在原子価があると考えたわけである。これを土台にすると，$5NH_3 \cdot Co(NO_2)X_2$ という組成の化合物は，次のように書き表すべきであると考えた。$Co(-NO_2)(-NH_3-NH_3-X)(-NH_3-NH_3-NH_3-X)$ であり，$[Co(NH_3)_6]Cl_2$ は $Co(-NH_3-NH_3-NH_3-Cl)(-NH_3-NH_3-NH_3-Cl)$ となる（先ほどの考えから一歩進んだとはいえ，これらも大きな間違いなのでこんな程度で手を打ってはいけない）。

　1887 年にアレニウスの電離説が提唱され，イオンの概念が確立するなど，「化学結合論が有機化学の足かせから逃れる」素地ができたと考えられる。以下に述べるように，これ以降，有機化学の足かせから逃れるための考え方は無機化学（錯体化学と呼ばれる分野）の研究から出てくる。

　ウェルナー（A. Werner）は無機化学の研究が盛んであった北欧のクリスチャンウィルヘルム，ヨーゲンセン（W. L. Jorgensen）とは違ってスイス人である。彼の論文が 1893 年に出たとき彼はまだ 27 歳であり，金属錯体に関する

実験的業績はまったくなかった。彼の論文の素地となったのは，「先人による膨大なデータの文献調査と，直感力」であった（最も重要な事実は，ウェルナーが調べた古い論文が定量性と再現性を重視した，信頼できるデータを提供していたということである）。ウェルナーが気付いたことは「一連のコバルト化合物（錯体）は $[Co(NH_3)_6]X_n$ という構造に帰結する」ということであった。
　たとえば，

ルテオ塩（黄色）：$[M(NH_3)_6]X_3$　　$M=Co, Cr, Rh$
キサント塩：$[M(NH_3)_5(NO_2)]X_2$
プルプレオ塩（赤紫）：$[M(NH_3)_5X]X_2$　$M=Co, Cr, Ir, Rh$　$X=Cl, Br$
フィッシャー塩：$K_3[Co(NO_2)_6]$

　このように，金属イオンの周りを6個の原子団が取り囲むことを基準にして考えると，コバルトは「側原子価＝6」「主原子価＝3」という考え方に行き当たり，その後，世に受け入れられるようになる（1902年）。ウェルナーは他に側原子価＝4の白金化合物を考えるなどしたが，彼のすごいところは「単に仮説に終わらず，それを合成実験で証明しようとした」ことにある（1902～10年）。またこれらの金属化合物の色を説明するために，立体的な構造を提唱し，「配位立体化学の基礎」を作った。ビスエチレンジアミン錯体の異性体としては，プラセオ塩（緑色結晶，トランス体）とビオレオ塩（紫色，シス型）が得られる（異性体に関する記述は第11章を参照）。ウェルナーは6配位八面体型構造を想定して異性体の概念を確立し，それを証明するためにアンミン錯体でも同様の異性化現象が発現することを合成化学的に証明したのである（アンモニアと二座配位子である炭酸イオンを用いてシス型のビオレオ塩を合成することに成功している）。
　その後，1913年のボーアの原子モデル（前期量子論）に基礎をおく「電子的原子価仮説」が認められるようになり，1916年にはコッセル（W. Kossel）の「イオン結合理論」とルイス（G. N. Lewis）の「共有結合理論」が提唱されるようになる。この時代には物理学の世界で原子構造に関する理解が深まり，電子の存在が証明されている。したがってルイス仮説のような「電子が化学結

合に関与する」という，近代的な考えが出てくる背景が整っていたのである。

しかし，この時点に至っても，まだ「物質はすべて分子からなる」とする有機化学的な考えは根強く存在していた。シジウィック（N. V. Sidgwick, 1927年）とローリー（T. M. Lory）は「配位子が2電子を供与する」配位結合の概念を提唱する。これは，「すべての分子は，中心原子の周りに希ガス配置の電子数を有する（ルイス以降のオクテット則もこれに対応する）」という考え方の発展型である。この前後に物理学の世界では，量子力学が成立するのである。

量子力学が世に受け入れられるようになるにつれ，量子力学的概念を反映した「化学結合」に関する考え方が提出されるようになる，1939年にはポーリング（L. C. Pauling）が原子価には方向性があるという考えを提唱し，原子価結合（VB）理論，共鳴理論，電気陰性度の理論，イオン半径の概念などが次々に考えだされた。

1939年の日本の槌田龍太郎やシジウィックらの考えを引き継いで，ガレスピー（Ronald J. Gillespie）とナイホルム（Sydney Nyholm）が化学構造に関する「原子価殻電子対反発則（VSEPR則）」を提唱する。この頃までには，量子力学的な化学結合の概念（MO理論）が成立しているのではあるが，それを複雑な化合物の結合に対応させるのが困難なので，ポーリングやシジウィックの「簡便な」考え方が主流になったのである。

1950年にはベーテ（H. Bethe, 物理学者）が金属の性質（おもに磁性）を取り扱う量子論（結晶場理論）を提唱し，金属錯体の色や磁性についての理解が深まる。この理論は量子力学的に厳密なものではないが，原子価結合理論では説明できない様々な現象（金属錯体の色や磁性など）を正しく説明することができる簡便な（実際には数学的計算を含むかなり定量的な議論なのだが，化学の教科書では定性的な帰結だけを簡単に書く傾向がある）理論として現在でも無機化学の教科書の中に記述されている。

現代の無機化学の国際標準の教科書では，「分子軌道理論」に基づく化学結合の解釈に関する記述が正しいものであると考えられており，過去に提出された多くの仮説が間違ったものあることが記されている。しかし，基本的には間違った考え方であっても，現象を簡便に（自己矛盾なく）理解するのにわかり

やすいものは現在でも生き続けている。このあたりが化学と物理の明確な違いであり，化学の世界では「古くて間違った考え方が必ずしも最新の考え方の近似解ではない」ので気を付ける必要がある。

このように，化学結合に関する考え方は化学構造の理解と共に発展し，物理学の世界における量子力学の成立と共に，少なくとも無機化学／物理化学の世界では大きく変化してきた。もちろん化学結合に関する量子論的な考え方は「化学反応」を量子力学的に説明しようとする努力と相関しており，現在では「化学反応に関する定量的／定性的理論」も存在するが，教科書レベルではめったにお目にかからない（拙著「量子論に基づく無機化学」は日本語で書かれた唯一の例である）。どうも，我が国の化学の世界では「AとBを混ぜたら反応するか否か？」という問いかけには，「混ぜてみればわかる」と答える人が多すぎるような気がする。このあたりが，「もの作りとしての化学と学問としての化学」の間の障壁の高さを物語っており，有機合成化学者がその大勢を占める日本では前者の方がはるかに珍重されているようである。

10-2　化学結合に関する現代の考え方

現代無機化学では，化学結合に関する「様々な歴史的な考え方」を（1）局在理論と（2）非局在理論という2つの大まかな考え方で区別している。局在理論とは，結合に関与する電子対が結合する2つの原子間に局在するという考え方であり，オクテット則を基準にするルイスの概念（1916年），量子力学に立脚するが結合の方向性を基軸にする原子価結合理論（Valence Bond [VB] theory），ナイホルムとガレスピーによる原子価殻電子対反発則（Valence Shell Electron Pair Repulsion [VSEPR] rules）等がこれに対応する。ルイスの概念とVB理論は極めて簡便であり，有機化学の分野を中心として広く用いられている。VSEPR則は，複雑な典型元素の化合物の構造を推定できる極めて有力な概念であるが，遷移金属錯体の構造や，電子欠損結合，軌道欠損結合などの特殊な化学結合のほか，基底状態の電子配置に起因する分子変形の予測に関しては無力である。局在理論におけるルイスの概念とVB理論には，結合性軌道以外の概念（反結合性軌道の記述）がないので遷移金属錯体の諸性

質などを説明するのが困難である，という弱点がある。

　それに対して，非局在理論としては分子軌道理論（Molecular Orbital [MO] Theory）がある。分子軌道理論でも単結合に参加する電子数が2つである点では局在理論と同じであるが，結合に関与する電子対は結合している原子の間に限らず，分子全体に電子雲として広がっている（電子雲が非局在化している）とする考え方に基づいている。MO理論の特徴は，局在理論であるVB理論とは違って，分子の立体構造を予測することができる点であるが，煩雑な量子力学計算が必要になるなど（少なくとも群論を理解していないとさっぱりわからない），実用性（安直さ）という点ではVB理論に劣る。しかし，MO理論は局在理論では説明できない電子欠損結合や軌道欠損結合，遷移金属の諸性質に関する説明を可能にする定性的な側面も有しており，最も進んだ考え方である。少なくとも，VB理論はMO理論と近似的に一致するという関係を満たす。VB理論を除く他の局在理論は，量子論的（物理学的）な裏付けが希薄な考え方である。一般的に有機合成化学の理解には局在理論だけで十分と考えられているが，無機化学の理解と先端有機化学（材料科学）分野の理解にはMO理論の理解が必須であることはいうまでもない。しかし，局在理論も制約と限界を知った上で利用すれば簡便で有用なものである。

10-2-1　局在理論

(1) ルイスの概念

　ルイスは，20世紀初頭の前期量子論の結果を受けて，2原子間の電子対の共有による共有結合の概念を発表した。この考えは8隅説（オクテット）と呼ばれる「各原子は結合した結果，希ガスと同じ電子数になったときに最も安定になる」という考え方に拡張された。このような考え方は，20世紀以前から存在した「原子価（valence）の概念」（ケクレに始る有機化学分野の考え）に基づくものであり，8隅説自体も根拠が希薄な規則に過ぎなかった。当時の有機化学分野では第二周期までの典型元素しか扱わないので，炭素の原子価は4であり，酸素の原子価は2であるというような「固定された原子価の概念」ではとんどすべての構造が説明できたため，ルイスの考え方はこれに沿った画期的なものであった。

ここでは最初に色々な化合物について，ここまでで学んだ軌道の概念を取り入れたルイス構造の書き方のルールを記述する。現代化学においても，ルイス構造は化学の世界におけるコミュニケーションの道具として重要な役割を果たしているからである。

―――――（ルール）―――――

　各原子について原子価殻の電子数を数える。原子価殻とは着目する元素の主量子数の最も大きい（最も外側の）電子殻である。第二周期および第三周期の元素では，それぞれ 2s と 2p 軌道，3s と 3p 軌道の総電子数に相当する。

―――――（ルール）―――――

　原子間の単結合（2 個の電子が共有されている）について 2 個の点々で表す。これは結合する原子間に 1 本の線を引いて表したものと同じである。原子間の線の数を増やせば多重結合を表す。このとき，原子間には線の数と同じだけの電子対がある。配位結合にも電子対が関与するので，これも 1 本の線で表す。教科書によっては配位原子から中心金属に向かう矢印で表す（一方的な電子対供与を強調するために）こともある。

―――――（ルール）―――――

　各原子上の「結合に参加しない電子」はすべて対を作って存在すると考える。このような電子対は「非共有電子対（lone pair）」と呼ぶ。

―――――（ルール）―――――

　水素原子を除く他のすべての原子上の電子対の数（lone pair も含む）が 4 対になっているようにする（オクテットを完成させる）。水素原子だけは 1 対（2 個）の電子で安定化する。第三周期以降の元素では，典型元

素でもオクテットを完成することが難しい元素の数が多くなるが，その場合にも驚かず「原子価殻膨張」などという表現で臨機応変に対応することになっている。所詮，オクテット則自体がすべての元素に対応できるような考え方ではないのである。金属錯体に対しては，18電子則とかEAN則（Effective Atomic Number Rule）と呼ばれる規則（後述する）にしたがう化合物もあり，そのような場合には金属の周りの原子価殻には「d軌道のすぐ外側のsならびにp軌道に，配位原子から供与されうる電子数も含めて，金属周りが希ガス配置（18個の電子で満たされる）になる」ようにする。

───（ルール）───

オキソ酸と呼ばれる一群の化合物がある。これらの化合物は硫酸や硝酸のように，一般的には $XO_m(OH)_n$ の形で表される（一般的に，mの数が大きいほど強い酸である［ポーリングの規則と呼ばれている］が，理由は各自考えて頂きたい）。たとえば，H_2SO_4 ではその構造が $SO_2(OH)_2$ で，HNO_3 では $NO_2(OH)_1$ というように表されるということである。このようなオキソ酸とその類似化合物では，結合に関与する原子の電気陰性度が極端に違う物が多い（酸素の電気陰性度が非常に大きい）。このような場合には，電気陰性度の大きい方の（極端に大きいわけでなくても）原子について（この例では酸素原子）最初にオクテットを完成させて，アニオンにしておくとルイス構造を書きやすい。もちろん，電気陰性度の小さい方の原子（この場合ではイオウと窒素）は原子価から必要な数だけ電子を抜き取られたカチオンにしておく。このようにして書かれたルイス構造では，電気陰性度の大きい方の原子の原子価を固定して考える。酸素原子の例では O^{2-} と中心原子の間の結合は二重結合になる（互いに2電子ずつ出し合った形）か，OH^- では X–O–H のように，とにかく酸素原子の原子価を2で固定する。

それでは，一般的な化合物のルイス構造の例をみてみよう。

例1：メタン，アンモニア，酢酸

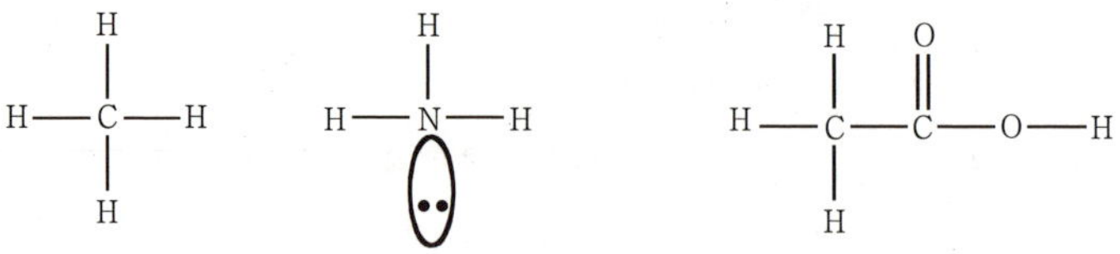

図 10-1

これらの化合物では，中心の炭素原子や窒素原子，周囲の酸素原子はすべてオクテットを満たしている。

例2：硝酸，硫酸

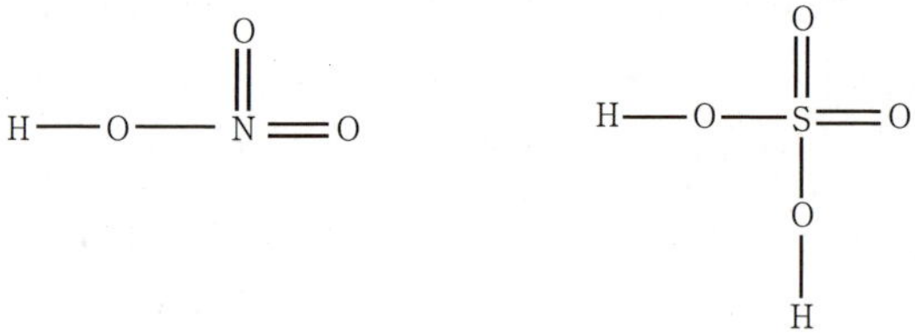

図 10-2

これらの化合物では，中心のイオウと窒素原子はオクテットを満たさない。結合の腕の数からそれぞれ，10 あるいは 12 電子になっていることがわかる。

例3：リン酸（オルトリン酸：$H_3PO_4 = PO(OH)_3$），ホスホン酸 $H_3PO_3 = HPO(OH)_2$），ピロリン酸（$H_4P_2O_7$）

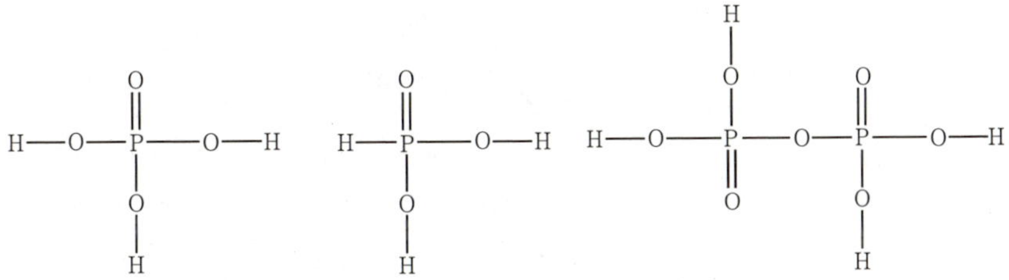

図 10-3

　これらの化合物でも中心のリン原子はオクテットを満たしていない。しかし，酸素原子はすべてオクテットを満たしている。

　これらの例を見ると，炭素や酸素を除くとオクテットを満たさない原子の方が普通であることが良くわかる。4を超える原子価を有する原子（上の2つの例における窒素，イオウ，リン原子）では，「原子価殻膨張」という名称で説明されている。しかしこれらの原子の電子構造をよく考えてみると，例えば窒素やリン原子では最外殻（原子価殻）電子配置は $2s^2 2p^3$ および $3s^2 3p^3$ であり，最初の3個の電子（p軌道電子）は比較的引き剥がしやすく，残りの2電子（s軌道電子）は引き剥がすのがより難しいだけであることがわかる。このように，窒素原子やリン原子は，3価と5価の両方の型式酸化数を取りうることが電子配置から説明できる。特に電気陰性度の大きい酸素原子などと結合する際には，最外殻（窒素とイオウでは主量子数がそれぞれ2および3）の電子がすべて引き剥がされた5価の状態になるように見える。このような高原子価の状態でも，実際には窒素原子やリン原子の電荷は＋5よりかなり小さく，酸素との結合も完全なイオン性結合ではないことは，結合する2つの原子の電気陰性度の差がさほど大きくないことから理解できる。実際には，3個の電子を使って結合を作るか，あるいは5個の電子を使って結合を作るかは出来上がった結合の安定性（結合性軌道のエネルギーレベル）で決まる。さらに，結合する2つの元素の電気陰性度の差が結合の極性（分極）の大きさ（＝イオン結合性の程度）を決めていると考えればわかりやすい。

　硝酸の窒素原子の周りの構造は次のような平面三角形構造であることが知られている。

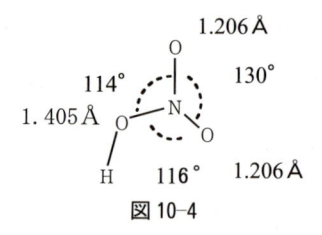

```
        1.206 Å
         O
   114°  ‖  130°
1.405 Å  N
    O    ‖
    H 116° 1.206 Å
```
図 10-4

2つの酸素原子は明らかに二重結合性であり，水素原子と結合した酸素原子と中心の窒素原子の結合は，その結合長の違いから単結合性であることがわかる。しかし，水素イオンが解離して NO_3^- イオンになれば，すべての3つのN–O結合は等価になると考えられる。このような場合には，図10–5に示すような極限構造が3個混ざった構造になって安定化していると考えられている。このように，極限構造における単結合と二重結合が区別できないようになっているとき，3つの極限構造が「共鳴（resonance）」によって安定化しているという。

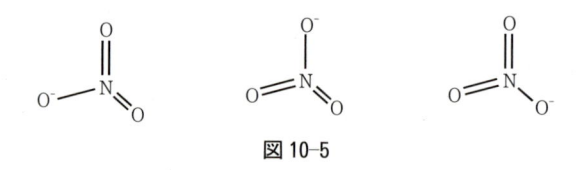

```
    O          O⁻         O
    ‖          |          ‖
O⁻—N      O=N      O=N
    ‖          ‖          |
    O          O          O⁻
```
図 10-5

共鳴の概念は，ルイスの古典的（局在理論）な考え方と非局在理論を関係付ける考え方であるといわれている。しかし，共鳴を認めても局在理論の根本的な部分である「窒素原子と酸素原子の間に電子対が局在する」という考え方が本質的に変わったわけではない。

(2) 原子価殻電子対反発則（VSEPR則）

この考え方は局在理論に基づいて分子やイオンの幾何構造を知る手がかりを与えてくれるものである。便利で重宝であるが故に，考え方の理論的根拠は希薄でも広く受け入れられている。実際，VSEPR則を用いるとほとんどの典型元素の化合物の幾何構造を「そこそこ正確に」推定することができる。ルイス

構造は立体的な幾何構造に関しては何の情報も与えないが，ルイス構造に基づいて VSEPR 則を適用することによって立体幾何構造が推定できるのである。VSEPR 則は以下に示すように非常に単純なものである。ルイス構造において描かれる結合（電子対）は原子間に局在するが，これらの電子対間の反発（負電荷どうしだからという根拠）を考慮すれば，その化合物の幾何構造が容易にわかるという理屈である。電子対間の反発の大きさは，ローブと呼ばれる電子対の空間的広がりの大きさが次の順序で変わると考えられている。

「非共有電子対同士の反発」が最も大きく，次に「非共有電子対と共有電子対」の間の反発が，そして「共有電子対間の反発」が最も小さいと考える。そして，表 10-1 に示すような占有度（occupancy）と立体幾何構造の表に基づいて構造を割り振れば良いのである。中心原子の周りに何個の原子が配置されているか（x），と何個の非共有電子対があるか（y）がわかれば，占有度（$x+y$）がわかる。一般的に，A を中心原子，B を周りの原子，E を非共有電子対としたとき，化合物 AB_xE_y における占有度は $x+y$ である。

表 10-1　占有度と幾何構造の関係

占有度（$x+y$）	基本的立体構造
2	直線型
3	平面三角形型
4	四面体型
5	三角両錐型
6	八面体型

例えば，占有度が 2 のときの AB_2 型分子では，共有電子対間の反発が最も小さいような原子の配置，すなわち B–A–B が直線的に並んだ構造が最も安定になる。

次に，VSEPR 則を適用する時の具体的方法を説明する。
① AB_xE_y 型化合物における中心原子 A（典型元素）の原子価殻電子配置を ns^tnp^u とする。

② (t+u)−x=z の z を 2 で割ることによって，y を算出する。z が偶数でないときにはラジカルなので，z から 1 を減じて 2 で割って y を求めれば良い。占有度は x+y であるが，ラジカルの時はそれに 1（あまりの電子）を加えるのを忘れないこと。

③ 先に示した占有度と幾何構造の関係の表 10-1 に基づいて B と E を A の周りに配置する。

ただし，このときに重要なルールがある。それは，「三角両錐型構造の場合には，非共有電子対（E）は必ず三角形の面上にくるように配置する」というルールである。非共有電子対のローブは最も大きな空間を占有すると考えるため（非共有電子対どうしの反発が一番大きいというルールを思い出そう），他の共有電子対や非共有電子対との反発が最も小さな「三角形の面上」に配置されるのである。この説明は一見矛盾しているように見えるが，次の様に考えるとわかりやすい。三角両錐構造は 2 つの正四面体の三角形の底面を共有したような構造であるが，実際には上下（軸方向）に短い（つぶれている）のである。そのため，軸上に非共有電子対が配置されると三角形平面上の 3 つの B あるいは他の E と反発するが，平面三角形上に配置されれば，その反発は軸上の電子対 2 組のみとの反発に緩和されるというわけである。

それでは，この方法で，いくつかの化合物の幾何構造を具体的に見てみよう。

(例 1) PCl_5

リン原子の原子価殻電子配置は $3s^2 3p^3$ であるから，t+u=5 である。x=5

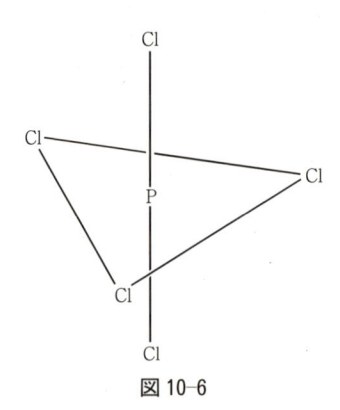

図 10-6

であるから，$z=0$ である。したがって，5 個の Cl が三角両錐の各頂点に配置した構造であると結論される。

[(例 2) NO_2]

窒素原子の原子価殻電子配置は $2s^2 2p^3$ で，$t+u=5$ である。しかし窒素原子と酸素原子間の結合はルイス構造から二重結合である。したがって $z=1$ で，この分子はラジカルであることがわかる。つまり，$y=0$ である。$x+y=3$ なので，平面三角形であるが，共有電子対間とラジカル性の電子（非共有電子対より占有空間が小さい）の反発を考慮して直線に近い次のような構造であると推定される。

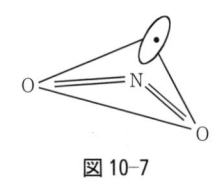

図 10-7

ONO 角は 134.3° であることが知られているので，正三角形の 120° より確かに直線に近い構造である。

NO_2 ラジカルは容易に 2 量体になり N_2O_4 となる。また，NO_2^+ イオンは直線状構造であり，NO_2^- イオンは ONO 角がより狭い構造であることが正しく予想できる。実際に観測されたこれらの化学種の構造は図 10-8 の通りであり，VSEPR 則が定性的に正しいことを示している。

図 10-8

一番右の構造はこの関係を強調して描きすぎたものである。

(例3) XeF_3^+

このような希ガス元素の化合物やイオンは，重い希ガス元素で多く観測される。その理由は周期表の下に行くほど最外殻軌道は原子核から遠くなり，分極しやすく（引き剥がしやすく）なるため，電気陰性度の大きい元素と化合物を作りやすくなるためである。

Xeの原子価殻（最外殻）電子配置は $5s^25p^6$ であり，$t+u=8$ である。したがって $z=7-3$ であるから（Xe^+ であることを忘れないように），非共有電子対の数 y は 2 である。占有度は $x+y=5$ なので，このイオンは三角両錐型である。三角両錐型の非共有電子対は三角形平面上に来ることに気を付けて立体構造を描くと，このイオンは Xe の周りに配置された原子だけ見れば（非共有電子対は目には見えないから）T型分子になっていることがわかる。

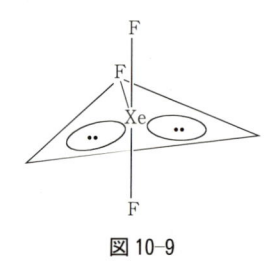

図 10–9

最後に，VSEPR 則はどこまで有効なのかを見てみよう。

たとえば，アンモニアの誘導体であるトリエチルアミンでは C–N–C 角は 119.2° である。一方，トリメチルアミンでは C–N–C 角は 111° であり，メチル基の水素原子をフッ素で置き換えた $N(CF_3)_3$ では C–N–C 角は 118° になっていることがわかっている。さらにアンモニアでは H–N–H が 106.6° であるのに対して窒素と同じ族のリン原子の化合物の PH_3 では H–P–H 角が 93.3° しかない。後者はほとんど直角に近いのである。このように，VSEPR 則から導きだされる構造は定性的に正しいことはわかるが，詳細な構造の差を表現することはできない。詳細な構造の違いは立体的な障害のほか，軌道の方向性と重なり具合（重なり具合の違いで結合性軌道のエネルギーレベルが変わる）といった，より量子力学的な概念で説明できると考えられている（例えば，窒素と

比べてリンの結合角がより 90 度に近いのは、リン原子では窒素原子より σ 結合の p 軌道性が強いというような言い方で説明されることがあるが、この説明ももちろん量子論的な定性的解釈の 1 つである)。

10-2-2 量子力学的な局在理論 (原子価結合理論) と非局在理論 (分子軌道理論)

ここまでで述べた、古典的 (ある意味で直感的) な局在理論に対して、量子力学的な考え方に基づく化学結合論として、局在理論に近い原子価結合理論 (Valence Bond＝VB 理論) と、完全な非局在理論である分子軌道理論 (Molecular Orbital＝MO 理論) がある。量子力学的な結合論においても、原子価殻の電子のみが化学結合に (大きく) 関与するという考え方は、古典的な局在理論と変わらない (MO 計算を行なうと、結合生成には無関係と思われる軌道もエネルギー的に影響を受けることがある)。定量的には「原子価殻の軌道と比べてそれより内核にある軌道のエネルギーは極端に小さい」ので内殻電子が化学結合に参加しないという概念が基本 (計算上の近似) である。

コラム

VB 法と MO 法

VB 法も MO 法も、共に計算科学的手法である。その違いは以下に記すようなものであるが、本書ではその違いを定性的に取り扱った。

VB 法は、1927 年のヴァルター・ハイトラー－フリッツ・ロンドン－杉浦義勝 (Heitler-London-Sugiura) による原子軌道理論 (AO 法) を拡張した方法である。その欠点である計算の煩雑さを解消するために、あらかじめ 1 つの分子構造に対応する波動関数を作っておく (共鳴構造であればいくつかの極限構造についての波動関数の線形結合にする)。エネルギーはこのような波動関数を使った期待値を求める。波動関数に直交性がないので、そのままで計算するのは困難であり、それを解消するために、電子対を作る軌道間の重なり積分以外を省略することによって対処する。重なり積分をすべて無視せず、多数の構造の共鳴を取り入れて計算すれば、原理的には分子軌道法による計算結果と一致する。重なり積分とは、原子 A に中心を持つ原子軌道関数 x_A と原子 B に中心を持つ原子軌道関数 x_B

に関する積分 S で,軌道の重なりの程度に応じて0から1の値をとる:
$$S=\int x_A x_B dV$$

これに対して分子軌道法(MO 法)では,分子軌道をあらかじめ選んだ直交系軌道関数(基底関数)の線形結合で表現し,スピン関数も考慮する(交換反対称性を持たせる)。軌道関数の直交性により,計算がある程度機械的に行えるということと,スペクトル線の解釈がしやすいという利点がある。基底関数としては原子軌道関数を使うのが普通である(LCAO-MO)。この計算法では,自己無撞着場で発生する仮想的分子軌道への遷移によって分子の励起が表現できる。また,電子波動関数がわかれば,電子密度も計算され,各原子や結合における電子密度も決まるところが,VB 法と大きく異なる点である。

(1) VB 理論における混成軌道の概念

例えば,3原子分子である BeH_2 の結合を考える。中心のベリリウム原子の原子価殻の電子構造は $2s^2$ である。結合には $2s$ 軌道の1つの電子を空の p 軌道に上げて(このためには外部からエネルギーを与える必要がある)$2s^1 2p^1$ として,2つの水素原子の $1s$ 軌道と結合を作ると考えるのである。このとき,

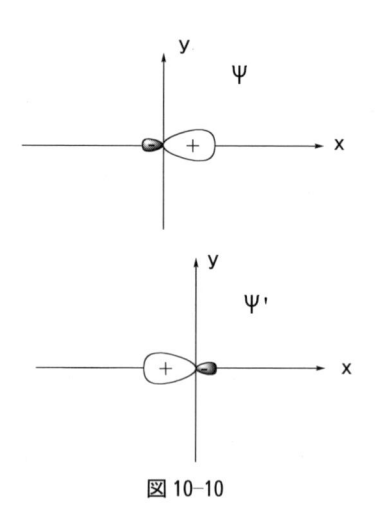

図 10-10

中心のBe原子はsp混成軌道を作って，水素原子と結合する。sp混成軌道とは，文字通り，s軌道に対応する波動関数とp軌道に対応する波動関数を数学的に足し合わせて「混ぜ合わせた」軌道を造るという意味である。このようにしてできた混成軌道は2個あるはずである。VSEPR則から，この分子は直線構造であることがわかっているので，例えばBe原子と2つの水素原子がすべてx軸上に並んでいると考えたとき，s軌道とp軌道の波動関数をsならびにp_xとすれば，これらの2つの軌道は$\Psi=s+p_x$と$\Psi'=s-p_x$であろう。これらの軌道は図10-10のようにx軸上にあって，原点に対して対称な関係になっている（これらの関数はまだ規格化されていない。規格化するためには2の平方根で割る必要がある）。

数学的には同じ符号を持った軌道同士しか相互作用（結合）しないので，これらの軌道の両側から＋の極性（この場合の極性とは，軌道を表す関数の符号に対応する）を有する2つの水素原子が近づいてくればそれぞれ単結合ができることになる。でき上がった直線状のH–Be–H分子の安定化エネルギーは最初に2s軌道の電子を1個2p軌道に昇位するのに必要なエネルギーより大きいので，この分子は安定に存在するというわけである。すなわち，VB法では幾何構造に合うような中心原子の軌道の組み合わせしか考えていないのである。

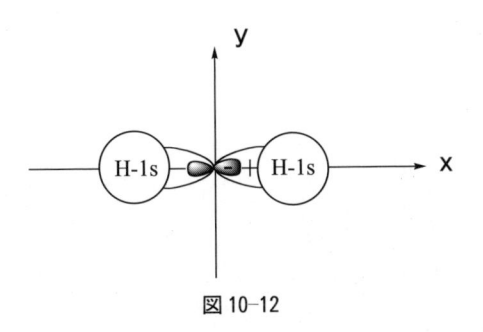

図10-12

VB理論では，結合する軌道の方向性を決める（どの軌道とどの軌道を混成すればよいか決める）ことによって計算が可能になることがわかる。すなわち，前もって分子の幾何構造がわからないといけないという点で，VB理論は古典的な局在理論に近い考え方なのである。しかし，結合形成による安定化エネ

ギーの計算値は，仮定した構造が正しければ，後述する MO 理論によるものとまったく同じになる（149 頁のコラムを参照）。

正四面体構造のメタン分子では，sp^3 混成を考える。原点（炭素原子の位置）から正四面体の 4 つの頂点（水素原子の方向）に向かう 4 個の軌道に対応する関数はそれぞれ 2s 軌道と 3 個の 2p 軌道の組み合わせによって次のような 4 つの関数で表される。s, p_x, p_y, p_z は，それぞれ対応する軌道の波動関数である。

$$\psi_1 = \frac{1}{2}(s + p_x + p_y + p_z)$$
$$\psi_2 = \frac{1}{2}(s + p_x - p_y - p_z)$$
$$\psi_3 = \frac{1}{2}(s - p_x + p_y - p_z)$$
$$\psi_4 = \frac{1}{2}(s - p_x - p_y + p_z)$$
(10-1)

これらの混成軌道はすでに規格化してある。この 4 つの軌道が原点から四面体の頂点に向かうものであることは，容易に証明できる。さらに，二重結合を含む炭素の混成軌道は sp^2 混成と呼ばれるが，二重結合の軸を x 軸にとれば，次の 3 つの混成軌道で 120° ずつずれた同一面内の 3 つの方向を表すことができる。

$$\Phi_1 = \sqrt{\frac{1}{3}} s + \sqrt{\frac{2}{3}} p_x$$
$$\Phi_2 = \sqrt{\frac{1}{3}} s - \sqrt{\frac{1}{6}} p_x + \sqrt{\frac{1}{2}} p_y$$
$$\Phi_3 = \sqrt{\frac{1}{3}} s - \sqrt{\frac{1}{6}} p_x - \sqrt{\frac{1}{2}} p_y$$
(10-2)

この考え方を拡張すると正八面体型構造では d^2sp^3 混成，平面正方形では d^3s 混成，三角両錐構造なら dsp^3 混成などのように混成軌道で化学結合に関与する軌道を表すことが可能である。しかし，このような混成軌道の概念は無機

化学では用いるべきではない．それは，VB理論は遷移金属を含む多くの無機化学現象を説明できないという大きな問題があるからだ．すなわち，VB理論には後述するMO理論では考慮できる「反結合性軌道」の概念がないことが大きな問題になるからである．遷移金属錯体の電子配置とそれに関係して発現する色や磁性といった様々な現象は反結合性軌道の概念があって初めて説明できるものなのである．その一方で，有機化学の分野ではVB理論だけでほとんどこと足りてしまう．それは有機化合物の多くが第二周期の元素だけを対象にしているからに他ならない．第二周期の元素（特に窒素原子まで）は，2s軌道と2p軌道のエネルギーに大きな差がないことが知られている．その結果，混成による考え方で，わかりやすく説明できることが多いのである．例えばsp混成，sp^2混成，sp^3混成の3つを比較すると，s性が強い結合ほど結合長が短いといった定性的な議論も可能である．しかし，VSEPR則のところで述べたように，第三周期のリン原子では明らかにp軌道の関与が大きい（PX_3分子の場合）ので，X–P–X結合角はほとんど$90°$であり，VB理論（sp^3混成）では，この構造を前もって知らなければうまく説明できないことがわかる．しかも，局在理論でこの現象を説明するためには「d軌道の関与」や「非共有電子対のローブが非常に大きくなっているので電子対間の反発が大きいから」といった，誤った解釈や取って付けたような説明になってしまうこともある．

現在では，第10章2節2項(2)で述べる「MO理論」がより正しいと考えられている．MO理論では軌道は混成せず，s軌道やp軌道は元々の形と方向を変えない．

(2) MO理論

この理論では2つの原子間で1つの結合を作るときには，それぞれの原子で同じ符号あるいは対称性を有した原子軌道（あるいは群軌道）関数同士が重なり合って新たな軌道（分子軌道）を造って安定化すると考える．フント(Hund, F.)，マリケン，レナード–ジョーンズ(Lennard-Jones, J. E.)，クールソン(Coulson, C. A.)らが発展させた考え方である．3原子以上の原子からなる分子を取り扱うには群軌道という概念が必要になるが，本書のレベルを超えるので，詳しくは例えば拙著「量子論に基づく無機化学」等を参照して

頂きたい。

　水素原子2つから水素分子ができるときには，それぞれの水素原子上の1s軌道が重なって1つの分子軌道を作り，そこに電子を1つずつ出し合って安定化するわけである。このような場合，新しくできる分子軌道は，元々それぞれの原子上にあった原子軌道の線形結合（単なる足し算や引き算と考える）で表されると考える（LCAO-MO近似 [linear combination of atomic orbital-molecular orbital] という）。例えばA原子上の軌道が ϕ_a でB原子上の軌道が ϕ_b であるとすれば分子軌道 Ψ は，

$$\Psi = c_a \phi_a + c_b \phi_b \tag{10-3}$$

で表せると考えるわけである。c_a と c_b は単なる係数であり，各軌道の貢献度を表すと考えれば良い。分子軌道に関するハミルトニアンを H とすれば，この波動関数は式（10-4）を満たす。

$$H\Psi = E\Psi \tag{10-4}$$

　両辺の左側から複素共役な Ψ をかけて全空間で積分して変型すると，式（10-5）の関係が得られる。

$$\int \psi^* H \psi dV = E \int \psi^* \psi dV$$
$$\therefore E = \frac{\int \psi^* H \psi dV}{\int \psi^* \psi dV} \tag{10-5}$$

このエネルギー E が最小になるような係数 c_a と c_b の組み合わせがわかれば，分子軌道 Ψ を得ることができるし，それに対応するエネルギー固有値も同時に知ることができるはずである。このようなときにはエネルギーを c_a と c_b でそれぞれ偏微分して，偏微分係数がゼロになるような条件を導けば良い（このような取り扱いを変分法と呼んでいる）。

$$\left(\frac{\partial E}{\partial c_a}\right)_{c_b}=0,\ \left(\frac{\partial E}{\partial c_b}\right)_{c_a}=0 \tag{10-6}$$

H_{aa}, H_{bb} と H_{ab} をそれぞれ式 (10-7) のようにおくと,

$$H_{aa}=\int \phi_a^* H \phi_a dV$$
$$H_{bb}=\int \phi_b^* H \phi_b dV \tag{10-7}$$
$$H_{ab}=\int \phi_a^* H \phi_b dV$$

ϕ_a と ϕ_b が規格化されており,しかも直行していることを利用すると,式 (10-8) のような連立方程式ができる。

$$(H_{aa}-E)c_a + H_{ab}c_b = 0$$
$$H_{ab}c_a + (H_{bb}-E)c_b = 0 \tag{10-8}$$

この方程式は式 (10-9) に示す永年行列式 (secular determinant) と数学的に等価である (付録参照)。

$$\begin{vmatrix} H_{aa}-E & H_{ab} \\ H_{ab} & H_{bb}-E \end{vmatrix}=0 \tag{10-9}$$

これを解いて,エネルギーを求めると式 (10-10) のようになる。

$$E=\frac{1}{2}(H_{aa}+H_{bb}) \pm \frac{1}{2}\sqrt{(H_{aa}-H_{bb})^2+4H_{ab}^2} \tag{10-10}$$

H_{aa} と H_{bb} は元々の各原子軌道のエネルギー E_a と E_b であるから,2つのエネルギーレベルは近似的に式 (10-11) のように表される。

$$E_+ \approx E_a + \frac{H_{ab}^2}{E_a - E_b}$$

$$E_- \approx E_b - \frac{H_{ab}^2}{E_a - E_b}$$

(10-11)

　ここまでの導出は，軌道関数の具体的な関数形やハミルトニアンの中身には深く立ち入らなかった（これが量子論を定性的に捉える時の利点でもある）。細かいことを無視して，この関係を図で表すと図10-13のようになる。

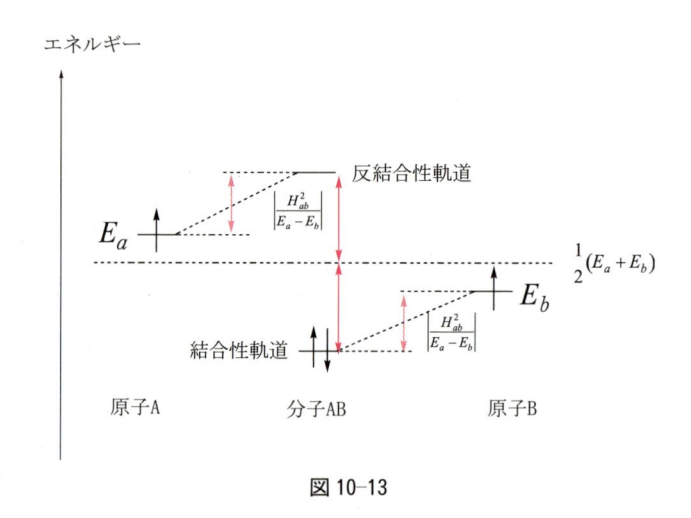

図 10-13

　すなわち，配置間相互作用（分子によっては軌道や状態の対称性によって複雑にエネルギーレベルが変化することがある）などの複雑な要素を無視すれば，分子軌道は元々の2つの原子軌道のエネルギーより低いものと高いものの2つが存在し，その別れ方は，原子軌道のエネルギーの平均値に対して上下に均等であることがわかる。エネルギーの低い方の分子軌道を「結合性軌道（bonding orbital）」，高い方の分子軌道を「反結合性軌道（anti-bonding orbital）」と呼んでいる。元々各原子上にあった2つの電子は，分子軌道の「結合性軌道」の方に対を作って入り安定化する。このとき，外部からエネルギーを与えて1個の電子を反結合性軌道に上げれば，安定化エネルギーはゼロになるので，

この単結合は切れて分子は解離することになる。

また，軌道の別れ方が式 (10-12) の関係に依存するので，元々の 2 つの原子軌道のエネルギーが近いほど安定化エネルギーが大きいことがわかる。

$$\frac{H_{ab}^2}{E_a - E_b} \tag{10-12}$$

水素分子のような等核 2 原子分子では，2 つの水素原子が作る分子軌道は式 (10-13) のような関数で与えられることが知られている。

$$\psi_\pm = (\phi_a \pm \phi_b)/\sqrt{2(1 \pm <\phi_a|\phi_b>)} \tag{10-13}$$

Ψ_+ が結合性軌道であり，Ψ_- は反結合性軌道である。その形は基本的には 2 つの 1s 軌道関数の和と差であるから，1s 軌道の数学的符号を考慮すると図 10-14 のように表現できる。

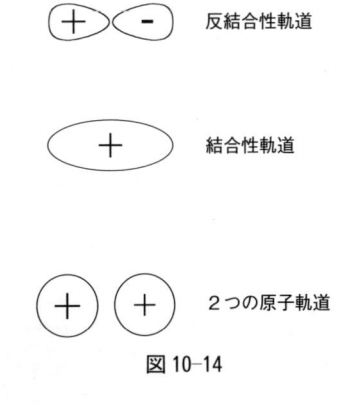

図 10-14

結合性軌道では 2 つの原子間に均等に電子が分布する様子（一様な符号の数学的関数であることがそれを表している）がわかる。一方，反結合性軌道では分子の中心に電子密度がゼロの領域（節）が生じ，しかもその両側の極性（数学的符号）が反転しているので重なりようがないことがわかる。このように，「軌道を表す関数形が重なり合わないような軌道の組み合わせでは，化学結合

ができない」というのが MO 理論の定性的な解釈である。

2つの原子間の結合には，水素原子の 1s 軌道同士が相互作用してできるようなシグマ（σ）結合の他に，パイ（π）結合やデルタ（δ）結合と呼ばれる結合の種類がある。π 結合は炭素原子間の二重結合や三重結合に関与する軌道間の相互作用である。図 10-15 に，σ, π, δ 結合における軌道間相互作用の例を示す。すでに学んだように，すべての軌道には「数学的な符号（プラスとマイナスの符号）のローブ（軌道の広がりと方向を示すもの）」があるので，どのタイプの結合でも「結合性軌道は同じ符号のローブ同士が向き合っており，反結合性軌道では反対の符号のローブ同士が向き合っている」という関係になる。σ 結合では相互作用する軌道のローブ同士が結合軸方向（2つの原子を結ぶ軸の方向）を向いているのに対して，π および δ 結合では相互作用する2つの軌道のローブは結合軸方向を向いていない。δ 結合で2つの d 軌道は互いに向かい合って相互作用している。σ 結合は s 軌道同士のほか，p 軌道同士，d 軌道同士，s 軌道と p あるいは d 軌道，p 軌道と d 軌道の間でも，共に結合軸方向さえ向いていれば形成されることを理解しておく必要がある。ローブの符号の対称性を考慮すると，p 軌道と d 軌道の間でも π 結合が可能であることがわかる。

図 10-15　σ, π, δ 結合の例

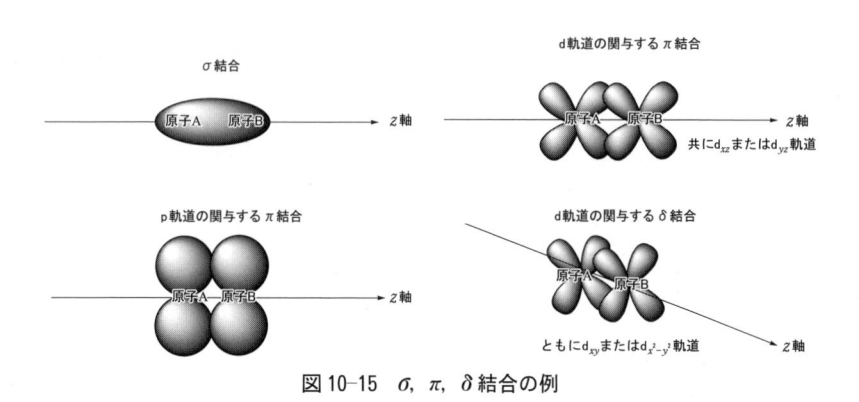

図 10-16 は窒素分子（N_2）と酸素分子（O_2）の分子軌道である。縦軸は描いてないが，一般的にこのような図では上に行くほどエネルギーが高くなって

いる（基準は原子軌道の場合と同様に真空レベルで，エネルギーは下に行くほど負で大きくなる（＝安定化する））。電子のスピン（＋1/2 と－1/2）を上と下向きの矢印で示してある。窒素分子においては 2 個の窒素原子は 1 つの σ 結合と 2 つの π 結合によって三重結合で結ばれている（結合軸を z 軸に取ってある）ことがわかる。これはルイス構造式と同じである。しかし酸素分子では，2 個の電子が「反結合軌道」に入り，しかも，フントの規則にしたがって電子スピンは平行になっている。この様子は，酸素が「常磁性」という性質を持つ事実を正しく説明している。ルイスの概念をはじめとする局在理論ではこの現象を説明することは不可能である。結合性軌道に電子対が入ると結合次数（単結合では 1，二重結合では 2，三重結合では 3 などと表す）は上がるが，反結合性軌道に電子（例えば酸素分子のように 2 個の電子）が入ると，逆に結合次数は下がる。窒素原子では結合次数は 3（すなわち 2 つの窒素原子間には三重結合性がある），酸素分子では結合次数は 2（すなわち 2 つの酸素原子間に

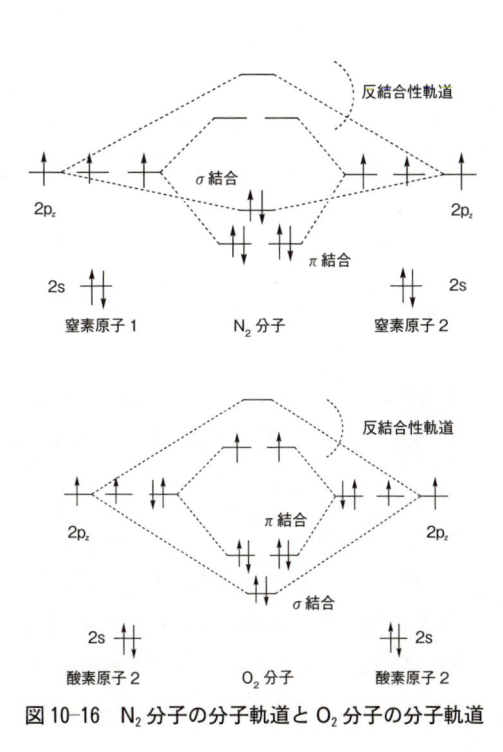

図 10-16　N_2 分子の分子軌道と O_2 分子の分子軌道

は二重結合性がある）であることがわかる。

　図10-16を見ると，窒素分子と酸素分子では，σ結合性の軌道とπ結合性の軌道のエネルギーレベルが逆転していることに気付く。

> この説明の前に，第二周期の元素の2s軌道と2p軌道のエネルギーが周期表を右に行くにしたがって，どのように変化するか確認しておく。

　第9章ですでに学んだように，有効核電荷は周期表の右に行くほど大きい。その結果，2s軌道も2p軌道も周期表の右の元素ほどエネルギーが低い。実際，炭素原子では2s軌道は-12.90 eVであるが，酸素原子では-29 eVと2s軌道は非常に安定化している。同様に2p軌道のエネルギーレベルは炭素原子で-5.72 eVであるのに対して酸素原子では-9.12 eVと大きく安定化していることがわかる。また，炭素原子では2s軌道と2p軌道のエネルギー差は7.25 eVと比較的小さいが，酸素原子ではこの差が14.6 eVと非常に大きくなる。有効核電荷の影響により，窒素原子までの元素は，2s軌道と2p軌道のエネルギー差が酸素以降の原子ほど大きくないといわれている。その結果，p_z軌道同士の相互作用で生じるσ結合（群論ではa_{1g}対称と称される対称性を有する）とすぐ下の2s軌道との相互作用で同様に期待されるσ結合（これも群論ではa_{1g}対称と称される対称性を有する）の間の量子力学的な配置間相互作用（configuration interaction: 同じ対称性の軌道間で反発すると考えれば良い）によって，窒素分子ではπ結合性の軌道（e_{1u}という対称性を有する）よりもσ結合性の軌道の方がエネルギーレベルが高いと考えることができる。有効核電荷の大きな酸素では，2s軌道は2p軌道よりもエネルギーがかなり低く，このような逆転は起こらない。

　有効核電荷の影響により，窒素原子までの元素は2s軌道と2p軌道のエネルギー差が酸素以降の原子程大きくないといわれているが，その結果2s軌道と2p軌道のエネルギー差が小さい窒素までの原子では「sp混合（s軌道とp軌道の区別がつき難くなっていると言い換えても良い）」という現象が起るともいわれている。その結果，p軌道（方向性がある）が関与するσ結合にもs軌道性（s軌道は真ん丸の軌道なので等方的になる）が現れると考えられている。置換アンモニア分子（$NR_1R_2R_3$, R_1〜R_3は異なる置換基を表す）に不斉が見られないのは，中心の窒素原子と周りの原子との間の結合のs軌道性が強く，

その結果，置換基の作る三角形の平面が容易に反転する（活性化障壁はわずかに 24 kJ mol^{-1} 程度であり，室温で 1 秒間に 10^{10} 回も反転している）といわれている。この考え方は VB 理論による sp^3 混成を利用すると理解しやすい。化学の世界ではこのような折衷案的な説明が多いが，VB 理論あるいは MO 理論のそれぞれの利点と欠点を知った上で論理的に理解すれば良いと思う。さらに，より高度な群論などを理解すれば，配置間相互作用といった難しい表現での解釈も可能になる……より深く考えれば考えるほど，理解／解釈も深くなるのが化学の面白いところである。適度な低いレベルで手を打って思考を停止させてしまっては学問しているとは言い難い。

酸素原子は光励起すると「一重項酸素（singlet oxygen）」を生じるといわれている。2 個の電子が 2 つの軌道上にあるときには，電子スピンの組み合わせは次のような 3 通りがある。

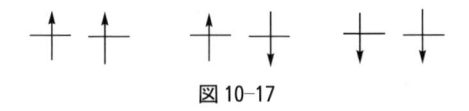

図 10-17

図 10-17（左図）のような配置（電子スピンが共に同じ方向を向いているもの）をスピン三重項状態と呼んでいる。この名称の由来は，このような配置のときには図 10-17 のすべての組み合わせを数えている（3 個ある）ところからきている。図 10-17（中図）のような配置はスピン一重項状態と呼ばれている。このような組み合わせが 1 通りしか可能でないことは自明である。酸素分子が基底状態においてスピン三重項状態であることは分子軌道の図（フントの規則とパウリの排他律が関係する）から良くわかる。基底状態の酸素分子に外部からエネルギーを与えると（直接の光励起反応では一重項酸素を生じないのでメチレンブルーなどの光増感剤との衝突によるエネルギー移動を利用する），2 種類の高いエネルギー状態の「一重項酸素分子」を作ることができる。そのときの電子配置は，反結合性の π*軌道のみを描くと図 10-18 のようになる。直線分子に対する電子状態（正確にはスペクトル項と称する）は $^{2S+1}\Lambda$ で表す。Λ に相当する記号は，軌道角運動量の L の分子軸（z 軸）への射影の大きさ

$L=0, 1, 2, 3, ...$ に対して，$\Sigma, \Pi, \Delta, \Phi$……が対応している。軌道や状態に反転対称性があれば g を付けるのは他の表記の場合と同じである。図 10-18 の例では，最高被占軌道（HOMO＝highest occupied molecular orbital）が π-反結合性軌道であるため，g の添字が付く。

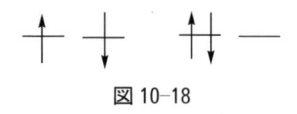

図 10-18

実は図 10-18（右図）の配置の方がエネルギーは低い。2 つの（反結合性）π 軌道のどちらに 2 個の電子が配置されていても，静電反発（電子間反発）による効果は同じである。なぜなら，いずれの軌道も空間的には同じ電子分布を有している波動関数に対応するからだ。このことを理解するには，p_x 軌道と p_y 軌道が元々同じ形（回転方向が逆なだけ）の虚数関数であったことを思い出せば十分である。したがって，同じ軌道に電子が入った方が「同じ方向に回っている（角運動量の z 成分が同じだから）から 2 つの電子がぶつからない」というように漫画的に考えると，図 10-18（右図）の配置の方がエネルギー的に安定であることが理解できる。一般的に，方位量子数が同じで磁気量子数の異なる軌道は，仮想的 z 軸方向への磁気モーメントの成分が異なっている。図 10-18（左図）の例は，同じ軌道面（xy 平面）で正反対の方向に公転する電子を表していると解釈できるのであるが，もちろん別の見方も可能である。例えば図 10-18（右図）の配置はフントの規則から，より大きな遠心力を持つ安定状態ともいえるのである。図 10-18（左図）の配置（$^1\Sigma_g$ と呼ばれている）は基底状態（三重項状態）よりも 158 kJ mol^{-1} エネルギーが高く，右図の配置（$^1\Delta_g$ と呼ばれている）は基底状態よりも 95 kJ mol^{-1} エネルギーが高いことがわかっている（群論では z 軸を主軸に取る約束なので，酸素分子では，軌道角運動量の z 成分（磁気量子数）がゼロの p_z 軌道は，もう 1 つの酸素原子とのシグマ結合に使われている。したがって，上の 2 つの π 結合性軌道は磁気量子数が +1 と -1 に対応していることに気付けば，Σ と Δ の記号でこれらの状態（正式には項と呼ぶ）が表されることが理解される）。

> 異核2原子分子の例として，等核2原子分子である窒素分子と等電子構造（総電子数が同じ）の一酸化炭素の分子軌道を見てみよう。

有効核電荷の大きい酸素原子では炭素原子と比べて 2s 軌道も 2p 軌道もかなり低く，しかも酸素の 2s 軌道は 2p 軌道よりもかなり低いエネルギーレベルにある．図 10-19 ではこの様子を強調して描き表してある．

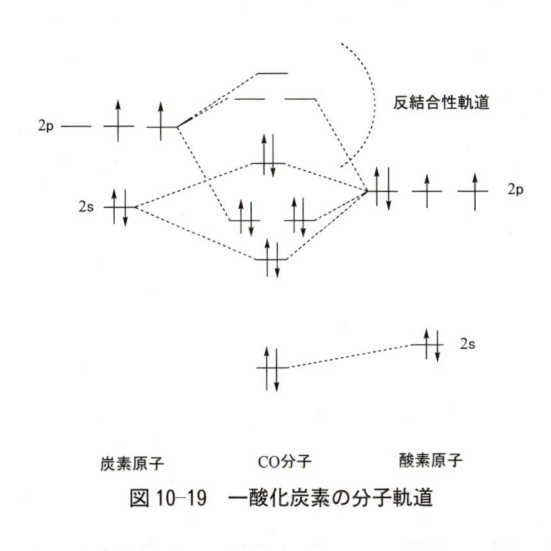

図 10-19 一酸化炭素の分子軌道

その結果，炭素原子の 2s 軌道は酸素原子の 2p 軌道との相互作用が強く，逆に炭素原子の 2p 軌道と酸素原子の 2p 軌道の間の相互作用は弱い．また最高被占軌道は弱い反結合性であるため窒素分子と比べて一酸化炭素分子では C-O 結合の三重結合性は低い（二重結合性に近い）．異核結合（異原子間結合）では一般的に，元々の原子軌道に近い分子軌道には「その原子の性質の強い電子」が入ると考えられている．このことは，電気陰性度の違いによって説明される．一酸化炭素では，HOMO レベルの電子対は明らかに「炭素の性格が強い」電子である．このことは，一酸化炭素分子が金属に配位するときには炭素原子上の非共有電子対を金属に供与することを示している．配位子上の最もエネルギーの高い（引き剥がしやすく，金属の d 軌道に，よりエネルギーが近い）電子対が配位結合に関与すると考えられているからである．実際一酸化炭素錯体（カルボニル錯体と呼ばれる）では中心金属は炭素と結合している．

10-2-3 金属結合

　元素固体（単体）では，原子は整然とした三次元の繰り返し立体構造を取っている。2原子分子の場合と同様に，隣り合う原子間に結合性軌道ができることによって化学結合が生じるが，無限に続く原子の連続がどのような結合性軌道と反結合性軌道を生じるか考えてみよう。

　原子を2個横に並べたときに相互作用する軌道の符号が同じであれば結合性軌道と反結合性軌道ができることは先に示した。ここでも簡単にするため，たった1つの軌道（例えば各原子のs軌道）だけが原子間の結合に関与すると考える。これにもう1つの原子を一次元に横に並べると3個の原子からなる分子軌道（とはいっても出来上がるのは分子ではないが……）が出現する。最後に入れた原子はすぐ隣の原子とは強い相互作用をするが，さらにその隣の原子との相互作用は弱い。このようにN個の原子を横に並べてその関係を眺めると，m番目の原子は$m-1$番目と$m+1$番目の原子との相互作用は強く，$m-2$番目と$m+2$番目との原子の相互作用はさほど大きくないが，それ以外の原子との相互作用は無視できる程小さい…..というように近似的に考えることができる。

　このような直線状に繋がったN個の原子それぞれのs軌道の波動関数をϕ_i（$i=1 \sim N$）とし，この直線状配置の軌道に関するハミルトニアンをHとする。このとき次の関係が成り立つことはすぐにわかる。なぜなら，i番目の原子同士と，すぐ隣の原子との相互作用に関する積分値のみが値を持つ（相互作用はある）からである。

$$\begin{aligned}
H_{ii} &= \int \phi_i H \phi_i d\tau = \alpha \\
H_{ij(i \neq j)} &= \int \phi_i H \phi_j d\tau = \beta \, (|i-j|=1) \\
H_{ij(i \neq j)} &= \int \phi_i H \phi_j d\tau = 0 \, (|i-j| \geq 2)
\end{aligned} \quad (10\text{-}14)$$

　すべて同じ原子であるから，αとβの値は全原子（$i=1 \sim N$）の結合の様子に対して共通である。このとき，前述の分子軌道の考えと同様にしてこの直線状

第10章 化学結合に関する考え方の歴史と量子論の関係

分子の分子軌道 Ψ を次のように各原子の波動関数の線形結合で近似することができる（LCAO-MO）。

$$\psi = \sum_{i=1}^{N} c_i \phi_i \tag{10-15}$$

もちろん，この波動関数は次の条件を満たす。

$$H\Psi = E\Psi$$

両辺の左から Ψ^* をかけて積分すると ϕ_i も Ψ も直交化されているので，式 (10-16) の関係が得られる。

$$\int \psi^* H \psi d\tau = \int \sum_{i=1}^{N} c_i \phi_i H \sum_{j=1}^{N} c_j \phi_j d\tau = E \int \sum_{i=1}^{N} c_i \phi_i \sum_{j=1}^{N} c_j \phi_j d\tau = E \sum_{i=1}^{N} c_i^2 = E \tag{10-16}$$

先に述べた分子軌道の取り扱いの時と同様に，変分法を用いて計算すると，式 (10-17) のような永年行列式が得られる。

$$\begin{vmatrix} \alpha-E & \beta & 0 & 0 & 0 & \cdots & 0 \\ \beta & \alpha-E & \beta & 0 & 0 & \cdots & 0 \\ 0 & \beta & \alpha-E & \beta & 0 & \cdots & 0 \\ 0 & 0 & \beta & \alpha-E & \beta & \cdots & 0 \\ 0 & 0 & 0 & \beta & \alpha-E & \cdots & 0 \\ \cdots & \cdots & \cdots & \cdots & \cdots & \cdots & \cdots \\ 0 & 0 & 0 & 0 & 0 & \cdots & \alpha-E \end{vmatrix} = 0 \tag{10-17}$$

この行列式の解は，$N=3$ の時には三次方程式の解として，

$$\begin{aligned} E &= \alpha \\ E &= \alpha \pm \sqrt{2}\beta \end{aligned} \tag{10-18}$$

の3つが得られ，図10-20のような3個の軌道に分裂することがわかる。

```
      ___ α+√2β
  ___<___ α
      ‾‾‾ α−√2β
```

図 10-20

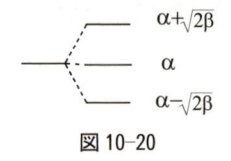

同様にしてNの数を増やしていくと，その度にこれらの軌道がさらに図10-21のように分裂を繰り返し，

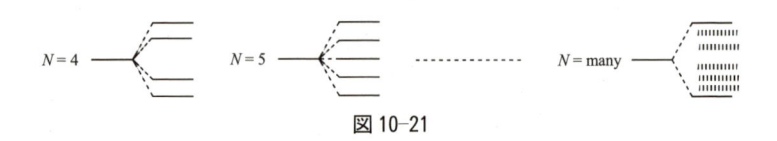

N = 4   N = 5   ……   N = many

図 10-21

大きなNの値では，最高エネルギーレベルと最低エネルギーレベルの間に沢山の軌道エネルギーレベル（N個）が存在するようになって，「バンド」と呼ばれる構造を作るようになる。たとえば，今考えているs軌道の他にp軌道があれば，このp軌道も同様のバンド構造（あるエネルギー間隔の中に沢山の軌道が入っていて，もはや，1つ1つの軌道の間のエネルギー差が無視できるくらいになっている状態）を作ることが容易に理解できる。s軌道のすぐ上

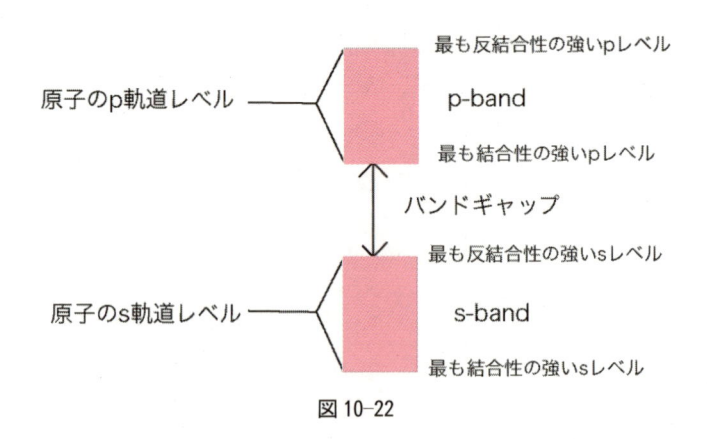

原子のp軌道レベル ── p-band
　最も反結合性の強いpレベル
　最も結合性の強いpレベル

バンドギャップ

原子のs軌道レベル ── s-band
　最も反結合性の強いsレベル
　最も結合性の強いsレベル

図 10-22

のp軌道についても，同じようにバンド構造ができることが期待される。その様子を図10-22に示す。

ちなみに，N 個の原子からなるバンドのエネルギーレベルに対する一般解は式（10-19）のようになっている。

$$E = \alpha + 2\beta \cos \frac{k\pi}{N+1} \ldots\ldots\ldots (k=1\sim N) \tag{10-19}$$

N 個の原子からなるバンドに N 個の電子が入っている（各原子が1個ずつ電子を出し合って金属結合ができている）とき，絶対零度では電子はバンドのちょうど半分まで詰まっていることになるが，この電子の充満帯と空のレベルの境界面をフェルミレベルと呼んでいる。

電子はフェルミ–ディラック統計にしたがう（パウリの排他律で支配されている）ので，温度 T におけるエネルギー差 E の状態間の熱分布は，絶対零度のときの固体の化学ポテンシャルを μ とすると式（10-20）のように表される。

$$D = \frac{1}{e^{(E-\mu)/kT}+1} \tag{10-20}$$

高温では近似的に，

$$D \sim e^{(E-\mu)/kT} \tag{10-21}$$

のような分布になり，熱力学的なボルツマン分布と似た関数形になる。固体ではバンド内のエネルギーレベル差は非常に小さいので，室温付近で，フェルミレベルの上下に電子分布ができ，その結果導電性を示すことになる。これがアルカリ金属の場合の導電性の説明である。

10-3　電子欠損結合と軌道欠損結合

水素化ホウ素（borane）や気相中の塩化アルミニウム（ホウ素とアルミニウムは共に13族元素）は，2量体（水素化ホウ素の場合にはdiboraneと呼

ぶ）として存在することが知られている。共に原子価殻電子配置はs^2p^1である。したがって，正三角形型構造のBH_3あるいは$AlCl_3$として存在しても良さそう（VB理論的にはsp^2混成が望ましい）であるが，現実には図10-23に示すようなホウ素とアルミニウム原子がそれぞれ四面体型の骨格を持つB_2H_6とAl_2Cl_6として安定化している。

図 10-23

ホウ素の場合を例にとると，結合に参加できる全価電子数は12個（ホウ素原子から3個ずつで，水素原子から合計6個）であるにもかかわらず，分子内に8個の結合があるので，明らかに電子が不足していることがわかる（ルイス仮説では，1個の結合に2個の電子が関係するから）。なによりも，水素結合でもない（イオン性の化合物ではない）のに1つの水素原子に2つのホウ素原子が結合しているところが不思議である。現実に存在するこのような分子の電子構造はVSEPR則などの局在理論では説明することができない。分子軌道理論では，左右のBH_3骨格には通常の考え方で結合を形成した後（VB的にはsp^2混成とする），それぞれのホウ素原子が水素原子に0.5個ずつの電子を配分して2量体になっていると解釈する。0.5個という概念は次のような分子軌道によって説明される。

図10-24では2つあるBH_3分子の分子軌道のうち軌道を1個ずつと電子を

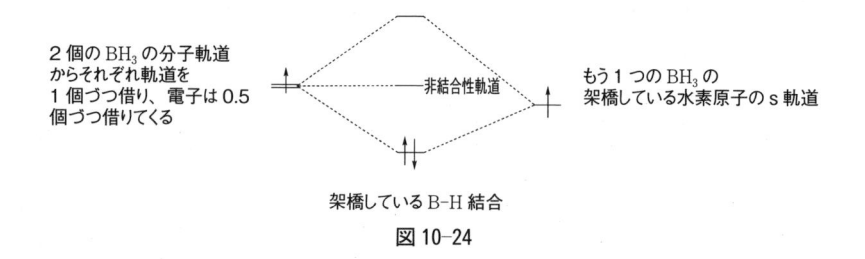

2個のBH_3の分子軌道からそれぞれ軌道を1個づつ借り，電子は0.5個づつ借りてくる

非結合性軌道

もう1つのBH_3の架橋している水素原子のs軌道

架橋しているB-H結合

図 10-24

0.5個ずつ（合計1個）借りてくる様子が示してある。すなわち，架橋している2個の水素原子には，各ホウ素原子から0.5個ずつしか電子が供給されていないと考えている。このようにして形成されたB–H–B結合は本来ならば4個の電子が関与するはずの2個の結合に2電子しか関与していないので「3中心2電子（3c–2e）結合」と呼ばれている。このような結合では，結合次数はもちろん1より小さい（結合は弱い）。

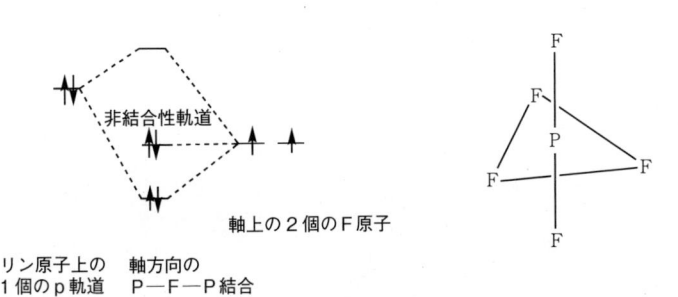

PF_5分子では，中心のリン原子の原子価殻には3s軌道と3個の3p軌道の合計4個の軌道しかない。局在理論では，オクテットを超える5個のP–F結合を説明するためにはエネルギーの高い空のd軌道を借りてくる必要がある。このようなとき，古典的には「原子価殻膨張」という言葉を導入した。計算によると，リン原子上の空の3d軌道のエネルギーは高すぎて，フッ素原子の非常に低い原子価殻軌道と相互作用しない。MO理論では，このような結合は軌道欠損結合として説明することができる。リン原子上の3s軌道と2個の3p軌道で平面三角形型のPF_3骨格を形成（リン原子は合計5個の価電子のうち3個を使って平面状に配位した3個のフッ素原子と普通に結合，VB的にはsp^2と考える）した後，残った3p軌道の1つ（リン原子上には価電子は2個残っている）で直線状のF–P–F結合していると説明できるのである。

図10-25

この結合では，3つの原子を結ぶ2つの結合に4個の電子が使われているので3中心4電子（3c–4e）結合と呼ばれている。「結合2つに電子が4個」であれば何も問題なさそうであるが，図10-25（左図）を見ると，2個の電子が

「非結合性軌道（non-bonding orbital, 結合に関与しない軌道）」に入っていることがわかる。非結合性軌道は元々の原子軌道からの安定化がないので，この2個の電子はP–F–P結合の安定化には寄与していないのである。したがって，PF_5分子における軸方向のPF結合の結合次数は共に0.5（2つの結合で合わせて結合1個分の安定化しかない）であり，平面内の3個のP–F結合より弱いはずである。実際，軸方向のP–F結合は平面内のP–F結合よりも長く，しかも切れやすいことがわかっている。さらに，PF_5分子はフラクショナル（fluxional）な分子であることが知られており，平面内の3個のF分子と軸上の2個のF分子は時間と共に分子内で入れ替わっている。ここで説明した「非結合性軌道」の概念も局在理論では説明できない概念なのである。

10-4　分子軌道理論による分子構造の推定：水分子の分子軌道と構造

　水分子のように中心原子に2個以上の原子が結合した分子（アンモニア分子なども同様）では，群論の知識がないと分子軌道理論を適用することは困難である。ここでは最も簡単な水分子を例にして，群論に深く立ち入ることなく分子軌道を考えてみる。群論では，酸素分子の周りの2個の水素原子の軌道を「ひとまとめ」にして考える。詳しいことは拙著「量子論に基づく無機化学」に譲るとして，2個の水素原子の作る群軌道（まったく同じエネルギーで符号だけが異なる）は次の2つである。

$$\psi_1 = \frac{1}{\sqrt{2}}(\phi_1 + \phi_2)$$

$$\psi_2 = \frac{1}{\sqrt{2}}(\phi_1 - \phi_2)$$

ただし，ϕ_1とϕ_2は2つ水素原子の1s軌道の波動関数である。このように，元々2つあった（ϕ_1とϕ_2）波動関数は，ψ_1，ψ_2という2つの群軌道を作る。

―――――――――（ルール）―――――――――
　群軌道（軌道のグループ）と中心にある酸素原子の原子価殻軌道は，相

互作用するが，そのとき，軌道のローブの符号が同じもの同士が化学結合に関係する。異なった符号のローブは打ち消し合うので相互作用しない。

　このルールを考えることによって，水分子の分子軌道と構造を定性的に理解することができる。簡単にするため，酸素原子は三次元座標の原点にあり，2つの水素原子はyz平面上にあるものと考える。

　さらに簡単にするため，図10-27のように2つの水素原子の位置関係を，原点と水素原子までの距離を同じに保ったまま，原点と2つの水素原子を結ぶ直線間の角度θのみで表す。このようにしても議論の一般性は失われない（ウォルシュの方法と呼ばれる方法に基づく考え方）。

　中心の酸素原子の原子価殻の電子配置は$2s^2 2p^4$である。分子軌道理論では

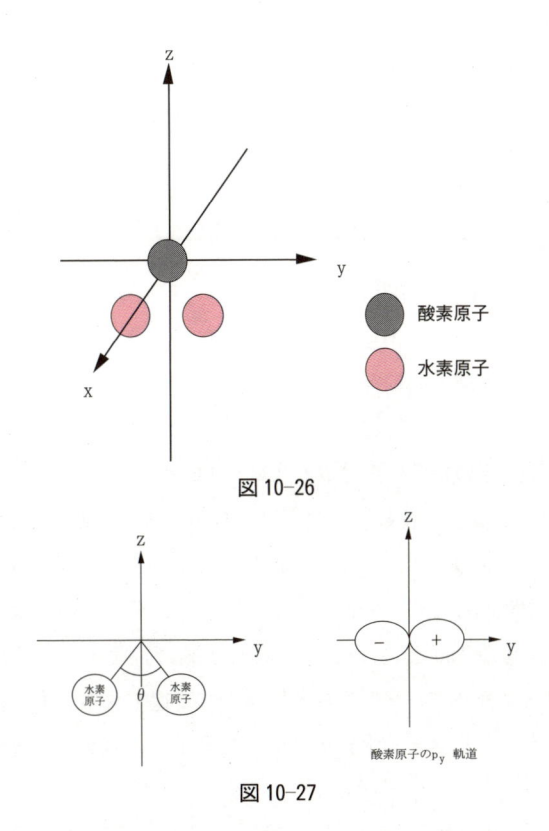

図 10-26

図 10-27

軌道の形はそのまま保持され，方向も変わらない．すなわち，2s 軌道は原点の周りでまん丸で数学的な軌道の符号（極性）はプラスである．2p 軌道は3個あって p_x 軌道は x 軸方向に正で $-x$ 方向に負の符号である．$2p_y$，$2p_z$ 軌道は p_x 軌道と基本的に同じであるが，それぞれ y 軸と z 軸の方向を向いている（互いに直行している）．

　原点からの距離を一定に保ったまま，2つの水素原子間の角度 θ を $0°$ から $360°$ まで変えていくと次のようなことがわかる．

A: Ψ_1 の群軌道の場合（ただし y 軸の正の側の水素原子を ϕ_1 としておく）．

① 酸素の 2s 軌道との相互作用は強い（同じ符号だから）し，その強さは角度には依存しない．

② 酸素の $2p_x$ 軌道との相互作用はない（方向が直行しているから）．

③ 酸素の $2p_z$ 軌道との相互作用は θ が $0 \sim 180°$ では符号がキャンセルされるのでまったくない．相互作用は θ が $360°$ の時（水素原子同士がぶつからなければ）最大になる．

④ 左右で関数の符号がキャンセルされるので，θ がどの角度でも酸素の $2p_y$ 軌道との相互作用はない．

B: Ψ_2 群軌道の場合

① 酸素の 2s 軌道との相互作用は左右で符号がキャンセルされるのでない．

② 酸素の $2p_x$ 軌道との相互作用はない（直交しているから）．

③ 酸素の $2p_z$ 軌道との相互作用はない（重なりができても左右で符号がキャンセルされる）．

④ 酸素の $2p_y$ との相互作用は θ が $180°$ で最大になる．

　これらを総合すると，最も安定な配置を与える θ は $180° \sim 360°$ の間にあることがわかる．つまり，Ψ_1 と p_z との最大の重なりと Ψ_2 と p_y の重なりを最大にする配置の中間的なところである．このように，分子軌道法は，水分子の構造では H–O–H 角が $180°$ より小さいことを明確に説明する．正確な角度は計算によって最もエネルギーが低くなる地点として得られる．上の各軌道間の相互作用の様子を総合すると，水分子について図 10–28 のような分子軌道を描くことができる．

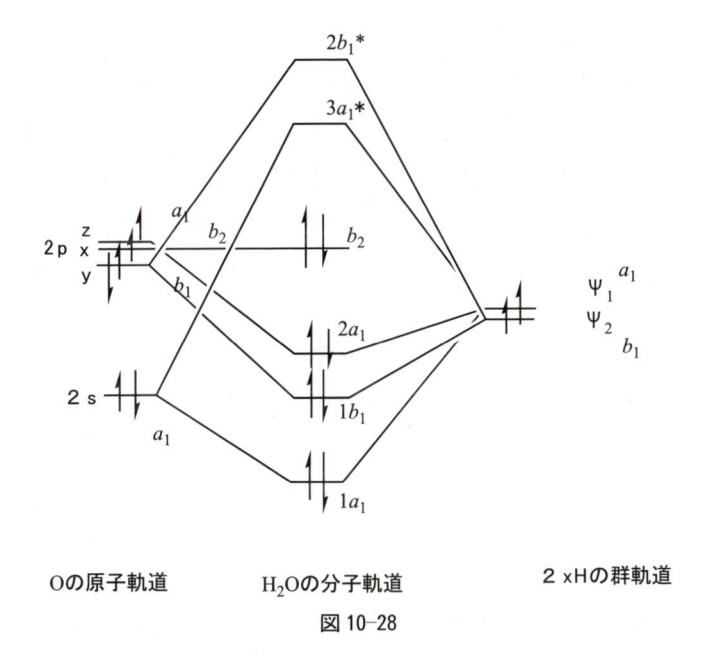

図 10-28 の左から Oの原子軌道、H₂Oの分子軌道、2 ×Hの群軌道

a_1 とか b_1 の記号は群論による表記であるから，ここでは理解する必要はない。星印は反結合性軌道であることを示している。酸素原子の p_x 軌道（b_2）は非結合性軌道なので，水分子が形成されてもそのまま同じエネルギーレベルに止まっている（実際には両原子間の静電的相互作用等で原子状態の時とはエネルギーは異なる）ことがわかる。

10-5 金属錯体の配位結合

配位子（ligand）はルイス塩基と考えられており，金属と結合を作ることのできる原子は非共有電子対を有しており，非共有電子対を金属に供与する性質がある。アンモニアや一酸化炭素，硝酸イオンなどの他，水分子など非共有電子対を有するほとんどすべての分子やイオンが配位子として機能する。配位子分子やイオンの中で，金属に非共有電子対を供与して結合する原子を「配位原子（donor atom）」と呼んでいる。配位子分子やイオンには2つ以上の配位可能な原子（配位部位：coordination site）を持っているものも多く，これらは

多座配位子（multidentate ligand）と呼ばれる。多座配位子の多くは金属／金属イオンと極めて安定なキレートを形成（chelate formation：キレート形成。元々は噛み付くという意味で，2個以上の配位サイトが金属と同時に結合するのでしっかりとくっついているという意味）するので，分析試薬や分離試薬として用いられるものもある。分子軌道論的には，配位原子の非共有電子対は一般的には配位原子の作る分子軌道の中で最も高いエネルギーの非結合性分子軌道の電子対である。

配位原子に着目すると，これらの多くは酸素，イオウ，窒素やリン，セレンなどの典型元素である。有効核電荷の効果によって第三周期以降の典型元素でも第二周期の元素と同様の周期的傾向を示すが，一般的に原子価殻のs軌道とp軌道のエネルギーは第二周期の典型元素と比べてかなり高くなる。このような傾向は，後周期の元素（15，16族）では特に重要であり，遷移金属d軌道（原子状態）のエネルギーと比べてこれら元素の原子価殻の軌道エネルギーが大きく違わないので，これらの元素を配位原子とする配位子は金属イオンとの間で共有結合性の強い配位結合を形成する傾向がある。その逆に，窒素や酸素を配位原子とする配位子では，金属イオンとの間で形成される配位結合のイオン性が強い。

配位結合を分子軌道理論に基づいて考えるためには群論に基づく「群軌道」の概念が必要であることは，すでに説明した水分子の場合と同じである。ここでは最も一般的な金属錯体として6個のアンモニア原子が金属イオンに配位した正八面体型錯体の例$[M(NH_3)_6]^{n+}$を考える。簡単のため，6個の配位子は金属から等距離にあり，x，y，z軸上に配置されているとしても一般性が大きく損なわれることはない。このとき，水分子における2つの水素原子が作る群軌道の場合と同様に，ここでは6個の窒素配位原子の非共有電子対が作る群軌道はe_g, t_{1u}, a_{1g}という記号で表される合計6個の軌道（e, t, aという記号は軌道の対称性と共に，それぞれ2個，3個，1個の同じエネルギーの（縮重した）軌道であることを示している）で表されるとしよう。これらの軌道は，座標の原点に金属イオンを配置したとき，それぞれ図10-29にような一連の軌道群に対応している。図10-29には，それぞれの群軌道に対応する中心金属イオンの軌道（影付き）も示してある（d軌道の形と符号を思い出せば，それぞれどの

ような相互作用なのかがよくわかる)。

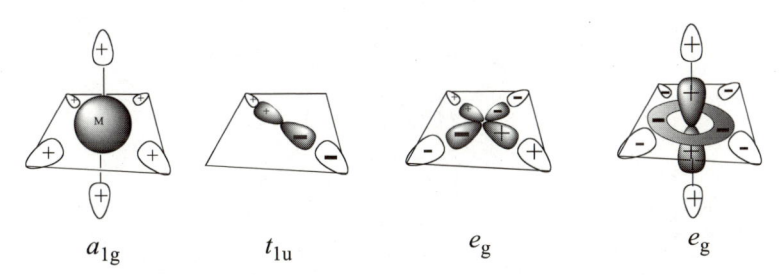

図 10-29　正八面体型錯体における配位子の作る群軌道と金属軌道との関係

　中心金属イオンの原子価殻は d 軌道とその上にある空の s および p 軌道で形成されている(配位結合であるため，6 個の電子はすべて配位原子から供与されるので，それらを受け入れるのは金属上の空の軌道である)。それより低いエネルギーの金属軌道はすべて電子が詰まっているので配位結合には参加しない。a_{1g} 軌道は，「全対称」の軌道であり，群軌道は図 10-25 の左に示したもの 1 つしかない。対応する金属軌道は空の s 軌道である。t_{1u} にはここに示したものの他に，それぞれ y 軸と z 軸方向を向いた同じ形の軌道があり，対応する金属の軌道も同じ対称性(数学的なプラス／マイナス符号)を持った 3 つの p 軌道(まとめて t_{1u} と呼ぶ)である。e_g はここに示した 2 つだけである。これら 2 つの群軌道は「結合軸方向」を向いた金属の 2 つの d 軌道($d_{x^2-y^2}$ と $d_{2z^2-x^2-y^2}$)と同じ対称性(符号)を有していることがわかる。金属の d 軌道には，この 2 つの軌道の他に，結合軸の間を向いた d_{xy}, d_{yz}, d_{xz} の 3 つの軌道があるが，これらは結合軸方向を向いていないので，配位子との間に π 結合のないアンモニア錯体では「非結合性軌道」である。これらの群軌道と，それらに対応する金属の軌道から，水分子の場合と同様にして金属錯体の分子軌道(結合性軌道と反結合性軌道の組)を組み立てることができる。

図 10-30

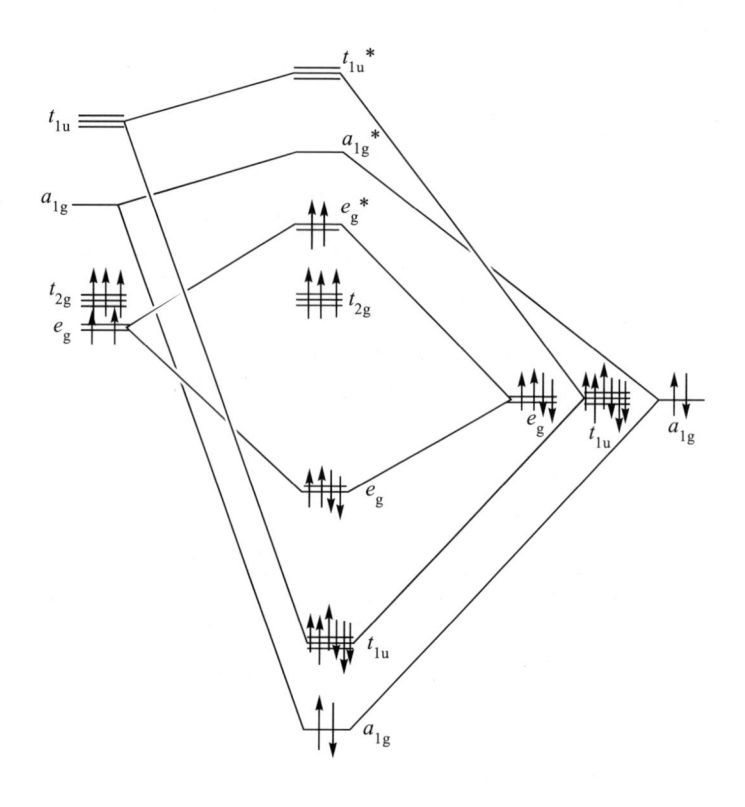

d⁵ 電子配置の金属　　正八面体型金属錯体の分子軌道　　6 個の配位子の
の原子価殻軌道　　　　　　　　　　　　　　　　　　　　非共有電子対が作る
　　　　　　　　　　　　　　　　　　　　　　　　　　　6 個の群軌道

　図 10-30 は紙面の関係で若干デフォルメされている。d^5 電子配置の金属イオンの場合を例に取ってあるので，図の左の金属の d 軌道には電子が 5 つ入れてある（これらの 5 つの d 軌道は縮重しているが群軌道の組み分けのために縦に並べてある）。配位子の群軌道（図の右側）もすべて縮重しているが，そこには合計 12 個（非共有電子対×6 個の配位原子）の電子があり，これらの電子対が錯体分子軌道（図の真ん中）の結合性軌道に配置され，中心金属に供与されている様子がわかる。これら配位子から供与された 12 個の電子は，すべて「分子軌道の下の方の結合性軌道に入って，錯体の全エネルギーを安定

化させている」のである。その理由は先に述べたように，できあがった分子軌道のなかの低い方から「フントの規則とパウリの排他原理に」にしたがって詰まっていくからである。中心の金属イオンのd電子はというと，それは「配位子性の電子がすべて結合性軌道に入ったあと，その上のd軌道に下（エネルギーの低い方）から詰まっていく」わけである。もちろん，分子軌道内の電子に区別はないので，「どれがどこからきた電子である」という表現はナンセンスなのであるが，元々の配位子の群軌道に近いエネルギーレベルの分子軌道の電子は「配位子性が強い（配位子に偏って分布している）」と考えると電荷移動相互作用などの様々な現象がうまく説明できることが知られている。ただし，エネルギーが高く反結合性のe_g^*軌道は配位子軌道との線形結合で表されるので，若干配位子性があるといわれている。

その結果，t_{2g}という記号で表された三重に縮重した非結合性分子軌道とその上の反結合性のe_g^*分子軌道に「金属性」の強い電子が分布していることがわかる。t_{2g}軌道は，金属の元々のd_{xy}, d_{yz}, d_{xz}という3個の軌道であることはすでに述べた。e_g^*分子軌道は反結合性であるから，この軌道に電子が入ると錯体の安定度（錯体全体のエネルギー）が低下する。また，このe_g^*反結合性軌道のエネルギーレベルは，金属の$d_{2z^2-x^2-y^2}$および$d_{x^2-y^2}$軌道と配位子の対応するe_g群軌道との直接の相互作用の大きさに応じて変化するので，金属錯体の安定度を支配する大きな因子となる。分子軌道の中からd電子が入っている部分だけを取り出すと図10-31のようになる。ここでは，d電子は書き込まれていない。

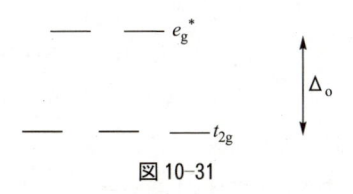

図 10-31

t_{2g}レベルとe_g^*レベルのエネルギー差は通常Δ_o（デルタオーと読む）で表される。下付きのoはoctahedron（正八面体）であることを表している。教科

書によっては10Dq（ten d q と読む）という表現も使うが，これは元々「結晶場理論」の用語であり，Δ_oと同じものであると考えておいて差し支えない。Δ_oは「配位子場の大きさ（ligand field strength）」とも呼ばれ，Δ_oが大きいほど金属イオンと6個の配位子の間の結合は強い。

Δ_oの大きさに依存して，d電子の入り方が異なる場合がある。Δ_oが小さいとき（たとえばアクア錯体と呼ばれる水分子が6個配位した第一遷移金属（II）イオンの錯体など）には，金属性の電子（d軌道に由来するのでd電子と呼ばれる）はt_{2g}軌道から1つずつ詰まっていき，4個目の電子からはt_{2g}軌道でペアを作ることなくe_g^*軌道に入る（フントの第一則にしたがって，できるだけ同じ方向のスピンで入っていく）。このように，$t_{2g}^3 e_g^{*1}, t_{2g}^3 e_g^{*2}$となるような電子配置を高スピン（high spin）電子配置と呼んでいる。先の図でd^5電子配置の分子軌道を示したが，その図の中の配置はd^5-high spin 配置になっている。これに対して，配位子場の大きさΔ_oが大きいときには電子は対を作ってエネルギーの低いt_{2g}軌道に入った方が安定になる。たとえばd^4，d^5電子配置ではそれぞれ$t_{2g}^4 e_g^{*0}, t_{2g}^5 e_g^{*0}$というような入り方である。このような電子の詰まり方を低スピン（low-spin）電子配置と呼んでいる。第8章（パウリの排他原理）で説明したように，電子がペアになるか否かは電子間の反発[13]に依存する。2つの電子が同じ軌道に入るということは，空間的に近い電子配置を取り電子間の反発が大きいことを意味していると考えられる。Δ_oが小さいときには，空間的にできるだけ広くd電子が分布するように（電子間反発をできるだけ小さくするように）高スピン電子配置を取る。Δ_oが大きくなって低スピン電子配置がおこるようになるのはd^4以上の電子数の時だけであるが，4個目以降の電子がエネルギーの高い軌道（e_g）に入るか，あえてt_{2g}軌道に（電子間反発の大きな）ペアを作って入るかは，「電子間反発とΔ_oのどちらが大きいかによって決まる」のである。すなわち，Δ_oが電子間反発より大きければ，低スピン電子配置になり，Δ_oが電子間反発より小さければ，高スピン電子配置になる。教科書によっては，「電子間反発」を「ペアリングエネルギー（P）」と呼んでいることもあり，その場合には，一組の電子が平行スピンの状態からスピン対を作るエネルギーに対応すると記述されている。その際には$\Delta_o > P$のときに低スピン電子配置になり，$\Delta_o < P$であれば高スピン電子配

置になる。

　結晶場理論(脚註1)では，非結合性の t_{2g} 軌道は－4Dq の安定化があり，反結合性の e_g^* 軌道は＋6Dq の不安定化があるという結論を得る。これは，エネルギーのゼロレベルを t_{2g} と e_g^* の重心に移したとする考え方であり，通常はこのような形で配位子場安定化エネルギー（Ligand Field Stabilization Energy, LFSE，錯体を作ることによって得た安定化エネルギー）を考える。この考え方の合理的な点は，d 電子数の増減によって変化する遷移金属イオンの溶媒和エネルギーや結晶格子エネルギーの説明がわかりやすくなることである。分子軌道理論では，t_{2g} 軌道に d 電子が入っても，一見エネルギー的に得をするようには見えない。しかし現実的には，t_{2g} 軌道に電子が入ると錯体全体ではエネルギー的には安定化されるのである。このことは，上の分子軌道を作成する段階で，すでに図 10-32 の左側に描いた金属の d 原子軌道のレベルが本来（気相にある金属）の d 原子軌道のエネルギーレベルよりも下がっているということを意味している。すなわち，6 個の配位子を正八面体状に配置する前の球対称場の段階（6 個の配位子の持つ負の電荷を球対称になるように金属の周りに均等に分布させた状態）で，金属原子（あるいは金属イオン）上のすべての電子は球対称に分布した負電荷との反発で不安定化が起こるが，それ以上に大きな中心原子核の正電荷と球対称に分布した負電荷の相互作用による系全体のエネルギーの低下が起こっているのである。その結果，図 10-32 の左側の金属原子（この場合は金属イオン）の原子軌道は自由原子（この場合は自由イオン，共に周りに球対称な負電荷分布を持たない真空中の裸の原子やイオン）の原子軌道よりもエネルギー的に下がっており，d 軌道ではその大きさが－4Dq

(脚注1) 結晶場理論（Crystal Field Theory）とは，Bethe らによって開発された量子論的方法であるが，静電ポテンシャルのみを用いた量子力学計算で配位子と金属の相互作用に起因する d 軌道分裂を求める方法である。定量性はさほどないが，比較的簡単な手計算で様々な配位構造の錯体の d 軌道分裂を定性的に（正確に）表現することが知られている。対称性が極端に低い錯体については角重なりモデル（Angular Overlap Model）による計算法が比較的簡便で正確な（定性的ではあるが）結果を与えることが知られている。

に相当する大きさであると解釈すれば良いことがわかる。

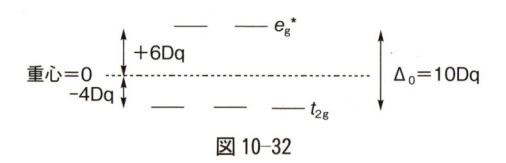

$$e_g^*$$
重心=0 ‧‧‧‧‧‧‧‧‧‧‧‧ +6Dq ‧‧‧‧‧‧‧‧‧‧‧‧ $\Delta_0 = 10Dq$
$-4Dq$ — — — t_{2g}

図10-32

　d軌道電子の電子間反発はd軌道の広がり具合に依存するので，周期（第二，第三遷移系列の金属ではd軌道の空間的広がりが第一遷移系列の金属より大きいのでよりΔ_oが大きくなる傾向がある），有効核電荷（同じ周期では周期表の右に行くほど大きくなるが，d軌道エネルギーレベルは，それにしたがって低くなる）や金属の酸化数（中心の核電荷がより大きくなる）によって，d電子のつまり方（スピン状態）が異なることが容易に理解される。

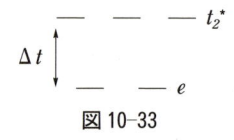

　ここまで見てきたように，金属錯体の安定性などの性質を議論するためには，おおむねd軌道の様子（d軌道分裂）だけを調べれば良いことがわかる。その結果，分子軌道理論と定性的に同じ帰結を与える結晶場理論を適用した場合でも同じ結論が得られる。金属錯体で6配位正八面体型以外の構造で最もポピュラーなものは正四面体型の錯体である。正四面体型錯体におけるd軌道分裂は図10-33のようになることが知られている。ただし，Δ_tの大きさ（下付きのtはtetrahedronの意味である）は同じ配位子を金属から同じ距離に配置したときに，Δ_oの4/9しかないことが結晶場理論／角重なりモデルによる計算からわかっている。正八面体型錯体では6個の配位子が金属軌道に静電的影響を与えるのに対して，正四面体型錯体では4個の配位子しか影響を与えないからである。ただし，同じ電荷の同一金属イオンの場合には，四面体構造の結晶イオン半径は6配位構造のものより小さいので，金属-配位原子間距離は四面体型錯体の方が一般的には短い。結合長は必ずしも結合の強さを反映していな

— — — t_2^*
Δt
— — e

図10-33

い。

このように，正四面体型錯体では配位子場分裂 Δ_t が小さいので，一般的な錯体では低スピン電子配置を取ることはない。

遷移金属錯体におけるd電子配置は錯体の磁性や吸収スペクトルと密接に関係している。これらの理論的な取り扱いは本書の目的ではないので，ここでは記述しないが，本書で扱った量子力学的説明（電子間反発に関する記述も含む）を理解していれば容易に理解できると思う。

10–6　18電子則（EAN則）とその理論的側面

オクテット則と同様に，金属錯体の安定性に関して18電子則（あるいはEAN則）と呼ばれる経験則がある。18電子則とは，

---（ルール）---

有機金属化合物の金属周りの電子数を，「配位子からの供与電子数の総数と中心金属のd電子数をたし合わせた電子数が希ガス配置と同じ18［殻の飽和電子数で10(nd軌道が収納できる電子数)＋2［($n+1$)s軌道が収納できる電子数］＋6［($n+1$)p軌道が収納できる電子数］になっている化合物が安定」というルールである。

金属元素は錯体を作ったとき（あるいはその前段階の球対称場に負電荷が配置されたとき）には，電子配置の関係で元々s軌道にあった電子がすべてd軌道に移る方が安定になる。例えばNi原子は $3d^8 4s^2$ の電子配置であるが，[Ni(CO)$_4$] 錯体では $3d^{10}$ 電子配置になっている。極端な例では Co^{1-} を含む金属錯体ではd電子数は10個である。EAN則（effective atomic number rule）は，18電子則を中心金属上の全電子数に拡張しただけであって，金属の原子価殻の電子数（配位子から供与された電子対もこの中に含める）である18に金属の内核電子数をすべてたすとその周期の最後にある希ガス元素と同じ電子数（＝原子番号）になるという考え方である。例えば，Co^{3+} 錯体の例では [CoX$_6$]$^{3+}$ について，コバルト3価のd電子数は6であり，6個のX配位

子から2個ずつ電子を供与されて配位結合ができているので，Co^{3+}イオンの周りには，18個の電子があることになる。EAN則的に表現すれば，Coの原子番号は27なので，Co^{3+}上の総電子数は24である。これに対して，6個の配位子から2個ずつ，合計12個の電子をもらっているので，Co^{3+}の周りには全部で36個の電子があることになる。この電子数は第四周期の希ガス元素であるKrの原子番号（＝総電子数）と同じなので，EAN則を満たすということなのである。このように，EAN則や18電子則を満たす例は有機金属錯体には $[Ni(CO)_4]$，$[Fe(CO)_5]$，$[Mn(CO)_5(CH_3)]$ $[Mn_2(CO)_{10}]$ など沢山ある。この考え方を用いると，各配位子から供与される電子数がわかっていれば，有機金属錯体における配位数が（どの配位子による架橋で多核化が起こるかとか金属間結合があるかどうかも含めて）たちどころに推定できるという利点がある。

　18電子則はまったく理論的根拠のない経験則ではなく，ここまでで学んだ金属錯体のd軌道分裂の様子から説明することができる。6配位八面体型金属錯体を例にとると，金属は原子価殻軌道である6個の軌道（5個のnd軌道のうちの2つと1個の$(n+1)$s軌道と3個の$(n+1)$p軌道）使って配位子と結合すると考えることができる（その結果6個の結合性軌道ができる）。さらに，配位結合に参加しない3つのd軌道（非結合性軌道）に6個までの電子を収納することができるから，6配位八面体型錯体では非結合性d軌道（t_{2g}）まで電子が18個入ると満杯になり，19電子以上の電子数の錯体では，必然的に反結合性のd軌道（e_g^*）に電子が入ることになるため，結合が不安定になる（6個の配位原子から合計12個の電子がすでに供与されている。このとき金属上のd電子数が6までの元素では，反結合性の軌道に電子が入ることはない）。もちろん，配位子場がさほど大きくない「ウェルナー型錯体」（反結合性軌道のエネルギーがさほど高くないような錯体のとき）では18電子則が満たされないのは必然である。例えば，第一遷移系列金属（II）イオンでは，通常のウェルナー型錯体ではΔ_oは10000 cm^{-1}程度にすぎない。しかし，第二，第三遷移系列金属の錯体ではΔ_oがその4倍にもなるものがあり，このような場合には反結合性軌道のエネルギーは非常に高いので，低スピン電子配置を好むようになる。

金属周りの電子数が17以下の場合には不安定化の度合いは比較的小さく（非結合性のd軌道から電子が減るだけである），そのような電子数も許容されることが多い．それに対して，金属周りの電子数が16の時が安定になる平面4配位型錯体では，d^8電子配置の金属（Co^+, Rh^+, Ir^+, Ni^{2+}, Pd^{2+}, Pt^{2+}, Au^{3+}など）を含むことが多い．配位子場（Δ）が非常に大きな配位子を有する錯体（有機金属錯体の多くがこのカテゴリーに属する）がこの構造を好み，高いエネルギーで反結合性の強いd^*_{x2-y2}軌道へ電子が入るのを避けるため，平面構造で安定化する．配位子場の小さい配位子では，反結合性d^*_{x2-y2}軌道のエネルギーが低いので，もちろんこの限りではないし，このような場合には6配位構造で安定化する（第一遷移系列d^8イオンのNi(II)はこのような挙動を示すことが多いが，第二，第三遷移系列のd^8イオン（Pt^{2+}とPd^{2+}など）ではどのような配位子とでも強い結合を形成することから，平面構造4配位しか取らない）．

　このように考えると，18電子則の成り立たない「例外」の方が多いことが良くわかるが，有機金属錯体（低酸化状態の金属を含むものが多い）だけを考えれば非常に有用でしかも簡便な規則である．

調べてみよう

(1) 化学結合に関する「局在理論」と「非局在理論」とはどのような概念か．それぞれに対応する考え方をまとめ，相違点を指摘してみよう．
(2) 色々な化合物についてルイス構造が正しく描けるかどうか試してみよう．
(3) ClF_3やSF_4分子についてVSEPR則を適用して立体構造を描いてみよう．
(4) 結合性軌道，反結合性軌道，非結合性軌道という用語について理解し，説明してみよう．

第11章

構造化学の基礎……配位立体化学

アルフレッド・ウェルナー（1866〜1919）ノーベル財団提供

　アルフレッド・ウェルナー（Alfred Werner）は立体化学の創始者である。有機化学的な化学結合論が横行する中，その足かせを解いて立体構造の概念を導入した最初の化学者である。量子力学的な軌道の概念が導入される以前に，立体構造の異なる配位化合物を作り分けるなど，緻密な論理に基づいた化学研究を行った。1913年に無機化学分野では初のノーベル賞を受賞した。

　この章では，化学研究の醍醐味といっても過言ではない「立体構造」の概念について概説する。すべての異性体を自在に作り分けることは化学者／人類の夢であり，現代化学も様々な機能性物質の創成を目指して，複雑な立体化学に挑戦し続けている。第10章で学んだ化学結合の理論を思い起こしながら，色々な立体化学がどのような軌道間の相互作用と関係しているのか考えながら読み進めていただきたい。

化学構造は量子論的に導き出された軌道の形と電子数に密接に関係しているので，この章で無機化学研究の中心となる配位立体化学について簡単に触れておくことにした。d 軌道を有する遷移金属は典型元素より多い 6 個程度の配位数であることが多い（ここでの配位数とは中心原子周りに配置された原子の数という意味合いである）。遷移元素の，このように多くの原子と結合できるという性質は d 軌道の形と関係している。すなわち，遷移金属を中心とする平面上の 4 個もの原子と結合できる性質は d 軌道の対称性の帰結にほかならず，s 軌道と p 軌道のみが関与する結合しかできない典型元素ではこのような構造の分子やイオンを作ることは希である（詳しくは拙著「量子論に基づく無機化学」の群軌道に関する記述を参照）。遷移金属元素であっても，d 軌道が完全に満たされているときには d 軌道が周囲の原子との結合に参加できないので，配位構造は最密充塡（くっつくだけ沢山）または，配位数に制限があるときには典型元素の場合と同様に VSEPR 則的に決まってしまうことが多い。例えば Ni^{2+} イオンは d^8 電子配置であるが，このイオンの錯体は正八面体型の 6 配位かあるいは正四角形型 4 配位のものがほとんどである（5 配位のものや平面 4 配位のものもある）のに対して，d^{10} 電子配置の Ni^0 では 18 電子則による制約（第 10 章 6 節参照）の結果，カルボニルのような 2 電子供与配位子に対しては典型元素の化合物の場合と同じように 4 配位正四面体型構造になる。

　第 10 章で述べたように，ウェルナーにはじまる配位立体化学的な考え方は，金属と配位子の結合形態のみならず原子価の概念を明確にし，化学結合全般を合理的に説明する上で重要な役割を果たした。錯体化学研究はそれ以来，立体化学まで考慮して可能な異性体をすべて作り分けることを基本として発展してきた。以下に，様々な金属錯体に可能な異性体の種類を説明する。

　異性体には幾何異性体と光学異性体の 2 種類がある。幾何異性体とは，「錯体において配位子の占める配位座の相互位置関係に起因する異性」と言える（幾何異性体では，座標の右手系と左手系を区別して考えない）。それに対して光学異性体とは，現実的に重ね合わせのできない鏡像関係の配座を示すものである。一般的には，光学異性の関係にある 2 つの錯体のエネルギーは等しいので，合成すると，両方が同じ量ずつ生じる。「幾何異性」の観点からは，2 つの光学異性体と，その等量混合物であるラセミ体は同一のものである。

11-1 幾何異性

まず最も簡単な単座配位子が配位した正八面体型配置の錯体について，どのような幾何異性体が生じるか考えてみる。どの教科書を見ても同じような図11-1が載っているが，単座配位子a（白丸）が6配位した八面体型錯体［M(a)$_6$］において，白丸を1つずつ別の単座配位子b（赤丸）に置き換えていくと，次のような異なる錯体種を生じる。図11-1の中央に四角で囲んだ6個の構造では，上下の関係がそれぞれ「幾何異性体」になるように描かれている。

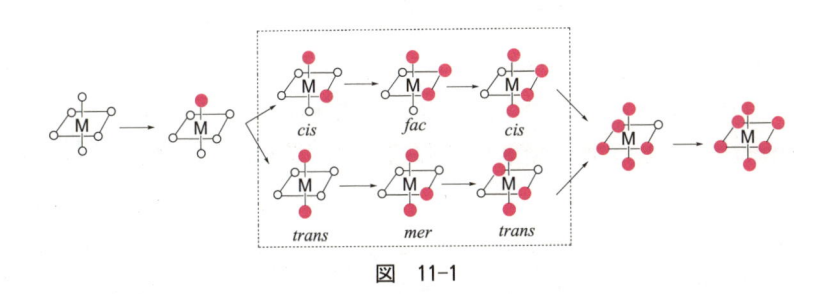

図 11-1

2つの白または赤丸が互いに金属を挟んで向かい合っているときに *trans* 型異性体と呼び，互いに隣同士に配置しているときには *cis* 型異性体と呼ぶ。*mer*（*meridional* の略）型異性体では，子午線上（赤道上といっても同じだが）に3個の同じ配位子（同じ配位原子）が配置されている。*fac*（*facial* の略）型異性体では，同じ配位子（あるいは配位原子）が3回回転軸（正八面体型錯体では，その軸で120度回転するともとと同じになるような軸がある）に垂直な三角形の頂点3個に *facial* に（三角形平面を形成するように）配置されている。

単座配位子が4個配位した平面四配位型の錯体では幾何異性としては *trans* 型と *cis* 型しかない。

クルナコーフ（N.S. Kurnakov）による *cis* 体と *trans* 体の判別として知られている方法を用いると，平面4配位錯体におけるシス異性体とトランス異性

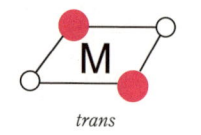

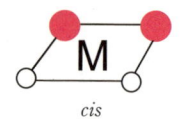

図 11-2

体を実験的に（X線結晶構造を知らなくても）識別することが可能なことある。具体的には合成単離したシス体とトランス体のそれぞれにチオ尿素を加えて反応させる。cis-$[Pt(a)_2(b)_2]$ 異性体を反応させるとすべてチオ尿素に置換された $[Pt(tu)_4]$ を生じるのに対し，$trans$-$[Pt(a)_2(b)_2]$ 異性体を反応させると配位能力の低い方の配位子（ここではbとした）のみがチオ尿素に置換された $trans$-$[Pt(tu)_2(a)_2]$ 錯体を生じる。この反応ではチオ尿素が極めて大きなトランス効果を有した配位子であることを利用している。トランス効果とは，その配位子のトランス位にある配位子を置換活性化して追い出す能力である。配位子aとbの $trans$ 効果に差があるので，シス体では，すべてのaとbを追い出して $[Pt(tu)_4]$ となるが，トランス体では，配位能力の弱い方の配位子だけが追い出されて，$trans$-$[Pt(tu)_2(配位能力が強い方の配位子)_2]$ となる。トランス効果（trans effect）とは，ある配位子のトランス位にある配位子の取れやすさの度合が大きくなるという速度論的な現象であるが，その根本的理由はまだ正確にわかっていない。多くの金属錯体について配位子の電子的性質と置換反応速度等を定量的／系統的に解析する作業が必要である。類似の現象として，シス効果や，トランス影響（trans influence。必ずしも置換活性にはならないが，ある配位子のトランス位にある配位子と金属との結合長が大きく伸びる現象）などの現象もある。

　4配位四面体型錯体では幾何異性体はない（光学異性体は存在しうるが，幾何異性体としては区別しない）。

　中心金属周りに配置された配位子間の位置関係を示す $trans$ 体，cis 体，fac 体，mer 体の他に，配位子固有の構造や性質を反映した幾何異性体もあるので，それらについて以下にまとめる。

11-1-1 連結異性（linkage Isomerism）

ヨルゲンセン（W. L. Jorgensen）は1800年代末に $[Co^{III}(NO_2)(NH_3)_5]X_2$ が，2種類の異性体を有する事を発見した（黄色と赤色で区別できる）。ウェルナーは1907年に黄色の塩は $Co-NO_2$ であり，赤色の塩は，NO_2^-（亜硝酸イオン）がO原子で Co^{III} に配位したものと結論し，$Co-NO_2$ 錯体をニトロ錯体，$Co-O-N-O$ 型をニトリト錯体と呼んだ。$Co^{III}N_6$ 型錯体は赤色のものが多く，CoO_6 型錯体は黄色のものが多いことから類推してこのように結論したわけである。$[Co^{III}(NO_2)(NH_3)_5]^{2+}$，$[Co^{III}(ONO)(NH_3)_5]^{2+}$ のように区別すると金属に配位している配位子の結合原子が良くわかる。

$[Co^{III}(OH_2)(NH_3)_5]Cl_3$ 水溶液に中性条件で $NaNO_2$ を反応させ，濃HClを加えて沈殿させるとニトロ錯体（$[Co(NO_2)(NH_3)_5]^{2+}$）が得られる。一方，中性で $NaNO_2$ を反応させた後に，暗い所で自然に結晶化させると，ニトリト錯体（$[Co(ONO)(NH_3)_5]^{2+}$）が晶出する。ニトロ錯体の方が熱力学的に安定なので，ニトリト錯体は徐々に異性化して，ニトロ錯体に変わる（この反応は固体中では遅い）。分光化学系列（各配位子の配位能力を錯体の吸収スペクトルの吸収波長で評価したもの）によれば，NO_2^- 配位子は，NH_3 より強い配位子であり，ONO^- 配位子は NH_3 よりも弱い配位子であるため，ニトロ錯体の方が一般的には安定である。例外は，Cr^{III} 錯体であり，$Cr^{III}-NO_2$ 型の錯体は知られていない。

その他の連結異性の例としては，チオシアナト型とイソチオシアナト型の例（NCS^- と SCN^-）が有名である。M-SCNをチオシアナト型 M-NCSをイソチオシアナト型錯体と呼んでいる（IUPACでは $-\kappa N$，$-\kappa S$ と表す。κ は，その後ろに書いた原子で配位していることを表す記号である。ニトロ，ニトリトの違いなどもこのようにして表記するよう推奨されている。錯体の配位環境を表すには μ という記号も使われるが，これは架橋を表す配位子を特定するために用いられる）。この配位子には窒素とイオウの2つの配位サイトがあるので，それぞれのサイトが別々の金属に配位した架橋配位子（2つの金属間をつなぐ配位子）として働く例もある。面白い例として $[Pt(SCN)_2(NH_3)_2]$ と $[Pt(NCS)_2(PR_3)_2]$ が知られているが，前者にはNCS型はなく，後者には

SCN 型はない。このような選択性は，同じ配位圏に存在する別の配位子の性質に起因するらしいことはわかるが，その合理的説明は困難である。

他にも $[Co^{III}(CN)_5(NCS)]^{3-}$ と $[Co^{III}(CN)_5(SCN)]^{3-}$ では固体中において，150℃ の条件下では 6h で NCS 型錯体が SCN 型に異性化することが知られている。一方，ペンタシアノ錯体以外では Co(III) 錯体はイソチオシアナト (NCS) 型の方が安定であり，例えば $[Co^{III}(NH_3)_5(NCS)]^{3-}$ 錯体と $[Co^{III}(NH_3)_5(SCN)]^{3-}$ 錯体では，水溶液中において 40℃(pH〜3) で 7 日かかって SCN 型から NCS 型に熱異性化することが知られている。このように，共存する配位子の性質が連結異性体の安定度を逆転させる要因になっているのだが，合理的な説明は難しい。

一般的には NCS$^-$ は SCN$^-$ より配位子場が大きいといわれており，M–SCN は 700 cm^{-1} 付近に，M–NCS は 780–860 cm^{-1} 付近に M–X 振動に起因する IR シグナルが観測されるので，結晶構造がなくても識別できる。

11–2 光学異性

光学異性体（optical isomer）は互いに鏡像関係の配置を有している。このための必要十分条件は，群論表記を用いた難しい表現では，S_n 軸を有さないことである。（S_n 軸とは $2\pi/n$ 回回転して，その軸に垂直な平面で鏡像を作ったとき，もとと同じ構造に戻すような軸である）。S_n 軸を欠いた配置を chiral な配置（chiral configuration）と呼び，その中でも n 回回転軸（C_n 軸 n>1）を有するものを dissymmetric な配置，C_n 軸（n>1）を持たないものを asymmetric な配置と呼ぶ。dissymmetric とは不均整という意味であり，asymmetric（無対称，非対称）とは違うことを認識しておく必要がある。

ある chiral な配置には，必ずそれの鏡像に対応する配置が 1 つだけ存在し，両者は互いに対掌体（enantiomer）と呼ばれる。対掌体の構造は，幾何学的には等価なので，エネルギーは同じである。ただし，これらは互いに逆の旋光性（optical rotation）を示す。旋光性とは光の偏光面が分子の不斉によって微妙に回転される現象である。

偏向面の回転角 $\alpha°$ は旋光度 $[\alpha]$ と式 (11–1) のような関係がある。

$$[\alpha] = \frac{\alpha}{C'd'} \qquad (11\text{-}1)$$

ただし，$[\alpha]$：旋光度，C'：濃度（g/cm³），d'：セルの厚さ（dm）である。物質の分子量（式量）を M(g/mol) とすれば，モル旋光度は式（11-2）で定義される。

$$[M] = M[\alpha] \cdot 10^{-2} = \frac{M\alpha}{Cd} = \frac{\alpha}{c \cdot d} \times 10^2 \qquad (11\text{-}2)$$

ただし，$[M]$：モル旋光度，C：モル濃度（mol/dm³），d：セルの厚さ（cm）である。

以前は 589 nm（Na ランプの D 線の波長）における旋光性の符号＋，－（プラスの頭文字の P とマイナスの頭文字の M を使うこともある）のかわりに d(dextro) と l(levo) という記号が用いられた。最近ではこれ以外の波長で測定されることも多い（円偏向二色性スペクトル）ので $(+)_{\lambda}\text{-}[\text{Co(en)}_3]^{3+}$ とか，$(-)_{\lambda}\text{-}[\text{Co(edta)}]^{3+}$ というように，測定波長 λ も示して書くことが多い。旋光性の根源は電子密度とその揺らぎである。すなわち，相互作用する光（電磁波）の偏光面が分子内の電子密度の偏りによってわずかに曲げられる現象を観測している。したがって，屈折率と密接な関係があり屈折率で捉えた旋光性を ORD（optical rotaorty dispersion），右旋と左旋のモル吸光係数の差で捉えたものを CD（circular dichroism）と呼ぶ。理論的には分子内の電荷密度の偏りによって CD スペクトル（横軸に波長，縦軸に左右のモル吸光度の差を取る）は影響を受けるので，旋光度は必ずしも分子の不斉だけに関係しているわけではないことがわかっているが，最近ではタンパク質の高次構造の推定などにも用いられている。

さて，IUPAC（1970 年）の暫定案が，八面体型錯体における絶対配置の表記に用いられることになっているが，これまでに光学分割された八面体型のキラルな錯体は，次の 3 つのタイプであり，いずれも多座配位子を含む場合だけである。

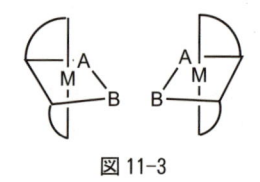

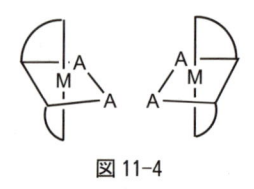

A：[M(a)(b)(en)$_2$] 型

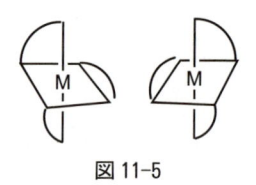

図 11-3

B：[M(A)$_2$(en)$_2$] 型

図 11-4

C：[M(en)$_3$] 型

図 11-5

　これらの光学異性体については，絶対配置 Δ, Λ を用いて定義している。その定義について次に説明する。

11-2-1　光学異性体に関する定義と例

　Δ 配置と Λ 配置は空間上の 2 つの線分間の「ねじれの位置」の位置関係によって定義される。空間におかれた 2 本の線分を AA と BB とするとき，2 本の線分の「共通垂線」方向から眺めて図 11-6(a) のように見える配置では Δ, 図 11-6(b) のようにみえる配置では Λ と定義する。
　この関係は手前の線分 BB を，どちらの方向にでも良いから引き延ばしながら

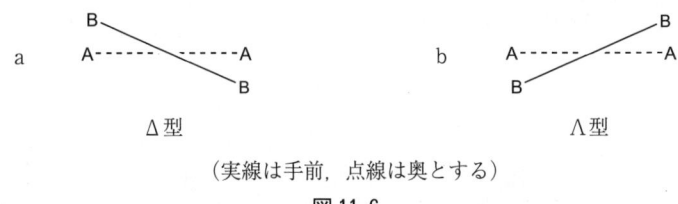

a　Δ型　　　　　　　　　b　Λ型

（実線は手前，点線は奥とする）
図 11-6

「遠巻きに」線分 AA（これも両側にのばして無限の長さの直線と考える）に巻いていくとき，BB が右巻き（時計回り）の「らせん」になるようであれば Δ 配置であり，逆に左巻き（反時計回り）のらせんになるようであれば，Λ 配置であると考えるとわかりやすい。この関係は，もちろん線分 AA と BB を入れ替えて考えても同じである

図 11-6 で AA と BB が空間内で交わったり，ねじれの位置であっても 90 度になっているような位置関係にある時にはカイラルな配置ではないことを確認しておこう。Δ，Λ は『90 度ではないないねじれの位置』にある 2 つの線分について成り立つので，八面体型 6 配位錯体における前節の例を用いたとき，二座配位子を太線で示すと，図 11-7 のような位置関係で Δ と Λ を識別することができる。

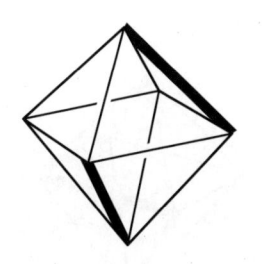

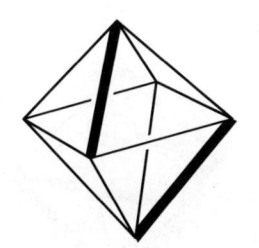

Δ 配置　　　　　　　　Λ 配置
図 11-7 [M(en)$_2$(a)$_2$], [M(en)$_2$(a)(b)] 型錯体の例

[M(en)$_3$] 型の錯体では Δ 体，Λ 体は，それぞれ三組のねじれ位置関係の線分を有するので，それぞれの空間的位置関係を考慮して考える必要がある。

図 11-8 では 3 回回転軸方向から見て右ねじれの配置を Δ 体，左ねじれの配置を Λ 体と呼んでいる。

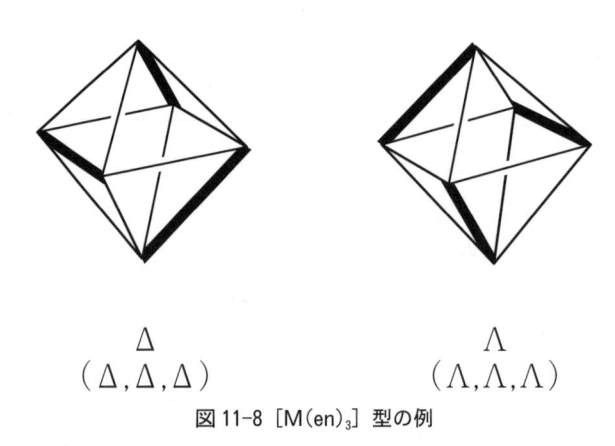

$$
\begin{array}{cc}
\Delta & \Lambda \\
(\Delta, \Delta, \Delta) & (\Lambda, \Lambda, \Lambda)
\end{array}
$$

図 11-8 [M(en)$_3$] 型の例

図 11-9 の 2 つの例は直線状の五座キレート配位子（ABCDE）の場合である。①と②，②と③，③と④の線分はそれぞれ交わっているので「ねじれの位置関係」にはない。したがって，①と③，②と④の線分間の位置関係を調べればよいことがわかる。

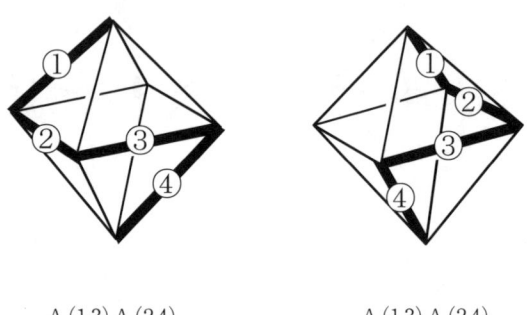

Δ (1,3) Δ (2,4)　　　　　　Λ (1,3) Λ (2,4)

図 11-9　共に [M(ABCDE)(a)] 型の例

図 11-10 の配置では①と③，①と④の配置の仕方にそれぞれ Δ と Λ があるか

ら，この五座配位子の配位形態によって，上の2つの例と合わせて合計4つの異性体がある。

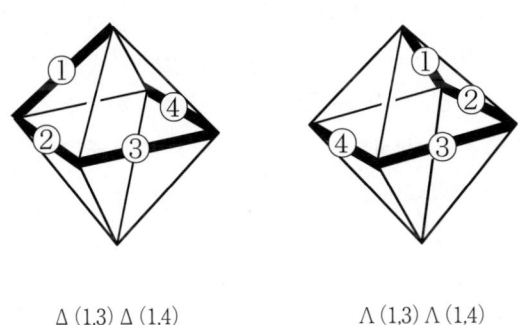

Δ (1,3) Δ (1,4)　　　　　Λ (1,3) Λ (1,4)

図 11-10　共に [M(ABCD)(a)] 型の例

多座配位子を含まない八面体型錯体や八面体型ではない構造については厳密な規則はないので気を付ける必要があるが，ここで説明した定義にしたがって空間的な配置を表記すれば間違いは少ない。

　平面4配位錯体が光学活性を示すことは，配位子自身が光学活性である場合を除けばめったにないが，四面体型錯体では4つの配位原子がすべて異なる（炭素原子周りの不斉と同じ考え方）場合とねじれた [M(AB)$_2$] 型の場合には光学異性体が出現する。

　一般的に，非対称な二座配位子が2つ配位して平面構造に近い四面体構造の錯体を形成するとき，その配位の仕方によって2つの光学異性体が生じる。こ

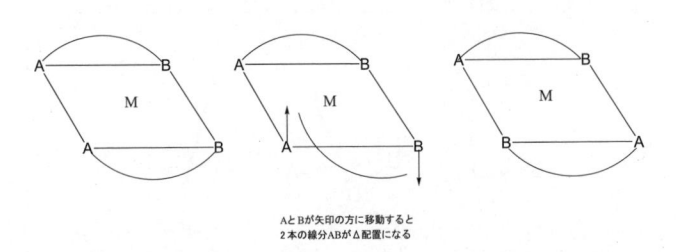

AとBが矢印の方に移動すると
2本の線分ABがΔ配置になる

syn-periplanar配置　　Δ,syn-periplanar配置　　anti-periplanar配置

図 11-11　AB 型二座配位子の配位した平面4配位錯体における幾何異性体

のような場合，平面4配位に近い構造である syn-periplanar（periplanar とは，おおむね平面構造という意味で，syn は二座配位子 AB がシス形に配置されていることに対応する）の構造から Δ，syn-periplanar の構造に歪む方向の配置を Δ 体と定義する（図 11-11 に二座配位子が配位したときの periplanar 配置の平面錯体における syn と anti の 2 つの幾何異性体の配置を示す）。

　図 11-12 の左上の構造は，四面体に近い配置の例である。このときには periplanar ではなく，clinal という用語を用いる（厳密には，Klyne と Prelog（*Experimentia, 521, 1960*）によって定義される様に，平面配置から 2 つの二座配位子が作る線分が±30 度以内の捻れまでは periplanar という用語を用い，それ以上の捻れ（より四面体に近い構造）について clinal という用語を用いる）。手前の A-B がわずかに左に傾いて，A 配位原子どうしが近づいているとき syn-clinal となる（clinal とは傾いた配置 [*inclined*] という意味である）。この構造は anti-clinal と対をなす（鏡面関係にあるが，通常はこれらを光学活性な対とは見なさない。なぜなら，溶液中や固体中で比較的低いエネルギーで入れ替わることが多いからである）。このようにそれぞれの配位子の同種の原子（A どうしまたは B どうし）が近づくように歪むと syn-clinal（syn とは同じ方向にあるという意味である），遠ざかるように歪むと anti-clinal の幾何異性体を生じる。

Δ-clinal
（clinal）

Δ,*syn*-clinal

Δ,*anti*-clinal

Λ-clinal
（clinal）

Λ,*syn*-clinal

Λ,*anti*-clinal

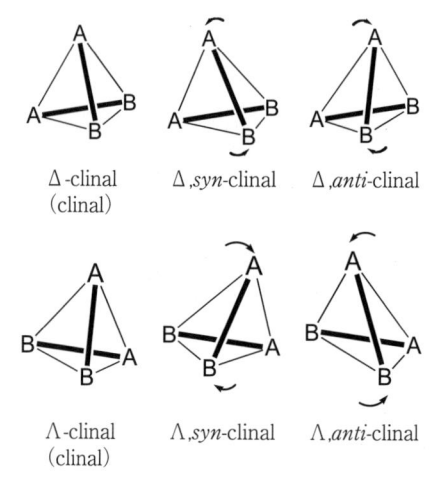

図 11-12　非対称な二座配位子が配位した 4 配位錯体の幾何／光学異性体

図 11-12 の例では，ΔとΛの記号は syn または anti の型式のペリプラナー変形した配置を基準に取ってある。*syn-* と *anti-* が幾何異性体を表すのに対して，上下の関係を見ればそれぞれが鏡面対称になっていることがわかる。正式な配置は C(clockwise) または A(counterclockwise＝anticlockwise) の記号で，有機化合物の場合と同様に識別することになっているが，このような配置の報告例はほとんどなく，名称の統一的記述法は定まってない。

11-2-2 配座異性（conformational isomerism）

図 11-13 に示すように両端の 2 つの窒素原子で，金属に配位することのできる二座配位子のエチレンジアミン（ethylenediamine）は，見かけ上金属を含む 5 員環を形成することがわかる。このような配位子を 5 員環形成配位子と呼び，一般的に 2 つの配位原子と金属のなす角が 90 度に近いので他の 4，6，7…員環形成配位子よりも安定な錯体を形成する。

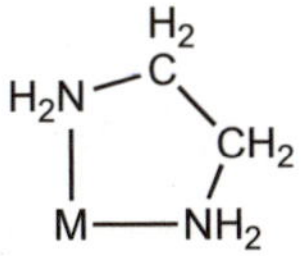

図 11-13

5 員環形成と 6 員環形成配位子における配位原子−金属−配位原子のなす直線に対して員環のなす角度を識別するとき，配座異性という表現を用いる。配座異性は小文字の δ と λ を用いて識別する。例えば 5 員環形成配位子であるエチレンジアミン配位子は，2 つの窒素原子と金属の作る直線に対して，図 11-14 のような 2 種類のゴーシュ配座を取り得る。

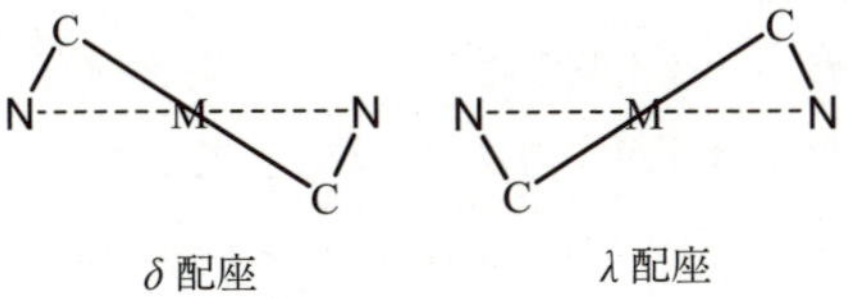

δ 配座　　　　　λ 配座

図 11-14

2つの配座はエネルギー的に同じであるが立体障害によりエネルギー差が出ることもある。また，2つの配座間に活性化障壁があるので固体として結晶化したときに区別できることが多い。

6員環形成配位子のときは少し違う考え方で配座異性体を識別する。図11-15にtn（トリメチレンジアミン）配位子の例を示す。

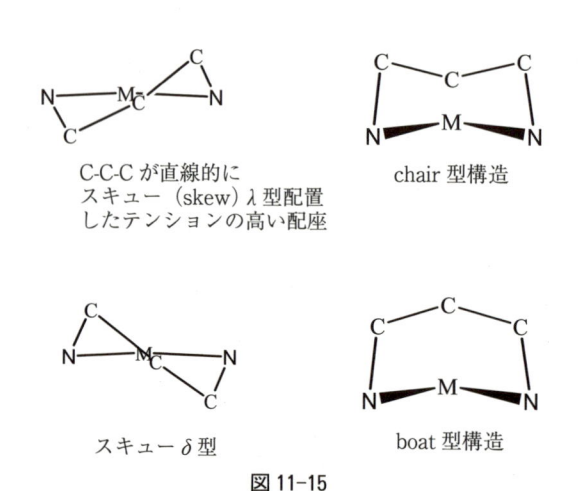

C-C-Cが直線的に
スキュー（skew）λ型配置
したテンションの高い配座

chair型構造

スキューδ型

boat型構造

図11-15

11-2-3 配座光学異性（conformational optical isomerism）

enのような二座配位子ではδ配座とλ配座の間の変換は比較的速いので，その違いを区別できないこともあるが，trien（トリエチレンテトラミン）のような四座配位子では相互変化が遅く容易に分離できることが知られている。例えば，$trans(Cl)$-$[Co^{III}(trien)(Cl)_2]^+$の場合には，図11-16のような配座異性体が分離されている。

メソ異性体（分子内対称性のために光学活性が打ち消されるもの。ここでは上の図にはない左右がδとλ型の組み合わせで対称構造のもの）では中央のエチレンジアミン骨格はδかλ型（ゴーシュ）をとれず，エンビロープ型になってしまう。実際には，メソ異性体はエネルギー的に不安定で単離されていない（λδλ体とδλδ体およびそのラセミ混合物のみが得られている）。四座配

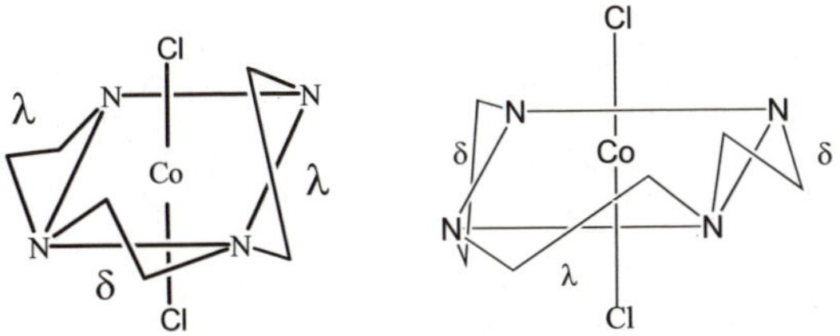

λδλ体　　λδλ体

図 11-16

位子 N–N–N–N の真ん中の 2 つの窒素原子は不整を有する（配位した時にそれは顕著になる)。これについて有機化学の考え方と同様に *R* と *S* を割り振ると λδλ 体は *RR* 体，δλδ 体は *SS* 体となる。またメソ異性体は *RS* 体に帰属することができる。

11–3　配座ジアステレオ異性

ジアステレオ異性とは，広義には鏡像異性（エナンチオマー）以外の異性体のことであるが，平行移動や回転でも，さらに鏡像も重ならない異性体である。$[Co^{III}(en)_3]^{3+}$錯体の場合に，キレート環の巻き方（2 本の線分の空間配置）で Δ と Λ を論じたが，各 en 配位子の配座を考えると話はさらに複雑になることがわかる。各 en 配位子の δ と λ の配座も考慮しなければいけないからである。すなわち，Λ 体は Λδδδ，Λδδλ，Λδλλ，Λλλλ の 4 つの配座異性体を生じ得るし，これらは互いにジアステレオ異性体である。Δ 配置では Λ 配置の逆の熱力学的安定性を有する。熱力学的安定性は en 配位子の全ての C–C 結合が錯体の 3 回回転軸（八面体の平行な三角形の中心間を横切る軸）に平行に近いもの（パラレルの *lel* をとって *lel* 型という）が最も高い。Λ 体では δ 配座のものが *lel* になる。他の化学種（カウンターイオンや水素結合の存在など）の影響もあるので一概にはいえないが，*lel* 配置が最も立体障害が小さく安定であると考えられている。したがって，最安定形は *lel*・*lel*・*lel* 型であり，逆に *ob*・*ob*・*ob* 型は最も不安定である（*lel*＝parallel　*ob*＝oblique（傾いたの意))。

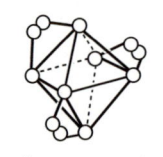

$\Lambda(lel \cdot lel \cdot lel)$
3つのC-Cが3回転軸
（C_3軸にパラレル）

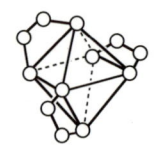

$\Lambda(ob \cdot ob \cdot ob)$

図 11-17

調べてみよう

(1) 幾何異性体にはどのようなものがあるかまとめてみよう。
(2) 光学異性体のデルタ配置とラムダ配置はどのようにして決められているか，簡潔にまとめて説明してみよう。
(3) 一般的に，N原子で配位する方が，O原子やS原子で金属に配位する時よりも配位子場分裂が大きいといわれている。このことを合理的に説明せよ。

付録1　量子力学の基礎を学ぶための物理学の復習

　ここでは，高等学校で物理学をまじめに勉強してこなかった人のために，そのエッセンスを概説する．電磁気学の分野の知識は本書の内容の理解にあまり関わらないので省いた．

A-1　保存法則（law of conservation）

　古典力学では電子のような非常に軽いものでも，また天体のような重いものでも区別しないで取り扱う．古典力学的な論理は，人間が素手で取り扱えるような大きさの物体を用いた実験とその結果に基づいて構築されたものである．このあたりが，ミクロな世界の現象を記述する際に古典力学が破綻する原因になる．しかし，ミクロな世界の粒子の運動であっても古典力学的な記述と対応しており，それをつなぐ手がかりが「古典的取り扱いからの量子化」とか「量子論からの極限移行」といった概念なのである．そのため，古典力学の基礎知識を有することは量子力学の世界を理解するために非常に重要ある．

　物理学では，様々な現象を取り扱う．ある物理量（エネルギーや質量など）が空間的あるいは時間的に変化してもその総量は変わらないとする法則が最も重要な帰結であろう．

　化学の世界では，古くから「質量保存の法則」が成り立つと信じられている．すなわち，反応の前後で反応物と生成物の質量は（誤差範囲内で）不変であるという観測事実である．一方，古典物理学における「エネルギー保存則（力学的エネルギーや熱エネルギー／電気エネルギーなどを含む）」も19世紀に確立した概念である．しかしこれらの法則は近似的に正しいものであるに過ぎない．アインシュタインの特殊相対性理論によって質量とエネルギーが相互に転換しうることが示されて以来，質量も含めた「広義のエネルギー保存則」という概念に発展している．物理学における様々な保存則には，それぞれ対応する「対称性」というものがある．ネーターの定理（Noether's theorem）と呼ばれる定理がそれを証明するが，エネルギー保存則に対応するのは「時間」の対称性

である．物理理論は極めて奥が深い．

A-2 古典的な力，加速度と速度

A-2-1 直線運動

　水平で滑らかな面の上で静止している物体は，外力が加わらない限りいつまでも静止している（水平で滑らかとは，摩擦がなく，しかも重力が運動に影響しないことを保証する言葉である）．また，水平で滑らかな面の上を一定速度で運動している粒子は，外力を受けない限りその運動の状態は変わらない．このように，物体に外から力が働かない限り，その物体は運動を変化させない．このような現象を記述するのが「慣性の法則」である．

　一定の速度で真直ぐに動いている（等速直線運動という）質量 m の物体に外力 f を作用させると，その力の作用した方向に運動の様子が変化する．

　そのとき，

$$f(\mathrm{N}) = m\alpha \tag{A-1}$$

で定義される加速度 α が力の作用した方向に生じる．カッコ内に示したのは物理量の単位（この場合はニュートン $\mathrm{N} = \mathrm{kg\ m\ s^{-2}}$）である．速度は物体の位置の時間変化である．

$$v(\mathrm{m\ s^{-1}}) = dx/dt \tag{A-2}$$

加速度は，速度の時間変化である．

$$\alpha(\mathrm{m\ s^{-2}}) = dv/dt = d^2x/dt^2 \tag{A-3}$$

静止している物体（質量 m, 速度 v）に一定の力 f を微小時間 dt 作用させると，この関係から，物体の速度は αdt になることがわかる．

$$dv = \alpha dt$$

両辺を積分して，時間ゼロで $v=0$ の初期条件を入れれば，

$$v = \alpha t \tag{A-4}$$

であることがわかる。速度 v の物体が微小時間 dt に動く距離 (dx) は vdt である。

$$dx = vdt = \alpha t dt$$

したがって，静止している物体〔質量 m〕に一定の力 f〔加速度 $\alpha = f/m$〕を時間 t 作用させたときに物体が動いた距離 x は，$t=0$ で $x=0$ であるから，両辺を積分して，

$$x = \alpha t^2/2 = (f/m)t^2/2 \tag{A-5}$$

である。この間に力 f によってなされた仕事 (W) は fx で定義されている (N m)。
上の関係 $(v=\alpha t$ と $x=\alpha t^2/2)$ から，t を消去して $x=v^2/2\alpha$ である。
したがって，力 f によってなされた仕事は，

$$W = fx = m\alpha x = m\alpha v^2/2\alpha = mv^2/2 \tag{A-6}$$

である。この仕事は，最初に静止していた物体がこの仕事によって得たエネルギーと考えられるから，速度 $v(\text{m s}^{-1})$ で等速運動する質量 $m(\text{kg})$ の物体の持つ「運動エネルギー」は $E = mv^2/2 (\text{J} = \text{N m} = \text{kg m}^2 \text{s}^{-2})$ である。
　以上の議論は，f のほかに運動を規制する力が働いていない系についてのものであった。もちろん，束縛力のない三次元空間にこの議論を拡張することが

できる。すなわち，x, y, z の三次元の座標を取れば，速度や加速度はそれぞれ次のようなベクトル量で表される（i, j, k はそれぞれ x, y, z 軸方向の単位ベクトルである）。

$$v = i\frac{d}{dt}x + j\frac{d}{dt}y + k\frac{d}{dt}z$$

$$\alpha = i\frac{d^2}{dt^2}x + j\frac{d^2}{dt^2}y + k\frac{d^2}{dt^2}z$$

$$|v| = \sqrt{\left(\frac{d}{dt}x\right)^2 + \left(\frac{d}{dt}y\right)^2 + \left(\frac{d}{dt}z\right)^2}$$

$$|\alpha| = \sqrt{\left(\frac{d^2}{dt^2}x\right)^2 + \left(\frac{d^2}{dt^2}y\right)^2 + \left(\frac{d^2}{dt^2}z\right)^2}$$

A-2-2 等速円運動

ボールにひもを付けて振り回した時のように，ある点を中心として物体が平面上を一定の速度で円運動する場合にも，同様の関係を導くことができる（等速円運動）。このような遊びをすると，腕はボールの方向に引っ張られることがわかる，このことは，物体が等速円運動する場合には円の中心からボールを「引っ張る」力が働いていなくてはならないことを示している。この力を「向心力」と呼んでいる。向心力がなくなる（ボールをつないでいるひもを切る）と，物体は運動している円の接線方向に飛んでいってしまうことが実験的にわかっている。このことから，等速円運動している物体の速度（v）は「接線方向」であることがわかる。すなわち，慣性の法則から，糸を切った瞬間に行っていた運動を維持するはずであるからだ。このことから，「向心力は速度ベクトルと直行している」ことがわかる。また，向心力の方向に力を増強すれば，ボールに与えられる加速度は円の中心の方向に生じることも理解できる。等速円運動の様子を円の横から眺めると，物体は上下（または左右）に単振動していることがわかる。円の半径を r とすれば，その周期は，

$$T(\mathrm{s}) = 2\pi r/v \tag{A-7}$$

である。中心から物体までをつなぐひも（長さ r）は動径と呼ばれる。これは中心から伸びた半径方向の線分が回る（動く）という意味である。動径が毎秒一定の角度で動いているので，ボールは等速円運動している。このように時間と共に中心に対して動径が一定の角度で回る様子は「角速度」という言葉で表される。角速度は「毎秒何度」ということもできるが，一般的には一回りの360度が 2π(ラジアン)であることを利用して「ラジアン/sec」という単位を用いる。角速度 ω(rad s^{-1}) は，

$$\omega = d\theta/dt \tag{A-8}$$

で定義される。θ は中心角（ラジアン単位）である。半径 r のひもの先にある物体が微小角度 $d\theta$ で移動する直線距離は $r \sin d\theta$ である。非常に小さい角度の時には $\sin d\theta \sim d\theta$ で近似できるので，物体の移動距離は $r\, d\theta$ である。この移動にかかった微小時間が dt(s) であれば，この物体の接線方向の速度 v (m/s) は，

$$v = \frac{r d\theta}{dt} = r\omega \tag{A-9}$$

であることがわかる。ひもを引っ張る力 f は一定の大きさで加え続けている。その大きさから，加速度は $a = f/m$ であることがわかる。加速度の方向は中心に向かう方向である。加速度は単位時間あたりに変化する速度であるが，等速円運動では接線方向の速度と角速度は一定である。したがって，中心からボールを引っ張る方向の加速度は直線運動の方向を変えるために働き続けているのである。

　微小時間 dt でどれだけ運動の方向が変わるか考えてみよう。この間に ωdt だけ中心の角度が変わる。これは図 A-1 からわかるように，運動の方向変化の角度と等しい。すなわち，接線方向に飛び出そうとしている物体を垂直な力で中心方向に力を加えて円運動させているのである。この力で変わった速度は $v \sin d\theta \sim v d\theta = v\omega dt$（なぜなら $d\theta = \omega dt$）である。したがって，加速度の大きさは，

$$\alpha = \frac{vd\theta}{dt} = v\omega = r\omega^2 \tag{A-10}$$

であり，中心で引っ張る力（あるいは向心力）は$f=m\alpha=mr\omega^2$ということになる。ωを速度vで置き換えると$f=mv^2/r$である。

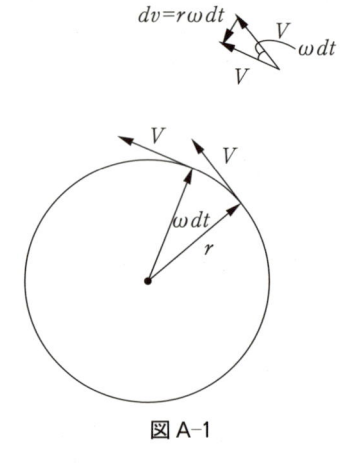

図A-1

A-2-3　運動量

力が加速度に対して定義されていたのに対して，運動量は速度で定義される。

$$p=mv$$

したがって，速度vで運動する質量mの物体の運動エネルギーEは，

$$E=p^2/2m \tag{A-11}$$

で表されることがわかる。運動量はエネルギーと同じように保存される「運動量保存則」。例えば，完全弾性体が壁で跳ね返されるときには，どのような角

度で壁に衝突しても入射時と同じ速度で反射されるのである。この場合，壁が受ける力（衝撃）は運動量の時間変化に等しい。質量 m(kg) で速度 v(m s^{-1}) で直線運動する完全弾性体が壁と正面衝突して t 秒後に跳ね返されたときには，壁の受ける力は $f=2mv/t$(N) である。なぜなら，物体の運動量ベクトルの方向は，衝突によって 180 度変化したからである。

等速円運動における運動量も mv で定義される。これは角速度 ω を用いて，

$$p = mr\omega \tag{A-12}$$

表すことができる。

これに対して，運動量 p の「原点」の周りのモーメント（能率）l を「角運動量」と呼んでいる（$l = r \times p$）。角運動量はベクトル積（p も r もベクトルである）であり，その方向は粒子の運動している平面に対して垂直である。これはエンジンの出力に関係するトルクと同じような概念である。エンジンのトルクは出力軸の中心から力 f の作用する点までの距離 r を用いて $r \times f$ で定義される。力 f は回転力であるから接線方向のベクトルである。したがって，それと直行する距離 r とのベクトル積であるトルクは回転の軸方向のベクトルである。

A-3 重力と静電引力

ニュートンによれば，質量 m(kg) と M(kg) の 2 つの物体の間には「万有引力」が働いており，その大きさは距離（r）の 2 乗に反比例し，質量に比例する。

$$f = \frac{GmM}{r^2} \tag{A-13}$$

G は 6.672×10^{-11}(N m^2 kg^{-2}) と非常に小さいので，電子のような軽い粒子に働く地球の引力の大きさは非常に小さく無視できる。

引力のエネルギーは変位 dr の仕事であるから，

$$fdr = \frac{GmM}{r^2}dr$$

積分して,

$$|E| = \frac{GmM}{r} \tag{A-14}$$

一方,電荷 q_1 と q_2(C) を持つ2つの粒子が空間で距離 r(m) 離れて存在するとき,互いに引き合ったり退け合ったりする力は,

$$|f| = \frac{kq_1q_2}{r^2} \tag{A-15}$$

k は比例定数で 9.0×10^9(N m/C^2) である。その相互作用の大きさは万有引力とは比べ物にならないほど大きいことがわかる。静電エネルギーもこれを r で積分して,

$$|E| = \frac{kq_1q_2}{r} \tag{A-16}$$

で与えられる。正電荷の粒子と負電荷の粒子の相互作用では,引力になるが,これは「負(安定化の方向)」で書くのが通例である。万有引力と静電気力(クーロン力)に共通するのは,力の程度が距離の2乗に比例して小さくなるという点である。しかし,「距離が無限大になって初めて力がゼロになる」ため,これら2つの力は遠距離力(遠くまでおよぶ力)といわれている。量子力学では静電的なエネルギー(ポテンシャル)が原子核(正に帯電)と電子(負に帯電)の間の相互作用として考慮される。

付録2　量子論を学ぶために必要な数学の基礎

　この付録は，本書の記述内容をより深く勉強したい化学系学生のために書かれたものである。化学の理論的側面は物理学と密接な関係を持ちながら発展してきた。化学理論の世界を鳥瞰するためには物理学の世界を少なくとも定性的に理解する必要があると考えている。そのためには，量子論における様々な関数形が見せる自然の姿の美しさを，簡単な数学を学ぶことによって理解できなければいけないと思う。そこで，高等学校で微分と積分について学んだことのある学生が理解できる範囲で，量子論を学ぶために必要な数学（物理数学といった方が良いかも知れない）的取り扱いについて簡単に記述することにした。本書は「独学」できることを念頭に編纂されているので，数学的な証明や煩雑な展開については省略するが，より深く学ぶための基礎知識は十分に修得できると思う。化学者や物理学者にとっては，数学の求める厳密さよりも目の前の現象を数式化したり，数式化した方程式が解けることの方が重要であると考える。数学的により厳密な議論は，必要に応じて専門書で勉強すれば良い。

　最初に高等学校では学ばない偏微分とその記号について説明する。偏微分とは，いくつかの変数 $(x_1, x_2 \cdots\cdots x_n)$ で定義される関数 y について，1つの変数 x_i で微分した時の微分係数を意味する。記号は「丸い d（ラウンド・ディーなどと読む）」を用いて表される。このとき他の独立変数は定数として扱う。例えば，a と b を定数とし，x_1 と x_2 を変数とする $y = ax_1 - bx_2$ を考えるときには，

$$\frac{\partial y}{\partial x_1} = a$$

$$\frac{\partial y}{\partial x_2} = -b$$

である。関数 y とその偏微分が連続であれば，次の関係が成り立つ。

$$\frac{\partial^2 y}{\partial x_1 \partial x_2} = \frac{\partial^2 y}{\partial x_2 \partial x_1}$$

　以下の説明は，解析学と線形代数学に分けて行なう。

A 解析学編

1 関数の直交と規格化：完備系とフーリエ級数

　量子力学で扱うのは波の性質である。波の性質を理解することが科学の世界を理解することであると言い換えても過言ではない。波に関する数学的な議論はフーリエ解析といわれるもので取り扱われる。量子力学的波動関数の性質（特に規格化とか直行性などのボルンの仮説に関わる部分）がどのように数学と関わりを持っているのかを考えながら見ていきたい。

　a から b の範囲で定義される 2 つの関数 f と g がある。これら 2 つの関数の積を定義された区間全領域に渡って積分するとき，この積分値がゼロであれば，f と g は「直行する」という。

$$\int_a^b f^*(x)g(x)\,dx = \langle f | g \rangle \tag{A-1}$$

　煩雑さを避けるために，積分記号をカッコを表す英語の bracket をブラ（bra）とケット（ket）に分けた記号で表記する方法を覚えておこう（誤用を避けるためにマルカッコ "（ ）" を使ってはいけない約束である）。関数 f に星印（*）を付けたのは，表現を一般化する目的のためであり，この関数が関数 f の複素共役関数であることを示している。f, g が実数関数であれば $f^* = f$ であるから何ら問題を生じることはないが，f, g が複素関数であるときには積分記号の中の関数のかけ算の順番が問題になるので気を付けないといけない。

$$\langle f | g \rangle = \langle g | f \rangle^* \tag{A-2}$$

　$\langle f | g \rangle$ は決められた区間における「内積（inner product）」と定義される演算である。上式の表現は「内積を入れ替える（transpose）と元の内積の複素共役になる」という非常に重要な概念を示している。

　$\langle f | f \rangle$ はノルム（norm）と呼ばれ，N で表される。f が複素関数であって

も，先の定義から N は常に正の値になることがわかる。$\langle f | f \rangle = 1$ であれば，関数 f は「規格化」されているという。規格化定数は $N^{1/2}$ であることは容易に証明できる。「波動関数が規格化されている」ということは，量子論におけるボルンの仮説では，「定義された空間内に粒子が存在する」ということであるが，数学的にはベクトル空間における与えられたベクトルの長さの平方根が規格化定数に対応している。

　規格化された関数群で互いに直行する関数の系列を正規直行系という。正規直行系の関数群で良く知られたものに 0 から 2π の領域で定義された一連の $f_n(x) = (2\pi)^{-1/2} e^{inx}$ がある（n は整数）。これらの関数のそれぞれが規格化されていることと，n の異なる関数どうしが互いに直行していることは容易に確かめることができる。完備関数系（$a \sim b$ で定義されている）は，ある関数 $u_n(x)$ について，定義区間内で $u_n(x)$ に直行する関数が系に属する関数以外に存在しないという特性を持つ。$f_n(x) = (2\pi)^{-1/2} e^{inx}$ は完備関数系の一例である。量子力学で一般的に表れる完備関数系は正規直行系の関数群である。これらの関数群には，$f_n(x) = (2\pi)^{-1/2} e^{inx}$ の場合と同様に，定義範囲の上限と下限において，次のようなリニアな関係がある。

$$f(a) = kf(b), \quad f'(a) = k'f'(b) \quad (k, k' \text{ は定数})$$

もちろん，$f_n(x) = (2\pi)^{-1/2} e^{inx}$ もこのような性質を有していることが容易に証明できる。

　ここまでの議論で，完備系は「直行座標軸系の単位ベクトル」のようなものであることが理解される。このことは，完備系の関数群と同じ範囲で定義されたあらゆる関数 $p(x)$ が，完備系の関数群の線形結合で表現できることを示している。つまり，三次元の座標系では，直行する3個の単位ベクトルを用いれば空間内のすべての点が表示できるという考えとパラレルである。

$$p(x) = \sum_{n=1}^{\infty} c_n f_n(x) \qquad (\text{A--3})$$

c_n は定数であり，「それぞれの単位ベクトルを何倍して，たし算するか」を示

しているのである。

式 (A-3) の両辺に，左側から関数 $f_n(x)$（複素共役である）をかけて定義された空間で積分すると，式 (A-4) のような関係が導かれる。

$$\int_a^b f_n(x) p(x) = \int_a^b f_n(x) \sum_{n=0}^{\infty} c_n f_n(x) = \int_a^b \sum_{n=0}^{\infty} c_n f_n(x) f_n(x) = c_n \quad \text{(A-4)}$$

bra と ket で表せば，

$$\langle f_n | p \rangle = c_n$$

である。

この表現を用いれば，c_n を上の積分で置き換えて，関数 $p(x)$ は式 (A-5) で表現できることがわかる。

$$p(x) = \sum_{n=0}^{\infty} c_n f_n(x) = \sum_{n=0}^{\infty} \langle f_n | p \rangle f_n(x) \quad \text{(A-5)}$$

$p(x)$ は定義区間が完備系と同じ任意の関数であることに気を付けると，この関係は結構役に立つことがわかる。

フーリエ級数展開と呼ばれる手法は，この性質を利用して，あらゆる関数を正規直行系の $f_n(x) = (2\pi)^{-1/2} e^{inx}$ の線形結合で表す方法なのである。その形は一般的に式 (A-6)，

$$p(x) = \sum_{n=-\infty}^{\infty} c_n e^{inx} \quad \text{(A-6)}$$

である。もちろん，ここでは次の関係を満たす（複素共役関数であることを忘れないように）。

$$c_n = \frac{1}{2\pi} \int_{-\pi}^{+\pi} e^{-int} p(t) \, dt \quad \text{(A-7)}$$

この関係は，$f_n(x)$ と展開したい関数 $p(x)$ が $-\pi$ から $+\pi$ の区間で定義されていることを示している。$p(x)$ が満たすべき条件は定義区間で連続であるということだけである（デリクレ（Dirichlet）の条件では，もっとゆるやかな「不連続点が有限個で極大極小も有限個であれば良い」ことが証明されている）。いずれにしても，この関係を用いれば定数 c_n を決めることができるので，任意の関数（デリクレの条件を満たす）は完備系の e^{inx} で展開（級数で表現すること が）できることがわかる。実際には，関数 $p(x)$ が周期的 $[p(x+2\pi)=p(x)$ を満たすということ]であれば，$-\pi \sim \pi$ 以外のすべての区間においてフーリエ級数展開が可能である。また，変数が 2 個以上の関数（$F(x,y)$）などについても，同様に級数展開ができる。

$$F(x, y) = \sum_{m=-\infty}^{\infty} \sum_{n=-\infty}^{\infty} a_{mn} e^{i(mx+ny)}$$
$$a_{mn} = \frac{1}{4\pi^2} \int_{-\pi}^{\pi} \int_{-\pi}^{\pi} F(x, y) e^{-i(mx+ny)} dx dy \quad \text{(A-8)}$$

最後に「オイラーの公式」と呼ばれる関係について説明しておく。

$$e^{in\phi} = \cos n\phi + i \sin n\phi$$

この関係は，e^{ix} が三角関数を用いて表現できることを示している。すなわち，正弦関数や余弦関数は完備形の関数なのである。この関係を用いると，フーリエ解析の理解が容易になる。

2　フーリエ級数の利用

フーリエ級数を用いると，周期的に変化する様々な関数型をサイン波あるいはコサイン波（実数関数のとき）の重ね合わせで作ることができる例を示そう。

例えば，次のような定義で表される凸凹図形をフーリエ級数として表すことができる。

$f(x) = -1 \ldots\ldots (-\pi < x < 0)$

$f(x) = 0 \ldots\ldots (x = 0)$

$f(x) = 1 \ldots\ldots (0 < x < \pi)$

この関数は $x=0$ を挟んで図 A-1 に示すような矩形波の一部を示す関数である。

　このような関数は奇関数なので，フーリエ正弦級数（何のことはないサイン関数で展開という意味）で表される。すなわち，

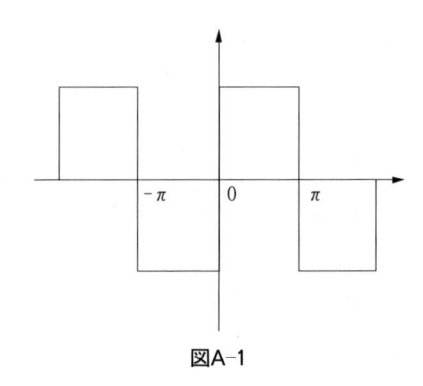

図A-1

$$f(x) = \sum_{n=1}^{\infty} c_n \sin nx \qquad (\text{A-9})$$

実数偶関数のときにはフーリエ余弦級数で表す。その関数系は一般的に，

$$f(x) = \frac{1}{2}b_0 + \sum_{n=1}^{\infty} b_n \cos nx \qquad (\text{A-10})$$

であることは容易に理解できる。いずれの場合でも，係数の c_n または b_n を決めれば良いことに変わりはない。

$$c_n = \frac{1}{\pi}\int_{-\pi}^{\pi} f(x)\sin nx\,dx$$
$$b_n = \frac{1}{\pi}\int_{-\pi}^{\pi} f(x)\cos nx\,dx$$
(A-11)

上の例の矩形波の場合には，

$$c_n = \frac{1}{\pi}\int_{-\pi}^{\pi} f(x)\sin nx\,dx$$

を求めれば良く，この結果は次のようになる。

$$c_n = -\frac{1}{\pi}\int_{-\pi}^{0}\sin nx\,dx + \frac{1}{\pi}\int_{0}^{\pi}\sin nx\,dx = \frac{2}{\pi}\int_{0}^{\pi}\sin nx\,dx$$
$$= \frac{2}{\pi}\left[-\frac{\cos nx}{n}\right]_0^{\pi} = \frac{2}{n\pi}(1-\cos n\pi) = \frac{2}{n\pi}(1-(-1)^n)$$

したがって，

$$f(x) = \frac{2}{\pi}\left(\frac{2\sin x}{1} + \frac{2\sin 3x}{3} + \frac{2\sin 5x}{5} + \cdots\cdots\right)$$
$$= \frac{4}{\pi}\sum_{n=0}^{\infty}\frac{\sin(2n+1)x}{2n+1}$$
(A-12)

というように展開できることがわかった。このような方法を使うと，サイン波形を電気的に重ね合わせて「パルス波形」や「ノコギリ波波形」を作ることができるし，逆にパルス波形がサイン波形の重ね合わせであることを知っていれば，パルス照射すれば多くの周波数のサイン波を含んだ合成波を照射したのと同じ効果が得られることもわかる（FT-NMR＝フーリェ変換・核磁気共鳴装置の原理）。

> 練習のため，$f(x)=abs(x)$（ただし x は $-\pi\sim\pi$）をフーリェ余弦級数で表現してみて頂きたい。

$abs(x)$ は，x の絶対値という意味である。結果は，

$$f(x) = \frac{4}{\pi} \sum_{n=0}^{\infty} \frac{\cos(2n+1)x}{(2n+1)^2} \tag{A-13}$$

である。このような級数を，たとえば $n=5$ くらいまでで誤摩化して表現してしまうと，良く似ているが歪んだ形になることが確認できる。数値を使って自分で遊んでみることが数学を理解する最も有効な方法である。

3 フーリエ変換とラプラス変換

3-1 フーリエ変換

> 次に，フーリエ級数の考え方を拡張してフーリエ変換という考えを導入しよう。

デリクレの条件にしたがう関数 $p(y)$ が，

$$p(y) = \sum_{n=-\infty}^{\infty} c_n e^{iny} \tag{A-14}$$

で展開できることはすでに述べた。このとき，展開係数は次のように表された。

$$c_n = \frac{1}{2\pi} \int_{-\pi}^{+\pi} e^{-ins} p(s) \, ds \tag{A-15}$$

これらの式で，変数 y と s を $ly=\pi x$, $ls=\pi t$ と置き換えても（x と t が変数）一般性は損なわれない。この2つの式を書き換えると，

$$\begin{aligned} p(x) &= \sum_{n=-\infty}^{\infty} c_n e^{\frac{in\pi x}{l}} \\ c_n &= \frac{1}{2l} \int_{-l}^{+l} e^{-\frac{in\pi t}{l}} p(t) \, dt \end{aligned} \tag{A-16}$$

式（A-17）を式（A-16）に代入して，

$$p(x) = \frac{1}{2l} \sum_{n=-\infty}^{\infty} \int_{-l}^{+l} p(t) e^{\frac{in\pi(x-t)}{l}} dt \tag{A-17}$$

$\delta = \pi/l$ として代入すると式 (A-18) のようになる。

$$p(y) = \frac{1}{2\pi} \int_{-\infty}^{+\infty} \delta \int_{-l}^{+l} p(t) e^{in\delta(x-t)} dt \tag{A-18}$$

δ が十分に小さい (l が十分に大きい) ときには，式 (A-18) のたし算は積分で表される。この時の積分変数を $\delta = u$ と置けば，

$$p(x) = \frac{1}{2\pi} \int_{-\infty}^{+\infty} du \int_{-\infty}^{+\infty} p(t) e^{-iu(t-x)} dt \tag{A-19}$$

これをフーリエの積分定理という。この形を良く眺めると，一度 $e^{-iu(t-x)}$ をかけて t で積分した関数を，もう一度外側の積分で積分すると元に戻ることを示している。すなわち，フーリエ積分定理を別の表現で表すと式 (A-20) のようになる。

$$\begin{aligned} f(x) &= \frac{1}{2\pi} \int_{-\infty}^{+\infty} F(u) e^{iux} du \\ F(p) &= \int_{-\infty}^{+\infty} f(x) e^{-ipx} dx \end{aligned} \tag{A-20}$$

関数 $F(p)$ を $f(x)$ のフーリエ変換と呼ぶ。

フーリエ変換にはいくつかの公式がある。

例えば，関数 $f(x)$ のフーリエ変換を，

$$\begin{aligned} \hat{f}(p) &= F_{fourier}[f(x)] = \int_{-\infty}^{\infty} f(x) - e^{ipx} dx \\ (f(x) &= F_{fourier}^{-1}[\hat{f}(p)] = \frac{1}{2\pi} \int_{-\infty}^{\infty} \hat{f}(p) e^{ipx} dp) \end{aligned} \tag{A-21}$$

とおく。カッコ内の下の式は「逆変換」を定義したものである。このとき，次

のような一般的関係がある。

(1) $F_{ourier}[af(x)+bg(x)] = aF_{ourier}[f(x)] + bF_{ourier}[g(x)]$

(2) $F_{ourier}[f(x+a)] = e^{iap}\hat{f}(p)$

(3) $F_{ourier}[e^{iax}f(x)] = \hat{f}(p-a)$

(4) $F_{ourier}[f(ax)] = \dfrac{1}{|a|}\hat{f}\left(\dfrac{p}{a}\right), \quad a \neq 0$

(5) $F_{ourier}[f*(x)] = \hat{f}(-p)$

(6) $F_{ourier}[\hat{f}(x)] = 2\pi f(-p)$

(7) $F_{ourier}[\dfrac{d^n}{dx^n}f(x)] = (ip)^n \hat{f}(p)$

(8) $F_{ourier}[f*g(x)] = F_{ourier}[f(x)] F_{ourier}[g(x)]$

最後の関係は「たたみ込み」あるいは合成積と呼ばれており，

$$f*g(x) = \int_{-\infty}^{+\infty} f(x-y)g(y)\,dy$$

で定義されている。合成積は順序に依存しない（$f*g(x)=g*f(x)$）。

　フーリエ級数と同じく，フーリエ変換も正弦波／余弦波（e^{ipx}）の重ね合わせを表していると考えることができる。そのため，p を波数と呼ぶことがある。一般的には p で表した関数の空間を波数空間，それに対して x で表した関数の空間を実空間とみなす（互いに逆数の関係にある）。このような関係から実空間を周波数の空間，フーリエ変換空間を時間の空間とみなせば FT-NMR 法の原理を理解するときに役立つ。

最後に，ディラックの δ 関数と呼ばれる超関数について説明し，フーリエ変換の別の表現について触れる。

　ディラックの δ 関数とは，x が $-\varepsilon$ から $+\varepsilon$ の範囲だけに一定値を有する関数である（ε は定数）。

$$f(x) = \frac{1}{2\varepsilon} \cdots\cdots (-\varepsilon \leq x \leq \varepsilon)$$
$$f(x) = 0 \cdots\cdots (-\varepsilon > x,\ x > \varepsilon)$$
(A-22)

この関数は ε の大きさに関わらず，

$$\int_{-\infty}^{\infty} f_\varepsilon(x)\,dx = 1$$

という関係を満たしているのが特徴である。ε をゼロにする極限を取ると，ディラックの δ 関数の本質が見えてくる。

$$\delta(x) = \infty \cdots\cdots (x = 0)$$
$$\delta(x) = 0 \cdots\cdots (\text{for other } x)$$
(A-23)

数学的な表現を用いれば，ディラックの δ 関数とは「x がゼロから遠ざかるにつれて，任意の n で表された $1/x^n$ よりも速くゼロに近づくし，何回でも微分できる関数 $\phi(x)$ に対して，

$$\int_{-\infty}^{\infty} \phi(x)\delta(x)\,dx = \phi(0) \tag{A-24}$$

を満たし（積分が有限の値を持つ），x がゼロでないときには，その値がゼロの関数」である。この定義によれば，$\delta(x)$ は偶関数（$\delta(x) = \delta(-x)$）であるなどの性質がある。一般的に，

$$\int_{-\infty}^{\infty} \phi(x) f(x)\,dx \tag{A-25}$$

が有限となるような $f(x)$ を超関数と呼ぶ。また，式（A2-26）に示すように積分に交換関係があるときには $f(x) = \phi(x)$ である。

$$\int_{-\infty}^{\infty} \phi(x)f(x)\,dx = \int_{-\infty}^{\infty} f(x)\phi(x)\,dx \tag{A-26}$$

ディラックが量子力学的考察のために持ち出した δ 関数は超関数の第一号であった。ただし，多くの普通の関数はこのような超関数の性質を満たしているのではある。

δ 関数は次の関係を満たすものとして定義することもできる。

$$f(x_0) = \int f(x)\delta(x-x_0)\,dx \tag{A-27}$$

このとき，x_0 が積分区間に含まれていれば，関数 $f(x)=1$ と置くことにより，

$$\int \delta(x-x_0)\,dx = 1 \tag{A-28}$$

である。この定義とフーリエ積分定理,

$$f(x) = \frac{1}{2\pi}\int_{-\infty}^{+\infty} du \int_{-\infty}^{+\infty} f(t)e^{-iu(t-x)}\,dt$$
$$or...p(x) = \frac{1}{2\pi}\int_{-\infty}^{+\infty} du \int_{-\infty}^{+\infty} p(t)e^{-iu(t-x)}\,dt$$

を比較すると，

$$\delta(x-t) = \frac{1}{2\pi}\int_{-\infty}^{+\infty} e^{iu(x-t)}\,du \tag{A-29}$$

で δ 関数を定義できることがわかる。逆に δ 関数を用いて,

$$f(x) = \int_{-\infty}^{+\infty} f(t)\delta(x-t)\,dt \tag{A-30}$$

と表すことができる。これが δ 関数を用いたフーリエ積分定理の表現である。

3–2 ラプラス変換

　ラプラス変換はフーリエ変換と同様の概念で適用範囲を広げたものである。この考え方は，「初期値を与えられた関数が半無限区間（$0<x<\infty$）でどのような挙動を示すかを知る」ために欠くことのできない方法である。たとえば，電気化学における電極表面の化学種の濃度の時間変化を知ろうとするとき，系の挙動を表す微分方程式を解かなくてはならなくなる。電極表面の化学種の濃度変化は初期値（時間がゼロのときの濃度）を与えて，それが時間と共にどのように変化するのかを知れば良いわけである。このように，初期値がわかっているときに一定時間経過後の系の状態を解く問題を「初期値問題」と呼んでいる。初期値問題では微分方程式の一般解を知る必要がないという性質がある。このことからわかるように，ラプラス変換の概念は本書で記述する量子力学を理解する上ではあまり重要な概念ではないし，この次に述べる「微分方程式の一般的解法」とは一線を画するものである。しかし，この先，化学をより深く勉強するために必ず必要になる概念なので，ここで取り上げた。

　ラプラス変換を用いて初期値問題を解く場合には，必要な演算は非常に単純な代数問題に帰する（ルールを覚えれば高校の数学で十分）ので，様々な物理現象/化学現象を理解するために極めて重要な手法である。

> それでは，ラプラス変換について勉強してみよう。

フーリエ変換を少し変型して適用範囲を広げると，

$$F(s) = L[f(x)] = \int_0^\infty e^{-sx} f(x)\, dx \qquad \text{(A–31)}$$

で定義されるラプラス変換になることがわかる。$L[f(x)]$ は関数 $f(x)$ を Laplace 変換するという意味である。積分区間は半無限大であり，s は複素数である。関数 $f(x)$ にラプラス変換が存在するための数学的条件があるが，問題を解くことに主眼をおけば，「解けない問題に遭遇したときに考え直せば良

い」ので，ここでは述べない。

例えば，$f(x)=e^{ax}$ のラプラス変換を求めてみよう。

$$L[e^{ax}] = \int_0^\infty e^{-sx}e^{ax}dx = \int_0^\infty e^{-(s-a)x}dx = -\frac{1}{s-a}e^{-(s-a)x}\Big]_0^\infty = \frac{1}{s-a}$$

もちろん，この積分が成立する条件が解の存在条件であることはいうまでもないが，複雑な吟味はしないでおこう。

フーリエ変換の場合と同様に，ラプラス変換にはいくつかの公式がある。これらの公式を知っていれば，複雑な関数のラプラス変換を得ることができる。初期値問題を解くときには，微分方程式をラプラス変換して，「ラプラス空間」内の等価な代数方程式に変える。代数処理によりその代数方程式を解き，解を「逆変換」して元の「実空間における微分方程式の解を求めるのである。

変換公式

(1) $L[af(x)+bf(x)] = aL[f(x)] + bL[f(x)]$

(2) $L[e^{ax}f(x)] = F(s-a)$

(3) $L[f(ax)] = \dfrac{1}{a}F\left(\dfrac{s}{a}\right) \cdots\cdots (a>0)$

(4) $L\left[\dfrac{d^n}{dx^n}f(x)\right] = s^n F(s) - \left[s^{n-1}f(0) + s^{n-2}\dfrac{d}{dx}f(0) + \cdots\cdots + \dfrac{d^{n-1}}{dx^{n-1}}f(0)\right]$

(4′) $L\left[\dfrac{d}{dx}f(x)\right] = sF(s) - f(0)$

(4″) $L\left[\dfrac{d^2}{dx^2}f(x)\right] = s^2 F(s) - sf(0) - \dfrac{d}{dx}f(0)$

(5) $L\left[\displaystyle\int_0^x f(y)\,dy\right] = \dfrac{F(s)}{s}$

(6) $L[f*g(x)] = L[f(x)]\,L[g(x)] \cdots f*g(x) = \displaystyle\int_0^x f(x-y)g(y)\,dy$

いくつかの関数のラプラス変換とラプラス逆変換を表にしておく。もっと沢山の関数に対する対応表を自分で作る必要はなく，岩波書店からでている「数学公式」等を参考にすればよい。

$f(x)$	$F(s)$	$\sin at$	$\dfrac{a}{(s^2+a^2)}$
$a\,(constant)$	$\dfrac{a}{s}$	$\cos at$	$\dfrac{s}{(s^2+a^2)}$
$\dfrac{1}{\sqrt{\pi x}}$	$\dfrac{1}{\sqrt{s}}$	x	$\dfrac{1}{s^2}$
e^{-ax}	$\dfrac{1}{(s+a)}$	$\dfrac{x^{n-1}}{(n-1)!}$	$\dfrac{1}{s^n}$

それでは，具体的に次のような初期値に対する微分方程式を解いてみよう。

$$\frac{d^2}{dx^2}f(x) - 2\frac{d}{dx}f(x) + f(x) = x \tag{A-32}$$

この関数は次のような初期値を有するという条件（初期条件）があるとする。

$$f(0) = \frac{d}{dx}f(0) = 0 \tag{A-33}$$

変換公式と上の表の関係から与えられた微分方程式の両辺をラプラス変換すると，

$$L\left[\frac{d}{dx}f(x)\right] = sF(s) - f(0)$$
$$L\left[\frac{d^2}{dx^2}f(x)\right] = s^2F(s) - sf(0) - \frac{d}{dx}f(0) \tag{A-34}$$
$$\therefore\ s^2F(s) - sf(0) - \frac{d}{dx}f(0) - 2\{sF(s) - f(0)\} + F(s) = \frac{1}{s^2}$$

与えられた初期値を代入して，

$$s^2F(s) - 2sF(s) + F(s) = \frac{1}{s^2} \tag{A-35}$$

これがラプラス空間に変換した結果である。これを $F(s)$ に対して解いて最後に逆変換することにより，実空間に戻せば良い。まずこの代数方程式を解く。

$$F(s) = \frac{1}{s^2(s^2-2s+1)} = \frac{1}{s^2(s-1)^2} = \frac{1}{s^2} + \frac{1}{(s-1)^2} + \frac{2}{s} - \frac{2}{s-1} \quad \text{(A-36)}$$

このように部分分数に分解しておくと逆変換が容易になる。
部分分数の各項をラプラス逆変換して実空間に戻せば良い。このとき使うのは変換表と変換公式である。

$$f(x) = x + xe^x + 2 - 2e^x \quad \text{(A-37)}$$

この関数は明らかに与えられた初期条件を満たしている。

次に「ものすごく難しそうな偏微分方程式の初期値問題」にチャレンジしてみよう。

$$\frac{\partial c(x, t)}{\partial t} = D \frac{\partial^2 c(x, t)}{\partial x^2} \quad \text{(A-38)}$$

　この偏微分方程式は，電極表面の拡散に関わる方程式である。D は化学種の拡散係数（一定値）であり，電極反応が進行する（t が大きくなる）にしたがって，化学種が電極表面で酸化あるいは還元されることによって濃度 $C(x, y)$ が減少し（左辺），それを補充するために拡散（濃度勾配によって起こる）によって化学種が電極表面近傍に近づいてくる（右辺）様子を示している。つまり，電極反応が「拡散」のみに支配されている状況を表す微分方程式なのである。最終的には，電極表面で観測される電流の時間変化を求めたい。初期条件は以下の通りである。

$$\begin{aligned} &c(x, 0) = c^* \\ &\lim_{x \to \infty} c(x, t) = c^* \end{aligned} \quad \text{(A-39)}$$

すなわち，時間ゼロにおいては電気分解が起こっていないので，電極からの距離がいかなる場所であっても化学種の初濃度 $c*$ に等しい（最初の溶液は均一である）。また，反応は電極表面の近傍でしか起こらず，電極からの距離が遠

ければ初濃度に等しいことを示している。

　この手強そうな偏微分方程式は，初期条件を頼りにして，次のような方針で解くことができる。

① 一方の変数に着目してラプラス変換を求め，その変数を代数化する。
② ラプラス空間における得られた残りの変数に関する常微分方程式を解いて解を得る。
③ 得られた解を逆変換して実空間の関数に戻す。もちろん，適宜初期値を代入して積分定数などを求める。

まず，時間 t に関してこの偏微分方程式をラプラス変換してみよう。左辺は，

$$s\bar{c}(x,\ s) - c(x,\ 0) = s\bar{c}(x,\ s) - c^* \tag{A-40}$$

である。ただし，一階微分のラプラス変換 $sF(s)-f(0)$ の関係（変換公式 (4′)）を使い，

$$\bar{c}(x,\ s) = L\left[\frac{dc(x,\ t)}{dt}\right] \tag{A-41}$$

と置いてある。右辺は，次のように変換される。

$$L\left[D\frac{\partial^2}{\partial x^2}c(x,\ t)\right] = D\frac{d^2}{dx^2}L[c(x,\ t)] = D\frac{d^2}{dx^2}\bar{c}(x,\ s) \tag{A-42}$$

したがって，元の偏微分方程式はラプラス変換によって次のような常微分方程式になる。

$$\frac{d^2}{dx^2}\bar{c}(x,\ s) - \frac{s}{D}\bar{c}(x,\ s) + \frac{c^*}{D} = 0 \tag{A-43}$$

次の節で述べるように，このような定数係数二階微分方程式の特解は $e^{\lambda x}$ である。定数項を無視して，λ を決めると一般解は，

$$\bar{c}(x,\ s) = c_1 e^{\sqrt{\frac{s}{D}}} + c_2 e^{-\sqrt{\frac{s}{D}}} + c_3 \tag{A-44}$$

となる。

ここで、初期条件もラプラス変換して、この微分方程式の係数を決める。

$$L[\lim_{x \to \infty} c(x, t)] = \lim_{x \to \infty} L[c(x, t)] = \lim_{x \to \infty} \bar{c}(x, s) = L[c^*] = \frac{c^*}{s}$$
$$\therefore \lim_{x \to \infty} \bar{c}(x, s) = \frac{c^*}{s}$$
(A-45)

$c_1 = 0$ でないと一般解は発散するから $c_1 = 0$ である。また、c_2 の項は x が無限大でゼロに収束するので c_3 は極限値の c^*/s でなくてはならない。したがって、

$$\bar{c}(x, s) = c_2 e^{-\sqrt{\frac{s}{D}}} + \frac{c^*}{s}$$
(A-46)

係数 c_2 を決めるためには、もう１つの条件を提示しないといけない。ここでは、各時間において、電極からの距離がゼロの位置における化学種の濃度に着目する。電極での電子移動は非常に速くて、物質の移動だけがこの現象を支配していると仮定しているので、

$$c(0, t) = 0 \quad (t > 0)$$
(A-47)

と置くことができる。この式の両辺をラプラス変換して、

$$L[c(0, t)] = \bar{c}(0, s) = 0$$
(A-48)

この関係から、

$$\bar{c}(x, s) = -\frac{c^*}{s} e^{-\sqrt{\frac{s}{D}}} + \frac{c^*}{s}$$
(A-49)

が得られる。電極表面における粒子の流れが、電極で観測される電流になるので、電極の表面積を A、ファラデー定数を F、１個の物質から電極に受け渡さ

れる電子の数を n とすると次の関係が得られる。

$$D\frac{\partial c(x, t)}{dx}\bigg|_{x=0} = \frac{i(t)}{nFA} \tag{A-50}$$

この両辺をラプラス変換すると,

$$\begin{aligned}D\frac{d}{dx}L[c(x, t)]\bigg|_{x=0} &= D\frac{\partial}{\partial x}\bar{c}(x, s)\bigg|_{x=0} = L\left[\frac{i(t)}{nFA}\right] = \frac{\bar{i}(t)}{nFA}\\ \therefore D\frac{\partial}{\partial x}\bar{c}(x, s)\bigg|_{x=0} &= \frac{\bar{i}(t)}{nFA}\end{aligned} \tag{A-51}$$

この関係に先ほど求めた微分方程式の解を代入して,

$$\bar{i}(t) = \frac{nFAD^{1/2}c^*}{s^{1/2}} \tag{A-52}$$

が得られる。ここまではすべてラプラス空間の話であったから,逆変換して実空間に戻すと,

$$\begin{aligned}L^{-1}[\bar{i}(t)] &= i(t) = nFAD^{1/2}c^*L^{-1}\left[\frac{1}{s^{1/2}}\right] = \frac{nFAD^{1/2}c^*}{\sqrt{\pi t}}\\ \therefore i(t) &= \frac{nFAD^{1/2}c^*}{\sqrt{\pi t}}\end{aligned} \tag{A-53}$$

式 (A-53) はコットレル式として有名な拡散電流の時間変化を表す式である。

このように,複雑に見える偏微分方程式もラプラス変換を用いれば非常に簡単に解くことができる。

4 量子論に関わる常微分方程式の解法

物理現象を記述する微分方程式はそんなに多くはない。ここではすべてを記述することはできないが,量子論を学ぶ上で必要な微分方程式の解法について概説する。

昔の高等学校では，一階の微分方程式は変数分離によって直接解くことができることを学んだが，最近では簡単な微分方程式の解き方も，ほとんどの学校では学ばないという。ここでは，以下の解法を参考にして，各自で解き方を会得して頂きたい。

一般的に n 階の線形微分方程式と呼ばれる微分方程式がある。それは次のような形をしている。

$$f_n(x)\frac{d^n u}{dx^n}+f_{n-1}(x)\frac{d^{n-1}u}{dx^{n-1}}+\cdots\cdots+f_1(x)\frac{du}{dx}+f_0(x)u=g(x) \quad \text{(A-54)}$$

u は x の従属変数であり，求めたい関数である。量子論で扱うのは，ほとんどが $n=2$ の微分方程式で，しかも $g(x)=0$ の場合である。ここではそのような微分方程式の一般的解法を記す。

$$\frac{d^2u}{dx^2}+p(x)\frac{du}{dx}+q(x)u=0 \qquad \text{(A-55)}$$

p と q が定数であれば，このような微分方程式は簡単に解くことができる。λ が次のような特性方程式（微分記号の替わりに λ を放り込んだ形）を満たす解であれば，

$$\lambda^2+p\lambda+q=0$$

$e^{\lambda x}$ がこの微分方程式の解になっていることは容易に証明できるであろう（例えば解が $e^{\lambda x}$ であるとして代入すると特性方程式に戻ることから特性方程式の意味が理解される）。このような二次方程式の解は2つあり，それを λ_1 と λ_2 とすれば，一般解はこのような2つの特殊解の線形結合（たし合わせ）になっている。

$$u(x)=A_1 e^{\lambda_1 x}+A_2 e^{\lambda_2 x} \qquad \text{(A-56)}$$

A_1 と A_2 は任意の値であり，境界条件から求めれば良い。このことは，二階の

微分方程式を2回積分して解を出せば，2つの積分定数が必要であることから容易に理解できるであろう。もし上の特性方程式が重根を持つときには話は一気に難しくなる。特性方程式が重根を持つときには，元の微分方程式は次のような形のはずである。

$$\frac{d^2u}{dx^2} + 2\lambda\frac{du}{dx} + \lambda^2 u = 0 \tag{A-57}$$

証明は難しいので逆の手順を取れば，$u(x) = v(x)e^{\lambda x}$ をこの方程式に代入すれば，

$$\frac{d^2v}{dx^2} = 0 \tag{A-58}$$

であることが容易に証明できる。すなわち，$v(x) = Cx + D$（C と D は積分定数）である。したがって，一般解は式（A-59）で表されることがわかる。

$$u(x) = (A_1 x + A_2)e^{\lambda x} \tag{A-59}$$

$p(x)$ や $q(x)$ が定数でないときには，微分方程式は級数を利用して解くことができる。これは，あらゆる関数が一定の条件を満たしていれば級数展開して表すことができるという性質を利用するのである。このような解き方ができるための条件は，「微分方程式が非正則な点を持たない」ことである。関数 $f(x)$ が領域内のすべての点で微分可能であるとき，この関数はその領域で正則（regular）であるという。また，$f(x)$ が $x = a$ の限りなく狭い近傍で微分可能あるとき，$f(x)$ は a で正則であるという。その逆に，$x = a$ で微分可能でないときには，この点を特異点（singular point）という。式（A-55）において，$p(x)$ と $q(x)$ が定数でないときには，$p(x)$ と $q(x)$ の正則点 a（方程式の正則点）において正則な解が存在する $u = \sum_{k=0}^{\infty} a_k (x-a)^k$。

難しい話はともかく，関数係数の二階微分方程式は次のような方針で解くことができる。下に示した関数は $x = 0$ に正則点を有する例である。

$$x^2 \frac{d^2u}{dx^2} + xp(x)\frac{du}{dx} + q(x)u = 0 \tag{A-60}$$

① $p(x)$ と $q(x)$ が複雑な関数のときにはベキ級数展開する。

$$\begin{aligned} p(x) &= \sum_{n=0}^{\infty} a_n x^n \\ q(x) &= \sum_{n=0}^{\infty} b_n x^n \end{aligned} \tag{A-61}$$

② 求めたい関数の解は次のような関数形で表す。

$$u(x) = x^{\rho} \sum_{n=0}^{\infty} c_n x^n \tag{A-62}$$

ただし，ρ は未定の定数であり，c_0 がゼロでないように選ばれていると考える。

③ ①と②で表された $p(x)$, $q(x)$, $u(x)$ を元の微分方程式に代入し，$x^{\rho+n}$ の各項の係数をゼロと置く（右辺が x のいかなる値でもゼロになっているから）。

④ x のベキの最低次数の項は x^{ρ} であるが，この係数がゼロになるための条件は，

$$(\rho^2 + a_0 \rho - \rho + b_0)c_0 = 0 \tag{A-63}$$

である。c_0 はゼロではないので，カッコ内をゼロとするような二次方程式の解から2つの ρ の値を得る（ρ_1 と ρ_2）。

⑤ より高次の x の項についての同様の方程式は，係数 c_n の関係式を与えるが，それらは逐次的に解くことができる。このとき，ρ_1 を用いて元式を変形すれば特殊解 $u_1(x)$ が得られ，ρ_2 を用いて解けば特殊解 $u_2(x)$ が得られる。一般的に，この方法では級数の係数に関する漸化式が得られるので，特殊解は結構複雑な式になる。

⑥ 一般解は $u(x)=A_1u_1(x)+A_2u_2(x)$ で与えられる。

ただし，ρ が重根になる場合には唯一つの特殊解しかえられず，もう1つの特殊解を得ることは非常に困難である。しかし，このような微分方程式は，量子力学の一般的問題には出てこない。

それでは，次のような比較的簡単な微分方程式について，この方針で解いてみよう。

$$\frac{d^2y}{dx^2} - \frac{2x}{1-x^2}\frac{dy}{dx} + \frac{n(n+1)}{1-x^2}y = 0 \tag{A-64}$$

この微分方程式は Legendre の微分方程式と呼ばれるものである。この微分方程式は水素様原子の角度成分に関係する微分方程式であり，量子力学を学ぶ上で極めて重要である。

係数 $p(x)$ は $-2x/(1-x^2)$ であり，$x=0$ の周りで正則である（$q(x)$ も同じ）。このことは，$(1-x^2)^{-1}$ を級数展開して確認できる。

$$p(x) = -2x(1+x^2+x^4+\cdots) \tag{A-65}$$

その結果，この微分方程式の解は x のベキ級数を用いて表すことができる。

$$y(x) = x^\rho \sum_{n=0}^{\infty} a_n x^n \tag{A-66}$$

この例では $p(x)$ と $q(x)$ は級数に展開しない。

$$\begin{aligned}\frac{dy}{dx} &= \sum (k+\rho) a_n x^{k+\rho-1} \\ \frac{d^2y}{dx^2} &= \sum (k+\rho)(k+\rho-1) a_n x^{k+\rho-2}\end{aligned} \tag{A-67}$$

これらを元の微分方程式の両辺に $(1-x^2)$ をかけたものに代入する。

$$(1-x^2)\sum(k+\rho)(k+\rho-1)c_k x^{k+\rho-2} - 2x\sum(k+\rho)c_n x^{k+\rho-1}$$
$$+ n(n+1)\sum c_k x^{k+\rho} = \sum(k+\rho)(k+\rho-1)c_k x^{k+\rho-2}$$
$$-\sum(k+\rho)(k+\rho-1)c_k x^{k+\rho} - 2\sum(k+\rho)c_k x^{k+\rho} + n(n+1)$$
$$\sum c_k x^{k+\rho} = \sum(k+\rho)(k+\rho-1)c_k x^{k+\rho-2}$$
$$-\sum_{k=0}^{\infty}\{(k+\rho)(k+\rho-1)+2(k+\rho)-n(n+1)\}c_k x^{k+\rho}=0$$
(A-68)

最低の次数の項は，$k=0$ の時の ρ の二次であり，その係数は $\rho(\rho-1)$ である。したがって，係数 c_k をゼロにしないためには，$\rho=0$ または 1 であることがわかる。

① $\rho=0$ について特殊解を求める。

このとき，第二項は，

$$\sum k(k-1)c_k x^{k-2} - \sum_{k=0}^{\infty}\{k(k-1)+2k-n(n+1)\}c_k x^k = 0 \quad \text{(A-69)}$$

である。第一項では，$k=0$ と $k=1$ では明らかに値を持たない。したがって，第一項目の k を $k+2$ と置き換えても一般性を失わない。その結果，次式の関係から c_k に関する漸化式を得ることができる。

$$\sum_{k=0}^{\infty}(k+2)(k+1)c_{k+2}x^k - \sum_{k=0}^{\infty}\{k(k-1)+2k-n(n+1)\}c_k x^k = 0$$
$$c_{k+2} = \frac{(k+n+1)(k-n)}{(k+2)(k+1)}c_k$$
(A-70)

② 次に $\rho=1$ の場合を考察する。

$$\sum(k+1)kc_k x^{k-1} - \sum_{k=0}^{\infty}\{(k+1)k+2(k+1)-n(n+1)\}c_k x^{k+1} = 0 \quad \text{(A-71)}$$

第一項は，$k=0$ では値を持たない。しかし，これは①で検討したのと同じ形である。

①について検討すると，2つの初項を与える必要があることがわかる。つま

り，この漸化式については不定数が2つの数列を与えるのである。このような場合，積分定数が2つある二階の微分方程式をたった1つの漸化式で与えることが理解できる。

$$c_{k+2} = \frac{(k+n+1)(k-n)}{(k+2)(k+1)} c_k \tag{A-72}$$

k が偶数のとき，

$$\begin{aligned}
c_{2l} &= -\frac{n(2-n)\ldots(2l-2-n)(n+1)(n+3)\ldots(n+2l-1)}{(2l)!} c_0 \\
c_{2l+1} &= \frac{(1-n)(3-n)\ldots(2l-1-n)(n+2)(n+4)\ldots(n+2l)}{(2l+1)!} c_1
\end{aligned} \tag{A-73}$$

ただし，l は1から無限大である。

このことは次のような一般解を与えることを示す。$l=0$ に対応する値は，それぞれ任意の値であるから1としてある。

$$\begin{aligned}
y(x) = &c_0 \left(1 - \sum_{l=1}^{\infty} \frac{n(2-n)\ldots(2l-2-n)(n+1)(n+3)\ldots(n+2l-1)}{(2l)!} x^{2l} \right) \\
&+ c_1 \left(x + \sum_{l=1}^{\infty} \frac{(1-n)(3-n)\ldots(2l-1-n)(n+2)(n+4)\ldots(n+2l)}{(2l+1)!} x^{2l+1} \right)
\end{aligned} \tag{A-74}$$

ここでは，c_0 と c_1 は任意の積分定数であるため置き換えてある。

次に，もう1つ微分方程式の解法の例を挙げる。

この微分方程式は「合流型超幾何関数（hypergeometric function of confluent type）」に関係する微分方程式である。この複雑な名称は特異点の合流と変数変換ですべての数理物理学的線形常微分方程式はこの形に帰結することと関係する。超幾何関数という名称も，一定の条件を満たすベキ級数（超幾何級数）を解析解として持つことからきている。数学は複雑である。とにかく，この形の微分方程式は水素様波動関数の動径成分（剛体球の回転）に関係する解を与える（最終的にはルジャンドル（Laguere）陪多項式と呼ばれる直交多

項式系の解を与える）ので，量子力学を学ぶ上で極めて重要である。

$$x\frac{d^2y}{dx^2}+(c-x)\frac{dy}{dx}-by=0 \tag{A-75}$$

この微分方程式も，上で述べた方針通りに解いていく。

$$y=x^\rho\sum_{k=0}^{\infty}a_k x^k \tag{A-76}$$

と置いて元の微分方程式に代入すると，

$$\begin{aligned}
&x\left(\sum a_k(k+\rho)(k+\rho-1)x^{k+\rho-2}\right)+(c-x)\left(\sum a_k(k+\rho)x^{k+\rho-1}\right)-b\sum a_k x^{k+\rho}\\
&=\sum a_k(k+\rho)(x+\rho-1)x^{k+\rho-1}+c\sum a_k(k+\rho)x^{k+\rho-1}\\
&\quad -\sum a_k(k+\rho)x^{k+\rho}-b\sum a_k x^{k+\rho}\\
&=\sum a_k(k+\rho)(k+\rho+c-1)x^{k+\rho-1}-\sum(k+\rho+b)a_k x^{k+\rho}\\
&=\sum a_k(k+\rho)(k+\rho+c-1)x^{k+\rho-1}-\sum(k+\rho+b)a_k x^{k+\rho}\\
&=a_0\rho(\rho+c-1)x^{\rho-1}+\sum a_k(k+\rho+1)(k+\rho+c)x^{k+\rho}-\sum(k+\rho+b)a_k x^{k+\rho}=0
\end{aligned} \tag{A-77}$$

最低次数の項は $k=0$ のときの ρ である。この係数がゼロになるには次の方程式を満たす必要がある。

$$\rho(\rho+c-1)=0 \tag{A-78}$$

したがって，$\rho=0$ または $1-c$ が求める特殊解を与える。

① $\rho=0$ のとき，上の一番下の式の第二項目から漸化式が得られる。

$$\begin{aligned}
&\sum\{a_{k+1}(k+1)(k+c)x^k-(k+b)a_k x^{k+\rho}=0\\
&\therefore a_{k+1}(k+1)(k+c)=(k+b)a_k
\end{aligned} \tag{A-79}$$

その結果，次のような特殊解が得られる。ただし，a_0 は任意なので 1 にしてある。

$$y_1 = 1 + \frac{b}{c}\frac{x}{1!} + \frac{b(b+1)}{c(c+1)}\frac{x^2}{2!} + \frac{b(b+1)(b+2)}{c(c+1)(c+2)}\frac{x^3}{3!} + \cdots\cdots \quad (A\text{-}80)$$

② 同様に，$\rho = 1 - c$ とすると，次のような漸化式と特殊解が得られる。

$$a_{k+1}(k+1)(k+2-c) = (k+1+b-c)a_k$$
$$y_2 = x^{1-c} + \frac{1+b-c}{2-c}\frac{x}{1!} + \frac{(1+b-c)(2+b-c)}{(2-c)(3-c)}\frac{x^{2-c}}{2!} + \cdots\cdots \quad (A\text{-}81)$$

一般解はもちろん $y = A_1 y_1 + A_2 y_2$（A_1 と A_2 は共に積分定数）である。

5 母関数とベキ級数で表される関数

5-1 エルミート（Hermit）多項式

　ベッセル（Bessel）関数，エルミート（Hermit）関数，ルジャンドル（Legendre）関数などの特殊関数は，物理学の世界の描像に良くでてくる関数である。微分方程式を解いて解を得るのは，解となる関数を知った上でその関数がどのような微分方程式を満たすかを知るよりはるかに難しい。これらの関数の性質を知るために，後者の方法を用いてアプローチしてみよう。元になる関数（解となる関数）は母関数と呼ばれている。

　たとえば Hermit 多項式は次のような母関数を用いて定義されている。

$$K(x, h) = \exp(2hx - h^2) = e^{x^2} e^{-(x-h)^2} \quad (A\text{-}82)$$

この関数を h に関するベキ級数に展開すると次のようになる。

$$K(x, h) = \sum_{k=0}^{\infty} \frac{H_k(x)}{k!} h^k \quad (A\text{-}83)$$

このとき，$H_k(x)$ が k 次の Hermit の多項式と呼ばれるものである。この式

を h で k 回微分すると，

$$H_k(x) = \frac{\partial^k}{\partial h^k} K(x, h)]_{h=0}$$
$$= e^{x^2} \frac{\partial^k}{\partial h^k} e^{-(x-h)^2}]_{h=0} \quad \text{(A-84)}$$
$$= (-1)^k e^{x^2} \frac{\partial^k}{\partial x^k} e^{-x^2}$$

最後の微分形が Hermit の多項式を表す x の関数である。H_0, H_1, H_2, H_3 はそれぞれ次のような関数であることがわかっている。

$$\begin{aligned} H_0(x) &= 1 \\ H_1(x) &= 2x \\ H_2(x) &= 4x^2 - 2 \\ H_3(x) &= 8x^3 - 12 \end{aligned} \quad \text{(A-85)}$$

また，n が負でないときには，$H_k(x)$ は次の微分方程式の解になっていることが容易に証明できる。

$$\frac{d^2 y}{dx^2} - 2x \frac{dy}{dx} + 2ny = 0 \quad \text{(A-86)}$$

一般的に，Hermit 多項式は $H_{k+1}(x) = 2xH_k(x) - 2kH_{k-1}(x)$ の関係を満たすことがわかる。

5-2 ルジャンドル (Legendre) 多項式

Hermit 多項式の場合と同様に母関数から考える。Legendre 多項式の母関数は次のようなものである。

$$K(z, h) = (1 - 2zh + h^2)^{-\frac{1}{2}} \quad \text{(A-87)}$$

z は複素変数でありその絶対値が，一定値 R より小さい時には，次の条件を満たすときに，$K(z, h)$ はベキ級数に展開することができる。

$$2R|h|+|h|^2<1$$
$$K(z, h)=\sum_{k=0}^{\infty} P_k(z) h^k \tag{A-88}$$

Legendre 多項式は，このベキ級数の係数 $P_k(z)$ で定義される。

$$P_k(z)=\sum_{r=0}^{\alpha} \frac{(-1)^r(2k-2r)! z^{k-2r}}{2^k r!(k-r)!(k-2r)!} \tag{A-89}$$

ただし，

$$2r \leq k$$

であり，r は整数である。式 (A-89) の α は，k が偶数であれば，$k/2$ であり，k が奇数であれば $(k-1)/2$ である。
$P_k(z)$ を満たす微分方程式は次の形であることが知られている。

$$(1-z^2)\frac{d^2 u}{dz^2}-2z\frac{du}{dz}+n(n+1)u=0 \tag{A-90}$$

この微分方程式の解法はすでに示した。

Legendre 多項式には直行性という重要な性質がある。それは次のような関係である。証明は省く。

$$\int_{-1}^{1} P_m(z) P_n(z) dz = 0 \cdots\cdots (m \neq n)$$
$$\int_{-1}^{1} P_m(z) P_n(z) dz = \frac{2}{2n+1} \cdots\cdots (m=n) \tag{A-91}$$

5-3　球面調和関数

Legendre 多項式と関連して，Legendre 陪関数 $P_n^m(x)$ を定義する。

$$P_n^m(x) = (1-x^2)^{\frac{m}{2}} \frac{d^m}{dx^m} P_n(x) \tag{A-92}$$

m と n は負でない整数であり，n は m 以上の大きさである。量子力学的には x は -1 から 1 までの値を取るときのみ重要な関数であるから，この区間でのみ説明する。まず，Legendre 陪関数を解とする微分方程式を求めてみよう。

Legendre 陪関数は，先に説明した Legendre 微分方程式を満たす。Legendre 微分方程式（式(A-90)）を m 回微分すると次のようになる。

$$(1-x^2)\frac{d^{m+2}}{dx^{m+2}}g - 2x(m+1)\frac{d^{m+1}}{dx^{m+1}}g + (n-m)(n+m+1)\frac{d^m}{dx^m}g = 0 \tag{A-93}$$

ただし，$g = P_n(x)$ である。$t(x) = d^m \dfrac{g}{dx^m}$ とすれば，$t(x)$ は次の微分方程式を満たすから，

$$(1-x^2)\frac{d^2}{dx^2}t(x) - 2x(m+1)\frac{d}{dx}t(x) + (n-m)(n+m+1)t(x) = 0 \tag{A-94}$$

Legendre 陪関数 $P_n^m(x)$ の定義式と比較して，

$$t(x) = (1-x^2)^{-\frac{m}{2}} P_n^m(x) \tag{A-95}$$

であることがわかる。したがって，Legendre 陪関数 $P_n^m(x)$ を解とする微分方程式は次のような形であることが証明された。

$$(1-x^2)\frac{d^2y}{dx^2} - 2x\frac{dy}{dx} + \left[n(n+1) - \frac{m^2}{1-x^2}\right]y = 0 \tag{A-96}$$

この帰結は非常に重要である。すくなくとも，この微分方程式の解が Legendre 陪関数であることを知っているだけで，原子の軌道を理解するのがずい

ぶんと楽になる。

 m がゼロのときには，この微分方程式は Legendre の微分方程式になる。Legendre の微分方程式（$m=0$）の解と Legendre 陪関数を解とする微分方程式（m not 0）の解が共に有限である（無限に発散しない）ための条件は「n が負でない整数で，なおかつ n が m の絶対値を含みそれ以上の大きさのときだけである」ことが数学的に証明できる。

 Legendre 陪関数は，Legendre 関数と同様に直行性を示す。これも非常に重要な性質である。証明は省くが，以下の性質がわかっている。

$$\int_{-1}^{1} P_n^m(x) P_n^m(x)\, dx = \frac{(n+m)!}{(n-m)!} \frac{2}{2n+1} \tag{A-97}$$

 三次元の波動方程式を解くと次のような関数が極座標表現の角度成分として表れる。

$$Y_{n,m}(\theta, \varphi) = \left[\frac{2n+1}{4\pi} \frac{(n-|m|)!}{(n+|m|)!} \right]^{\frac{1}{2}} P_n^{|m|}(\cos\theta)\, e^{im\varphi} \tag{A-98}$$

この関数（球面調和関数）は，上に示した性質から球面上で直行な関数系を形成する。$Y_{n,m}(\theta, \phi)$ の係数

$$\left[\frac{2n+1}{4\pi} \frac{(n-|m|)!}{(n+|m|)!} \right]^{\frac{1}{2}} \tag{A-99}$$

は規格化定数である。

B　線形代数学編

　量子力学は「私たちが観測しようとする物理量に対応する演算子をいかに造りだすか」を指し示してくれる考え方であるが，この学問領域は2つのまったく違う見地から発展してきた。一般的な教科書では，量子論の導入はシュレーディンガー波動方程式を解析的に解くところから始まる（波動力学）。

$$H\Psi = E\Psi$$

しかし，波動方程式は固有値問題であるから，他の見方ができることはヴェルナー・ハイゼンベルクによって確立されている。それはマトリックスを用いる代数学的手法（マトリックス力学）であるが，これら2つの体系が基本的には同一のものであることをポール・ディラックは証明した。

　この他にも，線形代数学的知識は分子の対称性に関わる群論など，科学の世界で極めて重要な概念である。ここでは，まずそのコンセプトを学ぶことを主題とし，演算方法に習熟することを第二の目的と考えるため，詳しい証明については多くを記述しない。

1　行列と行列式

まずいくつかの定義を並べてみよう。

① n次元のベクトル α とは n 個の数字の組である：$\alpha = (\alpha_1, \alpha_2, \alpha_3, \alpha_4, \alpha_5, \cdots \alpha_n)$。

　$\alpha_1, \alpha_2, \alpha_3, \alpha_4, \alpha_5, \cdots \alpha_n$ はベクトルの要素（component）と呼ばれる実数あるいは複素数であり，前もって定義された決まった順番で並んでいる。

② ベクトル空間とは，次の2つの性質を有するベクトルの組である。ここではベクトル空間を形成するベクトルのセット（名）を上付きギリシア文字で表し，下付きギリシア文字はベクトルの要素を表すことにする。

　(a) ベクトル空間を形成するそれぞれのベクトル $(\alpha^1, \alpha^2, \alpha^3, \cdots\cdots)$ の和は交換可能である：$\alpha^1 + \alpha^2 = \alpha^2 + \alpha^1 = (\alpha_1^1 + \alpha_1^2, \alpha_2^1 + \alpha_2^2, \alpha_3^1 + \alpha_3^2, \cdots\cdots, \alpha_n^1 + \alpha_n^2)$

(b) ベクトル α とスカラー c の積 $c\alpha$ は α の各コンポーネントと c の積の組で表される新たなベクトルになる。スカラー量との積には分配則と結合則が成り立つ。：$c\alpha = (c\alpha_1,\ c\alpha_2,\ c\alpha_3,\ c\alpha_4,\ c\alpha_5,\ \cdots c\alpha_n)$.

$c(\alpha + \beta) = c\alpha + c\beta$

$c_1(c_2\alpha) = (c_1 c_2 \alpha)$

③ ユークリッドベクトル空間 (Euclidean vector space) のベクトルの要素はすべて実数であり、任意の2つのベクトルの内積 (inner product, $\langle \alpha | \beta \rangle$) は交換可能 (symmetric) であり、分配則が成り立つ (bilinear)。また、ベクトルの長さ ($\langle \alpha | \alpha \rangle$) は正またはゼロである。

ベクトルの内積も、関数の内積と同様に $\langle \alpha | \beta \rangle$ と表現する：$\langle \alpha | \beta \rangle = \alpha_1\beta_1 + \alpha_2\beta_2 + \alpha_3\beta_3 \cdots\cdots + \alpha_n\beta_n$。ユークリッドベクトル空間では $\langle \alpha | \beta \rangle = \langle \beta | \alpha \rangle$ であり、$\langle \alpha + \beta | \gamma \rangle = \langle \alpha | \gamma \rangle + \langle \beta | \gamma \rangle$ である。

④ エルミートベクトル空間 (Hermitian vector space) は、要素が複素数のベクトルから成っており、任意の2つのベクトルの内積は交換に対してエルミーチアン ($\langle \alpha | \beta \rangle = \alpha_1^*\beta_1 + \alpha_2^*\beta_2 + \alpha_3^*\beta_3 + \cdots\cdots + \alpha_n^*\beta_n = \langle \beta | \alpha \rangle^*$ の関係) である。

結合則が成り立ち、ベクトルの長さは正またはゼロである：$\langle \alpha + \beta | \gamma \rangle = \langle \alpha | \gamma \rangle + \langle \beta | \gamma \rangle$、$\langle \alpha | \alpha \rangle$ は正またはゼロ。

⑤ 2つのベクトルの内積がゼロのとき、この2つのベクトルは直交しているという。

⑥ 関数の場合と同様に、ベクトルにも「ノルム (norm, 長さ)」を定義することができる：$N(\alpha) = \langle \alpha | \alpha \rangle = |\alpha|^2$。ノルムが1であるとき、そのベクトルは規格化されているという。関数系の関係の場合と同様に、規格直交化されたベクトル系を作ることができる (orthonormal set of vectors)。

⑦ あるベクトル空間の任意のベクトルがいくつかのベクトルのセット $\{\alpha^i\}$ の線形結合で表現できるとき、そのベクトル空間は $\{\alpha^i\}$ で張られているといい、そのようなベクトルの最少の数を次元 (dimension) と呼ぶ。

⑧ n 個のベクトル $\alpha^i (i=1\sim n)$ が独立したベクトルであることの必要十分

条件は，

$$c_1 a^1 + c_2 a^2 + c_3 a^3 \cdots\cdots + c_n a^n = 0$$

を満たす唯一の解が「すべての c_i がゼロであること」である。

⑨ あるベクトル空間を張るのは，orthonormal 基底ベクトルセット（basis set）である。

これらの定義から，あるベクトル空間の任意のベクトル ξ は，そのベクトル空間を張る基底ベクトルセット $\{\phi^i\}$ の線形結合で表されることがわかる（定理）。

$$\xi = \sum_i c_i \phi^i \tag{B-1}$$

このとき，関数系の規格直交性の場合の表現と同様に c_i は，

$$c_i = \langle \phi^i | \xi \rangle \tag{B-2}$$

になっている。したがって，任意の2つのベクトル，ξ と η，の内積は，基底ベクトルを媒介にして，

$$\langle \xi | \eta \rangle = \sum_i \langle \xi | \phi^i \rangle \langle \phi^i | \eta \rangle \tag{B-3}$$

である。

これらの関係は orthonormal な関係にある関数系についても同様に成り立つことがおわかりであろうか。

以上の性質を利用すると，与えられた有限個のベクトルが線形結合に関して互いに独立しているのか，あるいは従属しているのかを判断することができる。例えば，次のような3つの四元ベクトルがあると考える。

$$\begin{aligned} \alpha &= (\alpha_1,\ \alpha_2,\ \alpha_3,\ \alpha_4) \\ \beta &= (\beta_1,\ \beta_2,\ \beta_3,\ \beta_4) \end{aligned} \tag{B-4}$$

$$\gamma = (\gamma_1, \ \gamma_2, \ \gamma_3, \ \gamma_4)$$

これら行ベクトルをたてに並べると，

$$\begin{array}{cccc} \alpha_1 & \alpha_2 & \alpha_3 & \alpha_4 \\ \beta_1 & \beta_2 & \beta_3 & \beta_4 \\ \gamma_1 & \gamma_2 & \gamma_3 & \gamma_4 \end{array} \quad (\text{B-5})$$

のような羅列ができる。この中から γ に関する要素を1番目から消して行く。α ベクトルの各要素に同じスカラー量をかけて γ ベクトルから差し引いてみたとき，γ_1 がゼロになるようにすることができる。この場合は γ_1/α_1 を α ベクトルにかけて，それを γ ベクトルから差し引けば良い。その結果，次のような行列ができる。

$$\begin{array}{cccc} \alpha_1 & \alpha_2 & \alpha_3 & \alpha_4 \\ \beta_1 & \beta_2 & \beta_3 & \beta_4 \\ 0 & \gamma_2-\gamma_1\alpha_2/\alpha_1 & \gamma_3-\gamma_1\alpha_3/\alpha_1 & \gamma_4-\gamma_1\alpha_4/\alpha_1 \end{array} \quad (\text{B-6})$$

同様の操作を β_1 を消去するように行なった後，変換されて β_1 がゼロになった行を用いて，元の γ_2 の位置がゼロになるようにかけ算とひき算を行う。このようにしてできた新しい羅列は次のような形をしているはずである。

$$\begin{array}{cccc} x & x & x & x \\ 0 & x & x & x \\ 0 & 0 & y & z \end{array} \quad (\text{B-7})$$

このような操作を繰り返して，γ ベクトルの要素がすべてゼロになるようであれば，ベクトル γ は従属ベクトルであり，α ベクトルと β ベクトルの一次結合で表すことができることがわかる。

ここで用いた考え方は，行列に関する次のような定義と関係する。

① スカラー量を長方形に並べた配置を行列（matrix）と呼ぶ。行列のi行目（横の並びを上から数える）でj列目（縦の並びを左から数える）のスカラー量を，その行列のi,j要素（element）と呼ぶ。n 個の行と m 個の列を有する行列を $n \times m$ 行列（$n \times m$ matrix）と称する。

② 行列の行（row）に関する基本演算は次の3つである。
  (a) 行ベクトルにスカラー量 c をかける（行のすべての要素に c をかける）
  (b) 2つの行ベクトルをたす（各行の同じ列の要素どうしをたす）
  (c) 2つの行ベクトルを入れ替える

③ 行番号と列番号が一致する要素，$a_{11}, a_{22}, a_{33}, a_{44}$……. は，対角要素（diagonal element）と呼ばれる（行と列の数が一致しない場合も含む）。

④ 対角要素より下側の要素がすべてゼロの行列を三角行列と呼ぶ。

⑤ ②で記した基本演算によって変形してできた行列を row equivalent な行列と呼ぶ。

以上の定義に基づけば，次のような定理（先に示したもの）を導くことが可能である：②の基本操作で得られた row equivalent な三角行列について，すべての要素がゼロの行ができなければ，元々の行列を構成する行ベクトルはすべて一次独立である。

例えば，行列 $\begin{pmatrix} 1 & -1 & 3 \\ 2 & -4 & 1 \\ 0 & 3 & 2 \end{pmatrix}$ と行列 $\begin{pmatrix} 1 & 2i & 1+i \\ 4 & 6-i & 7 \\ -2 & -6+5i & -5+2i \end{pmatrix}$ では，前者の行列はすべての行が一次独立であるのに対して，後者の行列では，そうではないことがこの定理によって容易に証明できる。

次に，行列，行列式，線形変換などの，行列の性質について説明する。

行列の和と積についての定義は以下のようなものである。

① 2つの行列は，同じ次元のものであればたし算（あるいはひき算）することができる。$m \times n$ 行列 A と $m \times n$ 行列 B の和の $m \times n$ 行列 C の要素

は次のようになる。

$c_{ij}=a_{ij}+b_{ij}$

今後，行列は大文字で，その要素は小文字（あるいは小さな大文字 A_{ij} など）で表すことにする。

② 2つの行列は，かけられる側の列とかける側の行が同じときにのみかけ算できる。すなわち，$m \times n$ 行列に $n \times p$ 行列をかけできた積の行列 C は $m \times p$ 行列になり，その要素は $c_{ij}=\sum_{k=1}^{m} a_{ik}b_{kj}$ である。

すなわち，$\begin{pmatrix} 3 & 1 & 2 \\ 1 & 2 & 3 \end{pmatrix} \begin{pmatrix} 1 & 0 & 1 & 0 \\ 0 & 1 & 0 & 1 \\ 1 & 0 & 1 & 0 \end{pmatrix} = \begin{pmatrix} 5 & 1 & 5 & 1 \\ 4 & 2 & 4 & 2 \end{pmatrix}$

③ 行列どうしの積は可換ではない。このことは定義から容易に理解できる。例えば，

$\begin{pmatrix} 1 & 2 \\ 3 & 4 \end{pmatrix} \begin{pmatrix} 4 & 3 \\ 2 & 1 \end{pmatrix} = \begin{pmatrix} 8 & 5 \\ 20 & 13 \end{pmatrix} \neq \begin{pmatrix} 4 & 3 \\ 2 & 1 \end{pmatrix} \begin{pmatrix} 1 & 2 \\ 3 & 4 \end{pmatrix} = \begin{pmatrix} 13 & 20 \\ 5 & 8 \end{pmatrix}$

④ すべての要素がゼロの行列はゼロ行列と呼び O で表す。：$A+O=A$

⑤ 単位行列（unit matrix or identity matrix）とは対角要素がすべて1でその他の要素がすべてゼロの正方（$n \times n$）行列で，E（あるいは I）で表す：$e_{ii}=1, e_{ij}=0 (i \neq j)$ あるいはクロネッカ δ を用いて，$e_{ij}=\delta_{ij}$
このことは，単位行列との積が両方向から定義されるときには可換であることを示している。

$(EA)=(AE)$ なぜなら，$(EA)_{ij}=\sum \delta_{ik}a_{kj}=a_{ij}=\sum a_{ik}\delta_{kj}=(AE)_{ij}$

このように，一般的な代数学における1に対応するような行列が存在するということは，行列 A に対して A^{-1} という行列が存在しうることを示している。すなわち，行列どうしの演算として，わり算も定義できそうである。

⑥ 行列 A は，正方行列であるときに限って，$AA^{-1}=A^{-1}A=E$ を満たす

逆行列（inverse matrix）を定義することができる。どのような正方行列にも逆行列が存在するわけではない。

定　理

行列 A は，すべての行が一次独立であるときにのみ逆行列を有する。逆行列は，次のようにして求めることができる。(1) 行列 A の行に対して何回か基本操作（スカラー量をかけて他の行にたしひきする）を繰り返し，単位行列 E にする。その時とまったく同じ操作を，今度は A と次元の同じ単位行列に行なえば，その結果が A^{-1} になる。このことから，A は逆行列を有する際（A の行が一次独立であるとき）には E と row-equivalent であることが理解される。

例えば，$A = \begin{pmatrix} 1 & 2 \\ 3 & 4 \end{pmatrix}$ の逆行列は次のようにして求めることができる。

(a) 一行目のベクトルを3倍して二行目から引く：$\begin{pmatrix} 1 & 2 \\ 0 & -2 \end{pmatrix}$

(b) 二行目のすべての要素を-2で割る：$\begin{pmatrix} 1 & 2 \\ 0 & 1 \end{pmatrix}$

(c) 二行目のベクトルを2倍して一行目から引く：$\begin{pmatrix} 1 & 0 \\ 0 & 1 \end{pmatrix}$

以上の操作を単位ベクトに対して同様に行なうと A の逆行列が得られるのであるが，ここでは，左右に行列 A と単位行列 E を並べて書いて同時に演算し，行列 A が単位行列になった時の（元々）単位行列であった行列の変化を見ることにする。

$\begin{pmatrix} 1 & 2 & 1 & 0 \\ 3 & 4 & 0 & 1 \end{pmatrix}$ に対して，

(a) 一行目のベクトルを3倍して二行目から引く：$\begin{pmatrix} 1 & 2 & 1 & 0 \\ 0 & -2 & -3 & 1 \end{pmatrix}$

(b) 二行目のすべての要素を-2で割る：$\begin{pmatrix} 1 & 2 & 1 & 0 \\ 0 & 1 & \dfrac{3}{2} & -\dfrac{1}{2} \end{pmatrix}$

(c) 二行目のベクトルを2倍して一行目から引く：$\begin{pmatrix} 1 & 0 & -2 & 1 \\ 0 & 1 & \dfrac{3}{2} & -\dfrac{1}{2} \end{pmatrix}$

したがって，$A^{-1} = \begin{pmatrix} -2 & 1 \\ \dfrac{3}{2} & -\dfrac{1}{2} \end{pmatrix}$である。

逆行列を求めるにはこの他にも，行列式を使ったもう少し間違いにくい方法がある。次に行列に関するもう1つの重要な定義について記す。

⑦ 行列Aの転置行列（transpose）^{tr}Aの要素はa_{ji}である。すなわち，transpose of Aとは，行列Aの要素を対角要素に対してひっくり返した配置の行列のことを指す。

転置行列は量子力学で重要な意味を持つが，とりあえずその性質は次のようなものである：(a) $^{tr}(AB) = {^{tr}A}\,{^{tr}B}$であり，後述する逆行列の演算から(b) もし行列$A$と$B$に逆行列が存在するときには，$(AB)^{-1} = A^{-1}B^{-1}$であることと関係している。

行列（matrix）に対して，行列式（determinant）の定義は複雑である。ここでは，実践を旨とするので，例を示すことによって定義に変えることにする。

線形連立一次方程式との関係を見るのが一番わかりやすい。次の連立一次方程式，

$$a_{11}x + a_{12}y = b_1$$
$$a_{21}x + a_{22}y = b_2 \qquad \text{(B-8)}$$

の解析解は，

$$x_1 = \frac{b_1 a_{22} - b_2 a_{12}}{a_{11} a_{22} - a_{12} a_{21}} \tag{B-9}$$

である。この式の分母は元の方程式の（左辺の）未知数 x, y の係数をすべて含んでいる。係数のみの値を取って行列を作れば，

$$A = \begin{pmatrix} a_{11} & a_{12} \\ a_{21} & a_{22} \end{pmatrix} \tag{B-10}$$

という行列ができあがるが，この行列の式の値として下記の演算を定義することが可能であり，これを行列 A の行列式（$\det A$）と呼ぶことにする。

$$\det A = \begin{vmatrix} a_{11} & a_{12} \\ a_{21} & a_{22} \end{vmatrix} = a_{11} a_{22} - a_{12} a_{21} \tag{B-11}$$

行列式に対するいくつかの重要な定義を示す。

① 整数 n の順列（n 個の区別できるものを順番に並べる時に可能な並べ方の数）を P と置くとき，$P = n!$ であることは高校で学んだ。sign P で表される順列の符号は，ある順番に並んだ並びの位置を，偶数回入れ替えて作った新しい順列については正，奇数回の入れ替えでできた新しい順列については負と定義される。例えば，(1, 2, 3) という順列があるとき，これを並び替えた $P = (2, 1, 3)$ という順列については sign P = minus, $P = (2, 3, 1)$ という順列については sign P = plus となる。

② $n \times n$ 正方行列の行列式（$\det A$）の値は，実数あるいは複素数になる。

$$\det A = |A| = \sum_{\text{all permutation}, P}^{n!} (\text{sign} P) a_{1x} a_{2y} \ldots\ldots a_{nz} \tag{B-12}$$

ただし，x, y, z $\leq n$ の整数である。

たとえば，

$$A = \begin{pmatrix} a_{11} & a_{12} \\ a_{21} & a_{22} \end{pmatrix}$$ については，$n! = 2$ であるから，順列としては (a_{11}, a_{22}) と (a_{12}, a_{21}) しかなく，(a_{11}, a_{22}) が元々の順番とすれば，(a_{11}, a_{22}) は添

字の番号を1つも入れ替えてないので $\mathrm{sign}P=+$ である。一方 (a_{12}, a_{21}) は，元の順列の添字の 11 と 22 $[(a_{11}, a_{22})$ のこと$]$ の後ろの 1 と 2 を 1 回だけ入れ替えたものに対応しているので，$\mathrm{sign}P=-$ である。その結果，(a_{12}, a_{21}) の積をたすときには符号が負になっており，

$\det A=|A|=a_{11}a_{22}-a_{12}a_{21}$ となる。この関係は三行三列の行列の値を確認するとよりわかりやすい。

$A=\begin{pmatrix} a_{11} & a_{12} & a_{13} \\ a_{21} & a_{22} & a_{23} \\ a_{31} & a_{32} & a_{33} \end{pmatrix}$ の行列式では 3！＝6 個の要素の積が考えられる。基準は $a_{11}a_{22}a_{33}$（＋）であるとする。これらの要素の他には，添字の最初の桁の数字を固定して考え，二桁目がそれぞれ何回の数字の入れ替えでできるかを考えると，6 個の順列がすべて求められる。カッコ内の記号は $\mathrm{sign}P$ を表す。

$a_{11}a_{23}a_{32}(-)$　$a_{12}a_{21}a_{33}(-)$　$a_{12}a_{23}a_{31}(+)$　$a_{13}a_{22}a_{31}(-)$　$a_{13}a_{21}a_{32}(+)$

つまり，添字の一桁目を固定した時の二桁目の数字の並びはそれぞれ $(1, 2, 3)$，$(1, 3, 2)$，$(2, 1, 3)$，$(2, 3, 1)$，$(3, 2, 1)$，$(3, 1, 2)$ となっており，過不足なく数え上げていることがわかる。

すなわち，

$A=\begin{pmatrix} a_{11} & a_{12} & a_{13} \\ a_{21} & a_{22} & a_{23} \\ a_{31} & a_{32} & a_{33} \end{pmatrix}=a_{11}a_{22}a_{33}+a_{12}a_{23}a_{31}+a_{13}a_{21}a_{32}-a_{11}a_{23}a_{32}-a_{12}a_{21}a_{33}-a_{13}a_{22}a_{31}$

となる。

一般的な $n\times n$ 正方行列の行列式の値を，この方法で求めることはお勧めできない。そこで，余因子行列を定義することによって一般化する。

① 余因子行列（cofactor）A_{ij} とは，$n\times n$ 行列におけるある要素 a_{ij} に対して次式の関係を持つ $(n-1)\times(n-1)$ 行列式に対応する値であり，小行列式（minor）M と次のような関係を持つ。

$$A = \begin{pmatrix} a_{11} & a_{12} & a_{13} & a_{14} \\ a_{21} & a_{22} & a_{23} & a_{24} \\ a_{31} & a_{32} & a_{33} & a_{34} \\ a_{41} & a_{42} & a_{42} & a_{44} \end{pmatrix}$$
のとき，この行列の行列式は次のように余因子展開できる．1つの行に着目して，その行の要素で展開するときには，その要素と同じ行および同じ列のすべての要素を削除して残った要素のみでできる行列式を minor（小行列式），M_{ij}，と呼び，展開に利用した要素 a_{ij} の i と j の和によって替わる符号を小行列にかけたものを余因子行列式，A_{ij}，と呼ぶ．

$$A = \begin{pmatrix} a_{11} & a_{12} & a_{13} & a_{14} \\ a_{21} & a_{22} & a_{23} & a_{24} \\ a_{31} & a_{32} & a_{33} & a_{34} \\ a_{41} & a_{42} & a_{42} & a_{44} \end{pmatrix}$$

$$M_{23} = \begin{pmatrix} a_{11} & a_{12} & a_{14} \\ a_{31} & a_{32} & a_{34} \\ a_{41} & a_{42} & a_{44} \end{pmatrix}$$

(B-13)

行列式 A を第二行で余因子展開するときに，a_{23} の要素に関係する小行列（小行列式）M_{23} は行列 A の第二行と第三列の要素をすべて取り去ったものに対応する．また，余因子行列式の値は，展開する要素の i と j の和に応じて，次のように符号が換わる．

$$A_{ij} = (-1)^{i+j} M_{ij} \tag{B-14}$$

───── 定　理 ─────

余因子 A_{ij} あるいは小行列式 M_{ij} を用いることによって，$n \times n$ 行列の行列式は次式のように，$(n-1) \times (n-1)$ 行列式の和に展開できる（任意の i 行目で展開した時）．

$$\det A = \sum_j a_{ij} A_{ij} = \sum_j a_{ij}(-1)^{i+j} M_{ij} \quad \text{(すべての } i \text{ に対して)} \quad \text{(B-15)}$$

次にこの方法で3×3行列式を展開して値を求めてみよう。

$$\begin{vmatrix} 1 & 0 & 2 \\ 3 & 4 & -1 \\ -2 & 1 & 1 \end{vmatrix} = 1 \times (-1)^{1+1} \begin{vmatrix} 4 & -1 \\ 1 & 1 \end{vmatrix} + 0 \times (-1)^{1+2} \begin{vmatrix} 3 & -1 \\ -2 & 1 \end{vmatrix} + 2 \times (1-)^{1+3} \begin{vmatrix} 3 & 4 \\ -2 & 1 \end{vmatrix}$$

$$= 3 \times (-1)^{2+1} \begin{vmatrix} 0 & 2 \\ 1 & 1 \end{vmatrix} + 4 \times (-1)^{2+2} \begin{vmatrix} 1 & 2 \\ -2 & 1 \end{vmatrix} - 1 \times (1-)^{2+3} \begin{vmatrix} 1 & 0 \\ -2 & 1 \end{vmatrix}$$

$$= -2 \times (-1)^{3+1} \begin{vmatrix} 0 & 2 \\ 4 & -1 \end{vmatrix} + 1 \times (-1)^{3+2} \begin{vmatrix} 1 & 2 \\ 3 & -1 \end{vmatrix} + 1 \times (1-)^{3+3} \begin{vmatrix} 1 & 0 \\ 3 & 4 \end{vmatrix}$$

それぞれ，第一行，第二行，第三行で展開したものであるが，行列式の値はすべて27になっていることが確認できる。ある行の要素がゼロを含むときには，その行で展開すれば非常にたやすく行列式の値を求めることができることがわかるであろう。

―― 定 理 ――
正方行列のある1つの行の要素すべてに定数 C をかけると，その行列の行列式の値は，元の行列の行列式の値を C 倍したものになる。

行列 A を i 行目で余因子展開した時の余因子行列式を A_{ij} とすると，

$$|A| = \sum_j a_{ij} A_{ij} \quad \text{(B-16)}$$

行列 A のある行に定数 c をかけてできた新たな行列 B について，i 行目で余因子展開すると，

$$|B| = \sum_j b_{ij} B_{ij} = \sum_j c a_{ij} A_{ij} = c \sum_j a_{ij} A_{ij} = c|A| \quad \text{(B-17)}$$

---定 理---
ある行列の任意の2つの行を入れ替えてできる行列の行列式の値は，元の行列の行列式の値と同じで，符号が異なる。この定理は1回の配列の交換を含むことから理解される。複雑な証明は行なわない。この定理から，次のことが演繹される。

（演繹）2つの行の要素がまったく同じ正方行列の行列式の値はゼロである。

同じ配列の2つの行を入れ替えた行列の行列式の値は符号が逆になっている。しかし，これら2つの行列式はまったく同じものであるから，$|A|=-|A|$となる。この条件を満たすのは$|A|=0$のときだけである。

---定 理---
正方行列の任意の行を，他の行に加算してできる新たな行列の行列式の値は，元の行列の行列式の値と同じである。

行列Aのi行目とk行目を加算した要素をi行目に持つ新たな行列をBとする。Bをi行目で余因子展開すると，

$$|B|=\sum_j b_{ij}B_{ij}=\sum_j (a_{ij}+a_{kj})A_{ij}=\sum_j a_{ij}A_{ij}+\sum_j a_{kj}A_{ij}=|A| \quad \text{(B-18)}$$

なぜなら，第二項は同一の行を有する行列式に対応するからである。

ここで行列における基本操作と，その時の行列式の値の関係をまとめておく。

行列に対する基本操作	行列式に与える効果
任意の1つの行を定数倍する	行列式の値は定数倍される
任意の2つの行を入れ替える	行列式の値の符号が変わる
任意行を他の行に加えて新たな行列を作る	行列式の値は変わらない

さらに，次の定理によって，ここまで考えてきた行に関する性質が列の関係に拡張できる。

定理

2つの行列式の積の値は，2つの行列の積の行列式の値に等しい。

$$|AB|=|A||B| \tag{B-19}$$

この定理の証明は省略する。ここまでは，行列の行に関する操作について眺めてきたが，この定理から次のような関係が，列に関する基本操作との関係として演繹される。

行に関する記述	列に関する演繹的記述
(1) 行列式は，任意の行について余因子あるいは小行列式を用いて展開できた $\det A = \sum_j a_{ij}A_{ij} = \sum_j a_{ij}(-1)^{i+j}M_{ij}$	行列式は，任意の列についても対応する余因子あるいは小行列式を用いて展開できる $\det A = \sum_i a_{ij}A_{ij} = \sum_i a_{ij}(-1)^{i+j}M_{ij}$
(2) ある行に定数をかけると，行列式の値が定数倍になる	ある列に定数をかけると，行列式の値が定数倍になる
(3) 2つの行を入れ替えると行列式の値の符号が換わる	2つの列を入れ替えると行列式の値の符号が換わる
(4) 2つの行の要素が同じ行列の，行列式の値はゼロである	2つの列の要素が同じ行列の，行列式の値はゼロである
(5) ある行に他の行を加算して作った行列の行列式の値は，元の行列の行列式の値と同じである	ある列に他の列を加算して作った行列の行列式の値は，元の行列の行列式の値と同じである

ここからは，行列式と連立一次方程式の解法に関する記述である。

定理

正方行列 A は，$\det A$ がゼロでなければ逆行列（inverse matrix）を有し，逆行列の要素は次式のように，元の行列 A の転置行列（A' or ^{tr}A）の余因子行列式の値を A の行列式の値でわったものとして与えられる。余因子はマイナー（小行列式）の値に $(-1)^{i+j}$ をかけたものであることを思い出そう。

$$(A^{-1})_{ij} = \frac{A_{ji}}{|A|} \tag{B-20}$$

さらに,

> **定 理**
>
> 正方行列の行ベクトルは,その正方行列の行列式の値がゼロでないときに限って,すべて一次独立である。

2 連立一次方程式とクラメールの定理

一般的な連立一次方程式は,

$$
\begin{aligned}
a_{11}x_1 + a_{12}x_2 + \cdots\cdots a_{1n}x_n &= y_1 \\
a_{21}x_1 + a_{22}x_2 + \cdots\cdots a_{2n}x_n &= y_2 \\
&\cdots\cdots \\
a_{n1}x_1 + a_{n2}x_2 + \cdots\cdots a_{nn}x_n &= y_n
\end{aligned}
\tag{B-21}
$$

$$
\begin{pmatrix} a_{11} & a_{12} & \cdots & a_{1n} \\ a_{21} & a_{22} & \cdots & a_{2n} \\ \cdots & \cdots & \cdots & \cdots \\ a_{n1} & a_{n2} & \cdots & a_{nn} \end{pmatrix} \begin{pmatrix} x_1 \\ x_2 \\ \cdots \\ x_n \end{pmatrix} = \begin{pmatrix} y_1 \\ y_2 \\ \cdots \\ y_n \end{pmatrix}
$$

行列を使った表現で次のように表すことができる。

$$
\begin{pmatrix} a_{11} & a_{12} & \cdots & a_{1n} \\ a_{21} & a_{22} & \cdots & a_{2n} \\ \cdots & \cdots & \cdots & \cdots \\ a_{n1} & a_{n2} & \cdots & a_{nn} \end{pmatrix} \begin{pmatrix} x_1 \\ x_2 \\ \cdots \\ x_n \end{pmatrix} = \begin{pmatrix} b_1 \\ b_2 \\ \cdots \\ b_n \end{pmatrix} \qquad AX = B \tag{B-22}
$$

定　義

上記のような連立一次方程式の行列表現について，等号の右側の b_n に関する列ベクトル（Bベクトル）を係数行列（Aベクトル）の1番右側に付けたしてできる行列を augmented matrix（拡張行列）と呼ぶ．

$$拡張行列 * A = \begin{pmatrix} a_{11} & a_{12} & \cdots\cdots & a_{1n} b_1 \\ a_{21} & a_{22} & \cdots\cdots & a_{2n} b_2 \\ \cdots & \cdots & \cdots & \cdots \\ a_{n1} & a_{n2} & \cdots\cdots & a_{nn} b_n \end{pmatrix} \tag{B-23}$$

定　義

B がゼロのとき，同次式は homogeneous と呼ぶ．

定　理

連立一次方程式は，係数行列の行列式の値がゼロでないときにのみ解を持ち，その解法はクラメール（Cramer）の規則から求められる．

方程式 $AX=B$ の両辺に係数行列の逆行列を左側からかけると，

$$A^{-1}AX = X = A^{-1}B \tag{B-24}$$

連立方程式は，このように行列のまま解くこともできるが，Cramer の規則を使って求めることもできる．

$$x_i = \frac{\begin{vmatrix} a_{11} & a_{12} & \cdots b_1 \cdots\cdots & a_{1n} \\ a_{21} & a_{22} & \cdots b_2 \cdots\cdots & a_{2n} \\ \cdots & \cdots & \cdots\cdots & \cdots \\ a_{n1} & a_{n2} & \cdots b_n \cdots\cdots & a_{nn} \end{vmatrix}}{\det A} \tag{B-25}$$

すなわち，係数行列における未知数 x_i の係数をすべて b_i で置き換えた行列の行列式の値を，元の係数行列の行列式の値でわったものが x_1 である．以下にいくつかの解法の例を示す．

<u>(例1) 次の連立方程式を解け．</u>

$$4x + 4y = 2$$
$$8x - 2y = 4$$

(1) 逆行列を用いる方法

方程式を表す行列表現は，$\begin{pmatrix} 4 & 4 \\ 8 & -2 \end{pmatrix}\begin{pmatrix} x \\ y \end{pmatrix} = \begin{pmatrix} 2 \\ 4 \end{pmatrix}$ である．係数行列 $A = \begin{pmatrix} 4 & 4 \\ 8 & -2 \end{pmatrix}$ の逆行列は $A^{-1} = \dfrac{-1}{40}\begin{pmatrix} -2 & -4 \\ -8 & 4 \end{pmatrix} = \begin{pmatrix} \dfrac{1}{20} & \dfrac{1}{10} \\ \dfrac{1}{5} & -\dfrac{1}{10} \end{pmatrix}$ である．

したがって $\begin{pmatrix} x \\ y \end{pmatrix} = \begin{pmatrix} \dfrac{1}{20} & \dfrac{1}{10} \\ \dfrac{1}{5} & -\dfrac{1}{10} \end{pmatrix}\begin{pmatrix} 2 \\ 4 \end{pmatrix}$ より，$\begin{pmatrix} x \\ y \end{pmatrix} = \begin{pmatrix} \dfrac{1}{2} \\ 0 \end{pmatrix}$ である．

(2) Cramer の方法

$$x = \frac{\begin{vmatrix} 2 & 4 \\ 4 & -2 \end{vmatrix}}{\begin{vmatrix} 4 & 4 \\ 8 & -2 \end{vmatrix}} = \frac{-20}{-40} = \frac{1}{2}$$

$$y = \frac{\begin{vmatrix} 4 & 2 \\ 8 & 4 \end{vmatrix}}{\begin{vmatrix} 4 & 4 \\ 8 & -2 \end{vmatrix}} = \frac{0}{-40} = 0$$

<u>(例2) 次の連立方程式の解を求めよ．</u>

$$4x + 4y = 2$$
$$8x - 2y = 4$$
$$x + y = 1$$

解：係数行列は次のようになっている。

$\begin{pmatrix} 4 & 4 \\ 8 & -2 \\ 1 & 1 \end{pmatrix}$ この行列の行ベクトルの独立性を，行に対する基本操作で確認する。

第一行を1/4倍して第三行から引くと $\begin{pmatrix} 4 & 4 \\ 8 & -2 \\ 0 & 0 \end{pmatrix}$ であるから，この行列は等価な2式を含んでいる（線形独立ではない式がある）。さらに，augmented matrix（方程式の右辺に対応する列ベクトルを係数行列の最後に付け足した行列）は次のようになっており $\begin{pmatrix} 4 & 4 & 2 \\ 8 & -2 & 4 \\ 0 & 0 & 1 \end{pmatrix}$，この行に対して基本操作を行ない row-equivalent な行列に変換すると，$\begin{pmatrix} 1 & 1 & \frac{1}{2} \\ 0 & 1 & 0 \\ 0 & 0 & 1 \end{pmatrix}$ であるから，これらはすべて一次独立な行ベクトルであり，その結果3本の式を同時に満たす解は存在しないことがわかる。

(例2′) 次の連立方程式を解け。

$$4x + 4y = 2$$
$$8x - 2y = 4$$
$$3x + \frac{y}{2} = \frac{3}{2}$$

解：この方程式の係数行列について row-equivalent な行列を求めると，

$$\begin{pmatrix} 4 & 4 \\ 4 & 2 \\ 3 & \frac{1}{2} \end{pmatrix} \longrightarrow \begin{pmatrix} 1 & 1 \\ 0 & 1 \\ 0 & 0 \end{pmatrix}$$ となる。すなわち，これらの3式の1つは一次独立ではない。

次に augmented matrix を作って，その row-equivalent な行列について調べると，$$\begin{pmatrix} 4 & 4 & 2 \\ 8 & -2 & 4 \\ 3 & \frac{1}{2} & \frac{3}{2} \end{pmatrix} \longrightarrow \begin{pmatrix} 1 & 1 & \frac{1}{2} \\ 0 & 1 & 0 \\ 0 & 0 & 0 \end{pmatrix}$$ となるので，これも一次独立でないものを1つ含む。したがって，この連立方程式は次の方程式と等価であり，

$$x+y=\frac{1}{2}$$
$$y=0$$

その解は，$y=0, x=\frac{1}{2}$ である。

一般的に，m 個の連立式があり，その係数行列の row-equivalent マトリクスから元の方程式の n 個が一次独立でないときに，augmented matrix についても同様に，row-equivalent マトリクスからもとの式の n 個が一次独立でないことがわかれば，元式の n 個は同じ式であるから，その連立方程式は m-n 個の一次独立な式を含み，それらを満たす解は存在する（未知数の数よりも式の数が少なければ解の組は無限に存在する：「不定」）。一方，augmented matrix の row-equivalent が m-n より多い数の一次独立なベクトルを含むときには，まったく同じ左辺に対して右辺の値が異なる式を含むことになるので，これは「不能」という解になる。

定 理

homogeneous（すべての式で右辺がゼロ）な連立一次方程式が trivial な解（自明の解である x=y=z=……=0）以外の解（これを nontrivial solution という）を持つためには，係数行列式がゼロでなくてはならない。

このことを次の方程式で確認してみよう。

$$ax + by = 0$$
$$cx + dy = 0$$

どの係数もゼロでないとすると，クラメールの定理から，$x=y=0$（自明の解 trivial solution）しか答えはない。なぜなら，分子の行列式が共にゼロになるからである。逆に，係数行列式（クラメールの定理における分母）がゼロのときには，2つの式は一次独立ではなくなり，解は不定ではあるが無数に存在することがわかる（nontrivial solutions: 非自明の解）。

3　線形変換

（定義）n 個の独立変数 x_i($i=1, 2, 3 \cdots\cdots n$) があり，それらは各々異なる範囲 ($a_i < x_i < b_i$) で定義されている。m 個の従属変数 y_i がすべて，n 個の x_i の関数で表すことができるとき，n 次元の空間から m 次元の空間への変換 (transformation) が存在するという。このとき $y_i = T(x_i)$ と表し，y_i は T のもとにおける x_i の写像（image）と呼ぶ。この変換に関係する T は大文字のイタリックで書くことになっている。

定　義

変換 A は，次の2つの関係を満たすときに線形変換（linear transformation）であるという。
1. $A(x_i + x_j) = A(x_i) + A(x_j)$
2. $A(cx_i) = cA(x_i)$　　　ただし，c はスカラー量

この定義は，下記の一次の連立方程式のような関係が成り立つような関係を線形変換と称していることを表している。ただし，上の定義によれば A は $m \times n$ マトリクスである。

$$AX = Y \tag{B-26}$$

$$a_{11}x_1 + a_{12}x_2 + \ldots\ldots\ldots a_{1n}x_n = y_1$$
$$a_{21}x_1 + a_{22}x_2 + \ldots\ldots\ldots a_{2n}x_n = y_2$$
$$\ldots\ldots\ldots\ldots\ldots\ldots$$
$$a_{m1}x_1 + a_{m2}x_2 + \ldots\ldots\ldots a_{mn}x_n = y_m$$

$$\begin{pmatrix} a_{11} & a_{12} & \ldots\ldots & a_{1n} \\ a_{21} & a_{22} & \ldots\ldots & a_{2n} \\ \ldots & \ldots & \ldots & \ldots \\ a_{m1} & a_{m2} & \ldots\ldots & a_{mn} \end{pmatrix} \begin{pmatrix} x_1 \\ x_2 \\ \ldots \\ x_n \end{pmatrix} = \begin{pmatrix} y_1 \\ y_2 \\ \ldots \\ y_m \end{pmatrix}$$

$$A = \begin{pmatrix} a_{11} & a_{12} & \ldots\ldots & a_{1n} \\ a_{21} & a_{22} & \ldots\ldots & a_{2n} \\ \ldots & \ldots & \ldots & \ldots \\ a_{m1} & a_{m2} & \ldots\ldots & a_{mn} \end{pmatrix}$$

定 義

変換マトリクス A において,線形独立な行の数を rank(階数)と呼ぶ。逆に考えると,rank というのは変換行列の要素で形成される行列の中で,その行列式の値がゼロではない最も大きな行列の次元である。「線形変換の rank とは,変換行列の rank」である。

定 理

n 次元空間から m 次元空間への写像に関わる変換行列 T の rank が r であるときには,m 次元空間内に r 次元のサブ空間(subspace)があることを示している。r が m であるときに,全 m 空間に射影される。

量子論の世界では,直交性と規格化(orthogonality and normality)が非

常に重要な意味を持ち，これらを保持した変換（transformation）が特に重要になる。ユークリッド空間では，この種の変換は直交変換と呼ばれるが，エルミート空間ではこの種の変換をユニタリー変換と呼んでいる。

定　義

直交変換（ユークリッド空間の場合）では長さ（normalization）と直交性（orthogonality）は保持される。一方，エルミート空間ではユニタリー変換が長さと直交性を保持する。

ここで，数学的な色々な空間の概念と，線形変換に関わる変換行列の性質をまとめておく。

ヒルベルト空間（Hilbert space）とは，ユークリッド空間（平面や立体空間）の概念を一般化し，ベクトル計算の手法を三次元よりも次元の高い空間（無限次元も含む）に拡張したものである（フォン・ノイマンが命名した）。ヒルベルト空間は内積の構造を持つ抽象的なベクトル空間である。その内積から導かれるノルムによって距離の概念を導入し（これにより角度と距離が定義される），距離空間として完備となるような位相ベクトル空間のことである。物理学，とくに量子力学の世界では系の状態はヒルベルト空間におけるベクトルで示される（ノルム：ベクトルの長さのこと）。

一般に，ノルムに関して完備なベクトル空間のことをバナッハ空間といい，内積から導かれるノルムを持つバナッハ空間のことをヒルベルト空間という。ヒルベルト空間においては，距離の概念に関するシュワルツの不等式，三角不等式，中線定理という3つの不等式が成り立つ。

すでに，ある行列の共役転置行列について説明したが，変換行列の共役転置行列が元の行列と同じであるときにはエルミート行列と呼ぶ。すなわちこのような変換は可換である。一方，共役転置行列ともとの行列の積が単位行列であるようなとき，これをユニタリー行列と呼ぶ。すなわち，U の共役転置行列 U^* は，$U^* = U^{-1}$ であるという性質がある。

―― 定　理 ――

(a) 直交マトリクス（構成要素ベクトルが直交している行列）の逆行列は元の直交行列の転置行列である。
(b) ユニタリー行列の逆行列は元のユニタリー行列の複素共役転置行列である。
(c) 規格直交行列あるいはユニタリー行列の行ベクトルは互いに規格直交化されている。
(d) 規格直交行列あるいはユニタリー行列の列ベクトルも互いに規格直交化されている。

―― 定　理 ――

規格直交行列の行列式の値は+1あるいは-1である。ユニタリー行列の行列式の値は，絶対値（modulus）1である。

群論で良く見かける主軸周りの回転操作（α度）については，ユークリッド空間上では，元の座標 (x, y) はα度の回転（二次元平面上）によって次式の関係で (x', y') に移る。

$$x' = x \cos \alpha - y \sin \alpha$$
$$y' = x \sin \alpha + y \cos \alpha \tag{B-27}$$

これを変換行列で表せば，

$$\begin{pmatrix} \cos \alpha & -\sin \alpha \\ \sin \alpha & \cos \alpha \end{pmatrix} \begin{pmatrix} x \\ y \end{pmatrix} = \begin{pmatrix} x' \\ y' \end{pmatrix} \tag{B-28}$$

逆に座標軸を回転させたと考えれば，αの替わりに$-\alpha$を入れて，

$$\begin{pmatrix} \cos \alpha & \sin \alpha \\ -\sin \alpha & \cos \alpha \end{pmatrix}$$ が変換行列になる。

一歩すすめて，三次元空間の直交軸の一連の回転を考えてみよう（Eulerian angle と呼ばれる操作）。
- ◎ 直交座標の軸 (x, y, z) を z 軸の周りに ϕ 度回転させて (x', y', z) に移す：この操作の行列を A とする
- ◎ 変換された座標軸 (x', y', z) を x' 軸の周りに θ 度回転させて (x', y'', z') に移す：この操作の行列を B とする
- ◎ さらに z' 軸の周りに ψ 度回転させて (x'', y''', z') に移す：この操作の行列を C とする

これらの操作に対応する行列は以下の通りである。

$$A = \begin{pmatrix} \cos\phi & \sin\phi & 0 \\ -\sin\phi & \cos\phi & 0 \\ 0 & 0 & 1 \end{pmatrix}$$

$$B = \begin{pmatrix} 1 & 0 & 0 \\ 0 & \cos\vartheta & \sin\vartheta \\ 0 & -\sin\vartheta & \cos\vartheta \end{pmatrix} \quad \text{(B-29)}$$

$$C = \begin{pmatrix} \cos\psi & \sin\psi & 0 \\ -\sin\psi & \cos\psi & 0 \\ 0 & 01 & 1 \end{pmatrix}$$

$$R = CBA = \begin{pmatrix} \cos\psi\cos\phi - \cos\vartheta\sin\phi\sin\psi & \cos\psi\sin\phi + \cos\vartheta\cos\phi\sin\psi & \sin\psi\sin\vartheta \\ -\sin\psi\cos\phi - \cos\vartheta\sin\phi\cos\psi & -\sin\psi\sin\vartheta + \cos\vartheta\cos\phi\cos\psi & \cos\psi\sin\vartheta \\ \sin\vartheta\sin\phi & -\sin\vartheta\cos\phi & \cos\vartheta \end{pmatrix} \quad \text{(B-30)}$$

複雑ではあるが，三次元の分子回転を考える上では重要な変換行列である。ここで，これまでに示した行列に関する要点をまとめておく。

3-1 $n \times n$ 行列の場合

行列式の値がゼロでないということは，以下のことがらと同じである。
① 対応する行列を構成するベクトルがすべて一次独立であるということ。

② 対応する行列は単位行列と row-equivalent であるということ。
③ 対応する行列は逆行列を持つということ。
④ 対応する行列の rank が行列の次元である n であるということ。
⑤ 対応する行列による線形変換で，n 次元空間から n 次元空間へ 1：1 で射影するということ。
⑥ 対応する変換行列の行列式の値がゼロでないということ。
⑦ n 本の連立一次方程式には解が存在するということ。

逆に行列式の値がゼロであるということは，以下のことがらと同じである。
① 対応する行列の行／列ベクトルに一次従属のものがあるということ。
② 少なくとも1行の要素がすべてゼロの三角行列と row-equivalent であるということ。
③ 対応する行列には逆行列が存在しないということ。
④ 対応する行列の rank r は行列の次元 n より小さいということ。
⑤ 対応するマトリクスによる射影は，多対1対応で n 次元空間から r 次元空間に射影されるということ。
⑥ 対応するマトリクスの行列式がゼロであるということ。
⑦ n 個の homogeneous な連立一次方程式の解は不定解になるということ。

3-2 rank が r の $m \times n$ 行列とは

① m 個のベクトルのうち，r 個だけが一次独立であるということ：$m\text{-}r$ 個のベクトルはこれら r 個の一次独立なベクトルの従属ベクトルである。
② この行列は，$m\text{-}r$ 個のゼロベクトルを持つ三角行列と row-equivalemt であるということ。
③ 線形変換は n 次元空間から m 次元空間内の r 次元サブ空間への射影に対応する。
④ 連立一次方程式は，augmented matrix の rank も r であるときにのみ解を有する。

4 線形操作

定 義

演算子（operator）とは，あるベクトル空間に定義された1組のインストラクションであり，ある空間のベクトルをその空間の別のベクトルに変える命令文のようなものである。一般的には，$\hat{P}\alpha=\beta$ のように表した方程式で，$\hat{P}$ という $n \times n$ 行列で表されたオペレーターによって，列ベクトル α ($n \times 1$) が同じ空間内の別の列ベクトル β に変換（transform）されることを表している。

定 義

線形のオペレーター $\hat{P}$ は，次の関係を満たす（c は定数）。

ⓐ $\hat{P}(c\alpha)=c(\hat{P}\alpha)$ (B-31)

ⓑ $\hat{P}(\alpha+\beta)=\hat{P}\alpha+\hat{P}\beta$ （α と β はベクトル）

どんなベクトルに対しても，演算子が作用したときにどんな結果になるかは，基底ベクトルに対してオペレータを作用させれば良くわかる。あるベクトル空間の規格直交性を有する完全な基底ベクトルセット ϕ^i (i=1, 2, ……) があれば，その空間内のいかなるベクトルもこれらの基底ベクトルの線形結合で表される。

$$\xi=\sum_i c_i \phi^i, \quad \eta=\sum_j d_j \phi^j \tag{B-32}$$

したがって，$\hat{P}\xi=\eta$ という線形変換は，

$$\hat{P}\xi=\hat{P}\sum_i c_i \phi^i=\eta=\sum_j d_j \phi^j \tag{B-33}$$

ここで，基底ベクトルそのものに対してオペレータを作用させるとき，$\hat{P}\phi^i=$

$\sum_j A_{ij}\phi^j$ であると考えれば（A_{ij} はオペレーターを行列で表した時の ij 要素と考える），$\hat{P}\xi = \hat{P}\sum_i c_i \phi^i = \sum_i c_i A_{ij}\phi^i = \eta = \sum_j d_j \phi^j$ なので $d_j = \sum_i A_{ij} c_i$ であることがわかる。

A_{ij} は，$\hat{P}\phi^i$ の左辺から ϕ^j を作用させて，

$$\langle \phi^j | \hat{P}\phi^i \rangle = \langle \phi^j | \sum_k A_{ik}\phi^k \rangle = \sum_k A_{ik}\langle \phi^j | \phi^k \rangle = A_{ij} \tag{B-34}$$

すなわち，

$$d_j = \sum_i A_{ij} c_i = \sum_i \langle \phi^j | \hat{P} | \phi^i \rangle c_i \tag{B-35}$$

〈 〉内の 2 つの縦棒はオペレーターを際立たせるだけの目的に使っているだけである。

以上のことは，空間内の一般的なベクトル ξ をオペレータ $\hat{P}$ によって変換した時，出来上がるベクトル η と元の ξ との関係は「基底ベクトルによって表される線形結合の係数が変化した」ということであり，その関係はオペレータとその空間の基底ベクトルの演算 $\langle \phi^j | \hat{P} | \phi^i \rangle$ の結果を要素とする $n \times n$ マトリクスによる次の関係式で表されるということである。

$$\begin{pmatrix} d_1 \\ d_2 \\ \dots \\ d_n \end{pmatrix} = \begin{pmatrix} \langle \phi^1|\hat{P}|\phi^1\rangle & \langle \phi^1|\hat{P}|\phi^2\rangle & \dots & \langle \phi^1|\hat{P}|\phi^n\rangle \\ \langle \phi^2|\hat{P}|\phi^1\rangle & \langle \phi^2|\hat{P}|\phi^2\rangle & \dots & \langle \phi^2|\hat{P}|\phi^n\rangle \\ \dots & \dots & \dots & \dots \\ \langle \phi^n|\hat{P}|\phi^1\rangle & \langle \phi^n|\hat{P}|\phi^2\rangle & \dots & \langle \phi^n|\hat{P}|\phi^n\rangle \end{pmatrix} \begin{pmatrix} c_1 \\ c_2 \\ \dots \\ c_n \end{pmatrix} \tag{B-36}$$

言い換えれば $A_{ij} = \langle \phi^j | \hat{P} | \phi^i \rangle$ のような内積演算によって，演算子の行列要素は計算されるということである。

ここで注意すべキは，$\langle \phi^j | \hat{P} | \phi^i \rangle$ の演算では前の ϕ^j は複素共役／転置表現でなくてはならないという約束である。すなわち，$n \times 1$ 行列であった ϕ^j は，この演算では ϕ^{j*}，すなわち，$1 \times n$ マトリクスになっている。もちろんそうでなければこの演算は不能である。

ここで求めた演算子の表現は「演算子の行列表記がただこれ1つだけしか存在しないということではない」し，c_i, d_jなどで表される空間内のベクトルもこれがその記述の1つであるという意味しか持たない。

そのことを考察するために，同じ空間内の2つの基底ベクトルセット$\{\phi^i\}$と$\{\psi^i\}$に対するまったく同じ変換行列について考えてみよう。$\{\phi^i\}$に関する変換行列の要素を$a_{ij}^{\phi}=\langle\phi^i|\hat{P}|\phi^j\rangle$，$\{\psi^i\}$に関する変換行列の要素を$a_{ij}^{\psi}=\langle\Psi^i|\hat{P}|\Psi^j\rangle$とする。これらの基底ベクトルセットはともに規格直交性を有しており，変換はユニタリーであると考える。

$\psi^i=\sum_k u_{ik}\phi^k$であり，その逆に$\phi^i=\sum_j u_{ji}^*\psi^j=\sum_j u_{ij}'^*\psi^j$であるから，

$$\begin{aligned}a_{ij}^{\psi}=\langle\psi^i|A|\psi^j\rangle&=\sum_k u_{ik}^*\langle\phi^k|A|\psi^j\rangle\\&=\sum_{kl}u_{ik}^*u_{jl}a_{kl}^{\phi}=\sum_{kl}u_{ik}'^{-1}a_{kl}^{\phi}u_{lj}'=[U'^{-1}A^{\phi}U']_{ij}\end{aligned} \quad (\text{B-37})$$

一般的に，$A=S^{-1}BS$のような関係でAとBが表されるときには，AはBの相似変換（similarity transformation）によって得られるという。このように，変換行列の要素は基底ベクトルの組が異なっていても，相似変換によって求めることができるが，このことは変換行列は基底ベクトルセットの取り方に依存し，単一の表現ではないことを表している。

さらに，$A=S^{-1}BS$のような相似変換の関係において，Sが直交行列であれば直交変換，ユニタリー行列であれば，ユニタリー変換と呼ぶ。ユニタリー空間に置ける相似変換はユニタリー変換である。

量子論において行列表現されたオペレーターとは，演算子を基底ベクトルの組で挟み込んで計算したものである。さらに，行列を構成する各ベクトルは全て規格直交化されており，ユニタリー行列となっている。すなわち，これらの要素は関数ではなく，規則性を持って並べられたただの複素数であり，あるユニタリー空間内の1つのベクトル（例えば波動関数の組）を同じ空間内の別のベクトルに変換（線形変換）する時の係数を与える行列にすぎない。

―― 定 理 ――

オペレーター A の ϕ 関数系に対応する表現（行列）は，ϕ 関数系におけるオペレーター行列の相似変換から求めることができる。この時の相似変換とは，基底ベクトルどうしを結びつけるための変換の転置表現である。

―― 定 義 ――

2つのオペレーター A と B に対して，commutator とは $AB-BA=[A, B]$ で定義される（コミューテーターとは，電気学では整流子／整流器の意味であるが）。オペレーター A の随伴行列（adjoint）とは，$A^{\dagger}$ で表され，その行列要素は A の転置複素共役である。$\langle\phi^i|A^{\dagger}|\phi^j\rangle=\langle A\phi^i|\phi^j\rangle$ したがって，$\langle\phi^i|A^{\dagger}|\phi^j\rangle=\langle A\phi^i|\phi^j\rangle=\langle\phi^j|A|\phi^i\rangle^*$ である。

―― 定 義 ――

オペレーターの trace とは，オペレーター行列の対角要素の和であり，ドイツ語では Spur といわれる。

―― 定 義 ――

Projection Operator, P_ε とは，あるベクトル（ξ）の単位ベクトル（ε）方向への射影を与えるオペレーターであり，$P_\varepsilon\xi=\langle\varepsilon|\xi\rangle\varepsilon$ で表される。

例題：単位行列 $\varepsilon=\left(\dfrac{1}{\sqrt{2}}, \dfrac{1}{\sqrt{2}}\right)$ に対して任意のベクトルを射影するための二次元の projection operator P_ε の行列表現を求めよ。

解：二次元カルテシアン座標系を想定し，任意の直交ベクトル（基底ベクトル）として $\phi^1=(1, 0)$ と $\phi^2=(0, 1)$ と考える。オペレーター P_ε の行列要素は，定義から $A_{ij}=\langle\phi^i|P_\varepsilon|\phi^j\rangle$ であるから，$P_\varepsilon\xi=\langle\varepsilon|\xi\rangle\varepsilon$ であることを考慮

して，

$$A_{11} = \langle \phi^1 | P_\varepsilon | \phi^1 \rangle = \langle \phi^1 | \langle \varepsilon | \phi^1 \rangle \varepsilon \rangle = \langle \phi^1 | \varepsilon \rangle \phi^1 | \varepsilon \rangle = \langle \phi^1 | \varepsilon \rangle \langle \phi^1 | \varepsilon \rangle$$

$$= (1\ 0) \begin{pmatrix} \dfrac{1}{\sqrt{2}} \\ \dfrac{1}{\sqrt{2}} \end{pmatrix} \cdot (1\ 0) \begin{pmatrix} \dfrac{1}{\sqrt{2}} \\ \dfrac{1}{\sqrt{2}} \end{pmatrix} = \left(\dfrac{1}{\sqrt{2}}\right)\left(\dfrac{1}{\sqrt{2}}\right) = \dfrac{1}{2}$$

$$A_{12} = \langle \phi^1 | P_\varepsilon | \phi^2 \rangle = \langle \phi^1 | \langle \varepsilon | \phi^2 \rangle \varepsilon \rangle = \langle \phi^1 | \varepsilon \rangle \phi^2 | \varepsilon \rangle = \langle \phi^1 | \varepsilon \rangle \langle \phi^2 | \varepsilon \rangle$$

$$= (1\ 0) \begin{pmatrix} \dfrac{1}{\sqrt{2}} \\ \dfrac{1}{\sqrt{2}} \end{pmatrix} \cdot \begin{pmatrix} 0 \\ 1 \end{pmatrix} \left(\dfrac{1}{\sqrt{2}}\ \dfrac{1}{\sqrt{2}}\right) = \left(\dfrac{1}{\sqrt{2}}\right)\left(\dfrac{1}{\sqrt{2}}\right) = \dfrac{1}{2}$$

$$A_{21} = A_{12} = \langle \phi^2 | P_\varepsilon | \phi^1 \rangle = \langle \phi^2 | \langle \varepsilon | \phi^1 \rangle \varepsilon \rangle = \langle \phi^2 | \varepsilon \rangle \phi^1 | \varepsilon \rangle = \langle \phi^2 | \varepsilon \rangle$$

$$\langle \phi^1 | \varepsilon \rangle = (0\ 1) \begin{pmatrix} \dfrac{1}{\sqrt{2}} \\ \dfrac{1}{\sqrt{2}} \end{pmatrix} \cdot \left(\dfrac{1}{\sqrt{2}}\ \dfrac{1}{\sqrt{2}}\right) \begin{pmatrix} 1 \\ 0 \end{pmatrix} = \left(\dfrac{1}{\sqrt{2}}\right)\left(\dfrac{1}{\sqrt{2}}\right) = \dfrac{1}{2}$$

$$A_{22} = \langle \phi^2 | P_\varepsilon | \phi^2 \rangle = \langle \phi^2 | \langle \varepsilon | \phi^2 \rangle \varepsilon \rangle = \langle \phi^2 | \varepsilon \rangle \phi^2 | \varepsilon \rangle = \langle \phi^2 | \varepsilon \rangle \langle \phi^2 | \varepsilon \rangle$$

$$= (0\ 1) \begin{pmatrix} \dfrac{1}{\sqrt{2}} \\ \dfrac{1}{\sqrt{2}} \end{pmatrix} \cdot \begin{pmatrix} 0 \\ 1 \end{pmatrix} \left(\dfrac{1}{\sqrt{2}}\ \dfrac{1}{\sqrt{2}}\right) = \left(\dfrac{1}{\sqrt{2}}\right)\left(\dfrac{1}{\sqrt{2}}\right) = \dfrac{1}{2}$$

したがって，projection operator の行列表現は $P_\varepsilon = \begin{pmatrix} \dfrac{1}{2} & \dfrac{1}{2} \\ \dfrac{1}{2} & \dfrac{1}{2} \end{pmatrix}$ であることがわかる。

例題2：直交基底ベクトルとして $\phi^1=\left(\dfrac{1}{2}\ \ \dfrac{\sqrt{3}}{2}\right)$ および $\phi^2=\left(\dfrac{\sqrt{3}}{2}\ \ -\dfrac{1}{2}\right)$ を選んだ時には，projection operator の行列表現はどのようになるか。

解1：素直に求める

オペレーター P_ε の行列要素は，定義から $A_{ij}=\langle\phi^i|P_\varepsilon|\phi^j\rangle$ であるから，$P_\varepsilon\xi=\langle\varepsilon|\xi\rangle\varepsilon$ であることを考慮して，$\phi^1=\left(\dfrac{1}{2}\ \ \dfrac{\sqrt{3}}{2}\right)$ と $\phi^2=\left(\dfrac{\sqrt{3}}{2}\ \ -\dfrac{1}{2}\right)$ のときには，

$A_{11}=\langle\phi^1|P_\varepsilon|\phi^1\rangle=\langle\phi^1|\langle\varepsilon|\phi^1\rangle\varepsilon\rangle=\langle\phi^1|\varepsilon\rangle\langle\phi^1|\varepsilon\rangle=\langle\phi^1|\varepsilon\rangle\langle\phi^1|\varepsilon\rangle$

$$=\left(\dfrac{1}{2}\ \ \dfrac{\sqrt{3}}{2}\right)\begin{pmatrix}\dfrac{1}{\sqrt{2}}\\ \dfrac{1}{\sqrt{2}}\end{pmatrix}\cdot\left(\dfrac{1}{2}\ \ \dfrac{\sqrt{3}}{2}\right)\begin{pmatrix}\dfrac{1}{\sqrt{2}}\\ \dfrac{1}{\sqrt{2}}\end{pmatrix}=\dfrac{1}{2}+\dfrac{\sqrt{3}}{4}$$

$A_{12}=\langle\phi^1|P_\varepsilon|\phi^2\rangle=\langle\phi^1|\langle\varepsilon|\phi^2\rangle\varepsilon\rangle=\langle\phi^1|\varepsilon\rangle\langle\phi^2|\varepsilon\rangle=\langle\phi^1|\varepsilon\rangle\langle\phi^2|\varepsilon\rangle$

$$=\left(\dfrac{1}{2}\ \ \dfrac{\sqrt{3}}{2}\right)\begin{pmatrix}\dfrac{1}{\sqrt{2}}\\ \dfrac{1}{\sqrt{2}}\end{pmatrix}\cdot\left(\dfrac{\sqrt{3}}{2}\ \ \dfrac{-1}{2}\right)\begin{pmatrix}\dfrac{1}{\sqrt{2}}\\ \dfrac{1}{\sqrt{2}}\end{pmatrix}=\dfrac{1}{4}$$

$A_{21}=\langle\phi^2|P_\varepsilon|\phi^1\rangle=\langle\phi^2|\langle\varepsilon|\phi^1\rangle\varepsilon\rangle=\langle\phi^2|\varepsilon\rangle\langle\phi^1|\varepsilon\rangle=\langle\phi^2|\varepsilon\rangle\langle\phi^1|\varepsilon\rangle$

$$=\left(\dfrac{\sqrt{3}}{2}\ \ \dfrac{-1}{2}\right)\begin{pmatrix}\dfrac{1}{\sqrt{2}}\\ \dfrac{1}{\sqrt{2}}\end{pmatrix}\cdot\left(\dfrac{1}{2}\ \ \dfrac{\sqrt{3}}{2}\right)\begin{pmatrix}\dfrac{1}{\sqrt{2}}\\ \dfrac{1}{\sqrt{2}}\end{pmatrix}=\dfrac{1}{4}$$

$A_{22}=\langle\phi^2|P_\varepsilon|\phi^2\rangle=\langle\phi^2|\langle\varepsilon|\phi^2\rangle\varepsilon\rangle=\langle\phi^2|\varepsilon\rangle\langle\phi^2|\varepsilon\rangle=\langle\phi^2|\varepsilon\rangle\langle\phi^2|\varepsilon\rangle$

$$=\left(\dfrac{\sqrt{3}}{2}\ \ \dfrac{-1}{2}\right)\begin{pmatrix}\dfrac{1}{\sqrt{2}}\\ \dfrac{1}{\sqrt{2}}\end{pmatrix}\cdot\left(\dfrac{\sqrt{3}}{2}\ \ \dfrac{-1}{2}\right)\begin{pmatrix}\dfrac{1}{\sqrt{2}}\\ \dfrac{1}{\sqrt{2}}\end{pmatrix}=\dfrac{1}{2}-\dfrac{\sqrt{3}}{4}$$

したがって，基底ベクトルの違いによって，オペレーターの行列表現は次のようになる。

$$P_\varepsilon = \begin{pmatrix} \frac{1}{2} + \frac{\sqrt{3}}{4} & \frac{1}{4} \\ \frac{1}{4} & \frac{1}{2} - \frac{\sqrt{3}}{4} \end{pmatrix}$$

解2:オペレーターの相似変換から求める。

基底ベクトルを $\phi^1 = (1, 0)$ と $\phi^2 = (0, 1)$ とする空間におけるオペレーターマトリクスは $P_\varepsilon = \begin{pmatrix} \frac{1}{2} & \frac{1}{2} \\ \frac{1}{2} & \frac{1}{2} \end{pmatrix}$ であった。このマトリクスの $\phi^{1'} = \left(\frac{1}{2} \quad \frac{\sqrt{3}}{2} \right)$ と $\phi^{2'} = \left(\frac{\sqrt{3}}{2} \quad -\frac{1}{2} \right)$ という2つの基底ベクトル表現される同じ空間における表現は,両基底ベクトル間の線形結合の関係から導かれる。すなわち,

$(\phi^{1'} \; \phi^{2'}) = X \begin{pmatrix} \phi^1 \\ \phi^2 \end{pmatrix}$ を満たす関係の変換行列 X に対して $X^{-1} P_\varepsilon x$ を求めることによって,$\phi^{1'} = \left(\frac{1}{2} \quad \frac{\sqrt{3}}{2} \right)$ と $\phi^{2'} = \left(\frac{\sqrt{3}}{2} \quad -\frac{1}{2} \right)$ を基底ベクトルとする P_ε の行列表現に相似変換することができる。

$\begin{pmatrix} \frac{1}{2} & \frac{\sqrt{3}}{2} \\ \frac{\sqrt{3}}{2} & -\frac{1}{2} \end{pmatrix} = X \begin{pmatrix} 1 & 0 \\ 0 & 1 \end{pmatrix}$ を満たす X は $\begin{pmatrix} \frac{1}{2} & \frac{\sqrt{3}}{2} \\ \frac{\sqrt{3}}{2} & -\frac{1}{2} \end{pmatrix}$ そのものである ($\begin{pmatrix} 1 & 0 \\ 0 & 1 \end{pmatrix}$ は単位行列であるから) から,$X = \begin{pmatrix} \frac{1}{2} & \frac{\sqrt{3}}{2} \\ \frac{\sqrt{3}}{2} & -\frac{1}{2} \end{pmatrix}$。この逆行列は $X^{-1} = \begin{pmatrix} \frac{1}{2} & \frac{\sqrt{3}}{2} \\ \frac{\sqrt{3}}{2} & -\frac{1}{2} \end{pmatrix}$ である(この行列はユニタリーである)から,

$$X^{-1} \begin{pmatrix} \frac{1}{2} & \frac{1}{2} \\ \frac{1}{2} & \frac{1}{2} \end{pmatrix} X = \begin{pmatrix} \frac{1}{2} & \frac{\sqrt{3}}{2} \\ \frac{\sqrt{3}}{2} & -\frac{1}{2} \end{pmatrix} \begin{pmatrix} \frac{1}{2} & \frac{1}{2} \\ \frac{1}{2} & \frac{1}{2} \end{pmatrix} \begin{pmatrix} \frac{1}{2} & \frac{\sqrt{3}}{2} \\ \frac{\sqrt{3}}{2} & -\frac{1}{2} \end{pmatrix} = \begin{pmatrix} \frac{1}{2} + \frac{\sqrt{3}}{4} & \frac{1}{4} \\ \frac{1}{4} & \frac{1}{2} - \frac{\sqrt{3}}{4} \end{pmatrix}$$

したがって，$P_\varepsilon = \begin{pmatrix} \frac{1}{2}+\frac{\sqrt{3}}{4} & \frac{1}{4} \\ \frac{1}{4} & \frac{1}{2}-\frac{\sqrt{3}}{4} \end{pmatrix}$ が $\phi^{1'} = \begin{pmatrix} \frac{1}{2} & \frac{\sqrt{3}}{2} \end{pmatrix}$ と $\phi^{2'} = \begin{pmatrix} \frac{\sqrt{3}}{2} & -\frac{1}{2} \end{pmatrix}$ を基底ベクトルとする P_ε の行列表現であることがわかる。この考え方は，任意の基底ベクトルを与えたときに，オペレーター行列の要素は一意的に決まり（オペレーターの微分等の数学的演算ルールが決まっているので，オペレーターの行列表現の要素が決まる），その結果，固有値は一意的に決まる。他の基底ベクトルを選んだときのオペレーターの表現は，互いに相似変換の関係になっており，基底ベクトル（固有ベクトル）とその逆行列を用いて求めることができる。

5 線形演算子の固有値と固有ベクトルを見い出す問題

すべての線形演算子が固有方程式にしたがうわけではないが，少なくとも量子論においては，エルミート演算子とユニタリー演算子が固有方程式に従い，非常に重要な役割を果たしている。

定 義

多重度：1つの固有値が複数の固有ベクトルに共通する値である時，それらの固有ベクトルは縮重しているといい，1つの同じ固有値を共有する固有ベクトルの数をその固有値の多重度と呼ぶ。

定 義

Hermitian Operator（エルミート演算子）は自分自身とその転置複素共役演算子（adjoint）が同じ線形演算子である：$H^\dagger = H$，あるいは行列要素について，$h_{ji}^* = h_{ij}$。エルミート演算子の対角要素は実数である。

定 義

ユニタリー演算子はその adjoint が自分自身の逆行列になっている線形演算子である。：$U^{\dagger}=U^{-1}$

定 理

n 次元ベクトル空間のエルミート演算子は n 個の固有ベクトルと，n 個の実数の固有値を有している（縮重しているかも知れないが，固有ベクトルはすべて一次独立である）。縮重のない場合には，固有ベクトルは互いに直交しており，適当な方法で規格化すれば規格直交性を有している。縮重があるときでも，識別できる固有ベクトルどうしは規格直交性を保持している。

定 理

n 次元ベクトル空間のユニタリー演算子は，n 個の一次独立な固有ベクトルと n 個の固有値を有する。すべての固有ベクトルの固有値は 1 の大きさ（modulus, 絶対値）を有する：modulus＝1 とは，固有ベクトルの大きさは $\langle \phi^i | \phi^i \rangle = 1$ であるが，固有値の大きさについては，$u_i u_i^* = 1$ で定義される。エルミート演算子では，固有値における modulus は 1 とは限らない。例えばハミルトニアンに対応するエルミート演算子の固有値はエネルギーであり，その値は無限の大きさまで取りうる。

これらの定理のいくつかについての証明は次のようなものである。

◎ エルミート演算子について $H\phi_i = b_i \phi_i$ が成り立つとき，左側から ϕ_i を作用させると，$\langle \phi_i | H | \phi_i \rangle = \langle \phi_i b_i \phi_i \rangle = b_i \langle \phi_i | \phi_i \rangle = b_i$ である。しかるに，複素共役系については，$\langle \phi_i | H | \phi_i \rangle = \langle \phi_i | H | \phi_i \rangle^* = b_i^*$ なので，$b_i = b_i^*$ であり，すなわち固有値は実数である。

◎ ユニタリー演算子についても $U\phi^i = b_i \phi^i$ が成り立つ。また，ユニタリー演

算子の転置複素共役は逆行列であると同時に，その固有値は元の演算子の逆数である。すなわち，元の式の左からU^*を作用させると，$U^*U\psi^i=U^*b_i\psi^i=b_iU^*\psi^i$であるが，交換関係から$U^*\psi^i=\psi^i U$なので，$U^*U\psi^i(=\psi^i)=U^*b_i\psi^i=b_iU^*\psi^i=b_ib_i^*\psi^i$。したがって，$b_ib_i^*=1$であるから modulus は1である。

6 固有値問題とマトリクス

$$Q\phi=q\phi \tag{B-38}$$

という一般的な固有方程式に対して，固有値qと対応する固有関数ϕはQの次元と同じ数（縮重しているものも含めて）存在する。水素様原子の波動関数を固有関数とするシュレディンガー波動方程式の場合は，その数は無限大である。その様子を線形代数の観点から眺めると，

$$\begin{aligned}
Q_{11}\phi_1+Q_{12}\phi_2+\ldots\ldots\ldots\ldots Q_{1n}\phi_n &= q\phi_1 \\
Q_{21}\phi_1+Q_{22}\phi_2+\ldots\ldots\ldots\ldots Q_{2n}\phi_n &= q\phi_2 \\
&\ldots\ldots\ldots\ldots\ldots\ldots\ldots\ldots\ldots\ldots\ldots\ldots \\
Q_{n1}\phi_1+Q_{n2}\phi_2+\ldots\ldots\ldots\ldots Q_{nn}\phi_n &= q\phi_n
\end{aligned} \tag{B-39}$$

のように表現することができる。ϕ_iを未知数とする一次のn元方程式の解としてn個存在すると考えている。移行して整理すると，

$$\begin{aligned}
(Q_{11}-q)\phi_1+Q_{12}\phi_2+\ldots\ldots\ldots\ldots Q_{1n}\phi_n &= 0 \\
Q_{21}\phi_1+(Q_{22}-q)\phi_2+\ldots\ldots\ldots\ldots Q_{2n}\phi_n &= 0 \\
&\ldots\ldots\ldots\ldots\ldots\ldots\ldots\ldots\ldots\ldots\ldots\ldots \\
Q_{n1}\phi_1+Q_{n2}\phi_2+\ldots\ldots\ldots\ldots(Q_{nn}-q)\phi_n &= 0
\end{aligned} \tag{B-40}$$

このように右辺がすべてゼロになるよう（homogenious）な連立方程式が自明ではない解（nontrivial solution）を持つときには，先に示した定理によって，この方程式に対応する係数行列式の値がゼロでなくてはならない（次の定

理を思い出そう)。

定 理

homogeneous(すべての式で右辺がゼロ)な連立一次方程式が trivial な解(自明の解である x=y=z=……=0)以外の解(これを nontrivial solution という)を持つためには,係数行列式がゼロでなくてはならない。

したがって,

$$\begin{vmatrix} Q_{11}-q & Q_{12} & \cdots & Q_{1n} \\ Q_{21} & Q_{22}-q & \cdots & Q_{2n} \\ \cdots & \cdots & \cdots & \cdots \\ Q_{n1} & Q_{n2} & \cdots & Q_{nn}-q \end{vmatrix} = 0 \tag{B-41}$$

このような行列式は永年方程式(secular equation)と呼ばれており,q に関して n 次の方程式になっているので,q は n 個(縮重していることもある)の解として求めることができる。このようにして求めた固有値1つ1つについて,もとの連立方程式から対応する固有ベクトルを求めることができる。もちろん,そのようにして求めた固有ベクトルは規格化しておかないといけない。

固有値問題をオペレーターの観点から眺めた時,個々の固有値とそれに対応する固有ベクトル(規格化されているとする)がわかっているとして,次のような一連の固有方程式が書ける。

$$Q\phi^1 = q_1 \phi^1$$
$$Q\phi^2 = q_2 \phi^2$$
$$\cdots\cdots\cdots\cdots$$
$$Q\phi^n = q_n \phi^n \tag{B-42}$$

このような固有方程式は n 個の固有値を有するが,それぞれに対応する固有

ベクトルもまた，n次元のベクトルである（二次元空間で書くベクトルが2個の要素で表されるのと同様に，n次元空間のベクトルϕ^iは，n個の要素で表現される）。

上のn元の方程式を満たすn個の規格直交化された固有ベクトル（固有関数）によって張られる空間は，$n\times n$個の要素を持つ行列で表されるので，固有ベクトルを表すϕ^i（の要素）を縦にn個並べた行列で$n\times n$行列を作る。

$$\Phi = \begin{pmatrix} \phi_1^1 & \phi_1^2 & \cdots\cdots & \phi_1^n \\ \phi_2^1 & \phi_2^2 & & \phi_2^n \\ \cdots & \cdots & \cdots & \cdots \\ \phi_n^1 & \phi_n^2 & \cdots\cdots & \phi_n^n \end{pmatrix} \tag{B-43}$$

このとき，元の固有方程式の右辺は次のようになる。

$$Q\Phi = \begin{pmatrix} q_1\phi_1^1 & q_2\phi_1^2 & \cdots\cdots & q_n\phi_1^n \\ q_1\phi_2^1 & q_2\phi_2^2 & & q_n\phi_2^n \\ \cdots & \cdots & \cdots & \cdots \\ q_1\phi_n^1 & q_2\phi_n^2 & \cdots\cdots & q_n\phi_n^n \end{pmatrix} = \begin{pmatrix} \phi_1^1 & \phi_1^2 & \cdots\cdots & \phi_1^n \\ \phi_2^1 & \phi_2^2 & & \phi_2^n \\ \cdots & \cdots & \cdots & \cdots \\ \phi_n^1 & \phi_n^2 & \cdots\cdots & \phi_n^n \end{pmatrix} \begin{pmatrix} q_1 & 0 & \cdots\cdots & 0 \\ 0 & q_2 & 0 & 0 \\ & 0 & \cdots\cdots & \cdots \\ 0 & \cdots\cdots & 0 & q_n \end{pmatrix} \tag{B-44}$$

左辺に関しては，q_iはqのマトリクス要素であり，qは例えば$q_{ij}=\langle\phi^i|q|\phi^j\rangle$とする行列であることが良くわかる。このように表現したとき，固有ベクトルϕ^iは要素ϕ_i^iにのみ対応していることがわかる。

上の式は当たり前の関係であるが，両辺の左側からΦの逆行列を作用させて，

$$\Phi^{-1}Q\Phi = \begin{pmatrix} q_1 & 0 & \cdots\cdots & 0 \\ 0 & q_2 & 0 & 0 \\ \cdots & 0 & \cdots\cdots & \cdots \\ 0 & \cdots\cdots & 0 & q_n \end{pmatrix} \tag{B-45}$$

のように，固有ベクトルが既知のときには，相似変換によって固有値を対角要

素として求めることが可能であることがわかる。あくまでも，固有関数を知っている時の話であるが，量子論においては固有関数は解析的に求められているので，コンピュータによる演算では，このような手法が用いられている。

例えば，先例のプロジェクションオペレーター P_ε の行列要素は，

$P_\varepsilon = \begin{pmatrix} \frac{1}{2} & \frac{1}{2} \\ \frac{1}{2} & \frac{1}{2} \end{pmatrix}$ である。これの固有ベクトルが $\phi^1 = \begin{pmatrix} \frac{1}{\sqrt{2}} & \frac{1}{\sqrt{2}} \end{pmatrix}$ と $\phi^2 = \begin{pmatrix} \frac{1}{\sqrt{2}} & -\frac{1}{\sqrt{2}} \end{pmatrix}$ であるとき，相似変換により，

$$\Phi^{-1} P_\varepsilon \Phi = \begin{pmatrix} \frac{1}{\sqrt{2}} & \frac{1}{\sqrt{2}} \\ \frac{1}{\sqrt{2}} & -\frac{1}{\sqrt{2}} \end{pmatrix} \begin{pmatrix} \frac{1}{2} & \frac{1}{2} \\ \frac{1}{2} & \frac{1}{2} \end{pmatrix} \begin{pmatrix} \frac{1}{\sqrt{2}} & \frac{1}{\sqrt{2}} \\ \frac{1}{\sqrt{2}} & -\frac{1}{\sqrt{2}} \end{pmatrix} = \begin{pmatrix} 1 & 0 \\ 0 & 0 \end{pmatrix} \quad \text{(B-46)}$$

であるから，対応する固有値は対角要素の1およびゼロであることがわかる。このように，行列の対角化は相似変換で行なわれることも理解できる。

さらに，永年方程式に戻って考察すれば，

$$\begin{vmatrix} Q_{11}-q & Q_{12} & \cdots & Q_{1n} \\ Q_{21} & Q_{22}-q & \cdots & Q_{2n} \\ \cdots & \cdots & \cdots & \cdots \\ Q_{n1} & Q_{n2} & \cdots & Q_{nn}-q \end{vmatrix} = 0 \quad \text{(B-47)}$$

これを例えば一行目の各要素について余因子展開したときの類似性から，永年方程式の固有値がわかっているときには，「永年方程式に固有値を当てはめて，その時のどの行でも良いので各要素についての余因子行列式の値を並べれば，それが対応する固有ベクトルの n 個の要素に比例する値を与える」わけである。それを規格化すれば固有ベクトになる。例えば上のプロジェクションオペレーターの例では，固有値1の時の永年方程式について，永年方程式の形は，

$$\begin{vmatrix} \frac{1}{2}-1 & \frac{1}{2} \\ \frac{1}{2} & \frac{1}{2}-1 \end{vmatrix} = \begin{vmatrix} -\frac{1}{2} & \frac{1}{2} \\ \frac{1}{2} & -\frac{1}{2} \end{vmatrix} = 0$$

であるから，第一行目の各要素に対する余因子行列式の値は，共に $-\frac{1}{2}$ であり，$\left(-\frac{1}{2} \quad -\frac{1}{2}\right)$ に比例するベクトルで規格化されたものが固有ベクトルになっているはずである。すなわち $\phi^1 = \left(\frac{1}{\sqrt{2}} \quad \frac{1}{\sqrt{2}}\right)$。同様に，固有値 0 の永年方程式については，$\begin{vmatrix} \frac{1}{2} & \frac{1}{2} \\ \frac{1}{2} & \frac{1}{2} \end{vmatrix} = 0$ の形であるから，一行目も二行目のいずれでの場合でも各余因子行列式の値として $\left(\frac{1}{2} \quad -\frac{1}{2}\right)$ を与えるから，これに比例するベクトルで規格化されたものとして，$\phi^2 = \left(\frac{1}{\sqrt{2}} \quad -\frac{1}{\sqrt{2}}\right)$ が対応する固有ベクトルであることが即座にわかるということである。

7 基礎的な補足事項

7-1 ブラケット表記（Bra-ket notation）

ディラック（P. Dirac・1930）の提唱した bra-ket 表記は，量子状態を記述する目的には有用なものである。最初に，

$$|\alpha> \tag{B-48}$$

という記号を導入する。この記号は量子状態に対応する固有関数を表しており，ket と呼ぶ。ket はカラム（列）ベクトルである。α は，その状態に対応する物理量であり，ket 表記された $|\alpha>$ は，例えば軌道角運動量やスピン角運動量，エネルギーなどに対応する固有関数（例えばエネルギーを固有値として有する波動関数）に対応するということになる。Bra-ket 表記は，数学的には内積（積分）に対応する。

このことは，ある物理系において $|\alpha>$，$|\beta>$ の 2 つの独立な固有関数が許

されていれば，その線形結合である $c_1|\alpha>+c_2|\beta>$ もまた，その系における許容された固有関数であることを示している。ただし，c_i は複素数である。量子力学の世界では，許容される量子状態は無限に存在するから，ket（$|\alpha>$）の数は無限にある。量子論の世界が独立な無限個の ket で表されるということは，物理学的現象がヒルベルト空間で記述されることを示している。

同一空間内の2つの固有関数について内積を取ることを，

$$(|\alpha>, |\beta>) = <\alpha|\beta> \tag{B-49}$$

と書く約束である。ただし，ケットどうしの演算は行列としたときには不能である（列ベクトルどうしだから）から，$|\alpha>$ は行ベクトルに変換されていないといけない。このことは，前のケット表記のベクトルは転置された行ベクトルを表している必要があることを示している。

◎ ディラックは ket ベクトルに対して，bra ベクトルを定義した。

$$<\beta| \tag{B-50}$$

bra ベクトルは，ket が存在する空間には存在しない行（row）ベクトルである（ことが普通である）が，それぞれ，ket ベクトルと対をなしており，別のヒルベルト空間を形成していると考える。例えば，$<\gamma|$ ブラは $|\gamma>$ ケットと対をなして（dual），互いに一対一に対応している。正確には，任意のケットの線形結合に対応する bra は複素共役な係数を有する（転置複素共役の関係なので，エルミートあるいはユニタリーな関係である）。

$$c_1|\alpha>+c_2|\beta> に対応する bra ベクトルは c_1^*<\alpha|+c_2^*<\beta| \tag{B-51}$$

この関係は「反線形（anti-linear）」な関係と呼ばれている。

ディラックは，内積に対して「外積」として次のような表記を提案した。

$$|\alpha><\beta| \tag{B-52}$$

この表記は，ket の左側にあるとき，あるいは bra の右側にある時にのみ意味を持つ。

$$|\alpha><\beta||\phi> = |\alpha><\beta|\phi> \quad \text{or}$$
$$<\gamma||\alpha><\beta| = <\gamma|\alpha><\beta|$$

このような場合には，縦棒の融合（associated axiom of multiplication）で縦棒が1本消えるので注意する。上の例では，$<\beta|\phi>=$p, $<\gamma|\alpha>=$q のとき，

$$|\alpha><\beta||\phi> = |\alpha><\beta|\phi> = \text{p}|\alpha> \quad \text{or}$$
$$<\gamma||\alpha><\beta| = <\gamma|\alpha><\beta| = \text{q}^*<\beta|$$

となる。ここで重要なことは，「外積として定義される $|\alpha><\beta|$ は Operator」である点である。

あるオペレーター A を ket である $|\alpha>$ に作用させたもの（$A|\alpha>$）と対をなす別のヒルベルト空間内のベクトルは $<\alpha|A^*$ である。A^* はオペレータ A のエルミート共役の演算子である。量子力学の世界では $A^*=A$ のエルミート演算子（例えば Hamiltonian）が重要である。

一般的な固有方程式は，演算子 X を用いて，

$$X|\alpha> = a|\alpha> \tag{B-53}$$

と書くことができる。ケットの $|\alpha>$ は固有関数であり，a は固有値である。この解として得られる固有値 a がすべて異なるものであれば $\{a_1, a_2, a_3....\}$，対応する固有関数 $\{|\alpha_1>, |\alpha_2>, |\alpha_3>......\}$ はすべて互いに直交しており，ヒルベルト空間の基底ベクトルを形成している。

ヒルベルト空間における演算子（Operator）は，外積の和で表されること

を上で述べた。

　オペレーター Y に対してヒルベルト空間を張るケット $\{|a_1>,|a_2>,|a_3> ……,|a_n>\}$ を考える。$<a_n|Y|a_m>$ の積分によって得られる n, m 番目の値（複素数の固有値）の表が得られるが，これは $n×n$ マトリックスで表現できる（m は行番号，n は列番号とする）。この $n×n$ マトリックスを $\underline{Y}$ と置き，その mn 要素を $\underline{Y}_{mn}$ と置く。このように定義した $\underline{Y}$ は「オペレーター Y の行列表現」と呼ばれる。このときオペレーター Y は，

$$Y=\sum_{mn}|a_n><a_m|\underline{Y}_{mn} \tag{B-54}$$

で表される。

　量子論に関係するものでは，オペレータ $\sum_{k}|a_k><a_k|$ の随伴行列（adjoint: 転置して複素共役なもの）は元の行列の逆行列になっている。このようなユニタリーオペレーターを用いた変換は相似変換（similarity transformation）と呼ばれることは先に示した。相似変換には，行列の固有値がユニタリー相似変換で不変であるという性質がある。

7-2　行列の対角化

　二次の A 正方行列を考えたときに，この行列に 2 つのベクトル x_1 と x_2 が，かけられたとする。

$$A=\begin{pmatrix} a_{11} & a_{12} \\ a_{21} & a_{22} \end{pmatrix}$$

$$x_1=\begin{pmatrix} x_{11} \\ x_{21} \end{pmatrix}$$

$$x_2=\begin{pmatrix} x_{12} \\ x_{22} \end{pmatrix}$$

$$Ax_1=\begin{pmatrix} a_{11} & a_{12} \\ a_{21} & a_{22} \end{pmatrix}\begin{pmatrix} x_{11} \\ x_{21} \end{pmatrix}=\begin{pmatrix} a_{11}x_{11}+a_{12}x_{21} \\ a_{21}x_{11}+a_{22}x_{21} \end{pmatrix}$$

$$Ax_2 = \begin{pmatrix} a_{11} & a_{12} \\ a_{21} & a_{22} \end{pmatrix} \begin{pmatrix} x_{12} \\ x_{22} \end{pmatrix} = \begin{pmatrix} a_{11}x_{12} + a_{12}x_{22} \\ a_{21}x_{12} + a_{22}x_{22} \end{pmatrix}$$

これらを1つにまとめることができるので,

$$\begin{pmatrix} a_{11} & a_{12} \\ a_{21} & a_{22} \end{pmatrix} \begin{pmatrix} x_{11} & x_{12} \\ x_{21} & x_{22} \end{pmatrix} = \begin{pmatrix} a_{11}x_{11} + a_{12}x_{21} & a_{11}x_{12} + a_{12}x_{22} \\ a_{21}x_{11} + a_{22}x_{21} & a_{21}x_{12} + a_{22}x_{22} \end{pmatrix}$$

となっている。最後の式は次に示す行列の積と同じである。

$$A(x_1 \quad x_2) = (Ax_1 \quad Ax_2)$$

今度は,2×2 行列 A と 2 つの二行一列ベクトル x_1, x_2 の他に定数 k_1, k_2 を含めた同様の関係を考えると,

$$Ax_1 = \begin{pmatrix} a_{11} & a_{12} \\ a_{21} & a_{22} \end{pmatrix} \begin{pmatrix} x_{11} \\ x_{21} \end{pmatrix} = k_1 \begin{pmatrix} x_{11} \\ x_{21} \end{pmatrix}$$

$$Ax_2 = \begin{pmatrix} a_{11} & a_{12} \\ a_{21} & a_{22} \end{pmatrix} \begin{pmatrix} x_{12} \\ x_{22} \end{pmatrix} = k_2 \begin{pmatrix} x_{12} \\ x_{22} \end{pmatrix}$$

$$\begin{pmatrix} a_{11} & a_{12} \\ a_{21} & a_{22} \end{pmatrix} \begin{pmatrix} x_{11} & x_{12} \\ x_{21} & x_{22} \end{pmatrix} = \begin{pmatrix} k_1 x_{11} & k_2 x_{12} \\ k_1 x_{21} & k_2 x_{22} \end{pmatrix} = \begin{pmatrix} x_{11} & x_{12} \\ x_{21} & x_{22} \end{pmatrix} \begin{pmatrix} k_1 & 0 \\ 0 & k_2 \end{pmatrix}$$

のように展開することができる。この関係は次に示す固有値問題 [例えば波動方程式のような,x_1, x_2 ベクトル(例えば波動関数)とそのエネルギー固有値(対角化された k_1, k_2)の関係] になっていることがわかる。もちろん,行列 A はオペレーターと見なすことができる。

$$A(x_1 \quad x_2) = (x_1 \quad x_2) \begin{pmatrix} k_1 & 0 \\ 0 & k_2 \end{pmatrix}$$

一次独立（すでに述べたように，すべての行ベクトルが直交しているような）ベクトル $(x_1 \ x_2)$ を P と置くと，これに対して逆行列 P^{-1} が存在するので，

$$AP = P \begin{pmatrix} k_1 & 0 \\ 0 & k_2 \end{pmatrix}$$

両辺から P^{-1} をかけて，

$$P^{-1}AP = P^{-1}P \begin{pmatrix} k_1 & 0 \\ 0 & k_2 \end{pmatrix} = \begin{pmatrix} k_1 & 0 \\ 0 & k_2 \end{pmatrix}$$

このようにすれば，行列 A を対角化できることがわかる。

実際には，固有ベクトル x_1, x_2 を求めるために，以下のような永年方程式の解を利用する。

$$Det\ (A-kE) = 0 \quad (E は A と同じ n \times n 単位行列)$$

永年方程式の解が重根を持つときには，2×2 行列は対角化できない（一般的には，永年方程式が重根を持っていても，重根に対応する固有ベクトルの数が重根のより少ない場合には対角化できない）。

この方法を用いて，次の 2×2 マトリックスを対角化してみよう。

$$A = \begin{pmatrix} \dfrac{3}{2} & -\dfrac{3}{2} \\ \dfrac{1}{2} & \dfrac{7}{2} \end{pmatrix}$$

まず，この行列に対応する固有マトリックス x を求める必要がある。そのためには，次の永年方程式を解いて，k に対応する行列要素を求める。

$$Det(A-kE)=0$$

$$\det(A-kE)=\det\begin{pmatrix} \frac{3}{2} & -\frac{3}{2} \\ \frac{1}{2} & \frac{7}{2} \end{pmatrix} - \begin{pmatrix} k & 0 \\ 0 & k \end{pmatrix})=\det\begin{pmatrix} \frac{3}{2}-k & -\frac{3}{2} \\ \frac{1}{2} & \frac{7}{2}-k \end{pmatrix}=0$$

これを解いて,$k=2$ or 3 となる。次にこれら2つの解に対応するベクトル x を求める。

$k=2$ に対応する x_1 ベクトルは,

$$(A-2E)x_1=\det\begin{pmatrix} \frac{3}{2}-2 & -\frac{3}{2} \\ \frac{1}{2} & \frac{7}{2}-2 \end{pmatrix}\begin{pmatrix} a \\ b \end{pmatrix}=0$$

を解いて,$a=-3b$。これに対応する任意のベクトルとして,

$$x_1=\begin{pmatrix} a \\ b \end{pmatrix}=t\begin{pmatrix} -3 \\ 1 \end{pmatrix}$$ を代用する(t は任意の実数)。同様にして,$k=3$ について x_2 ベクトルを求めると,

$$(A-3E)x_2=\det\begin{pmatrix} \frac{3}{2}-3 & -\frac{3}{2} \\ \frac{1}{2} & \frac{7}{2}-2 \end{pmatrix}\begin{pmatrix} c \\ d \end{pmatrix}=0$$

$c+d=0$ より,$x_2=\begin{pmatrix} c \\ d \end{pmatrix}=u\begin{pmatrix} 1 \\ -1 \end{pmatrix}$ と置くことができる(u は任意の実数)。

したがって,固有ベクトル P を $P=(x_1 \quad x_2)=\begin{pmatrix} -3 & 1 \\ 1 & -1 \end{pmatrix}$ で代表させる。この固有ベクトルは,線形代数学の項目の最後のところ説明で示したように,次のようにしても決めることができる。

永年方程式に固有値2を代入し,次の行列式を得る。

$$\begin{vmatrix} \dfrac{3}{2}-2 & -\dfrac{3}{2} \\ \dfrac{1}{2} & \dfrac{7}{2}-2 \end{vmatrix} = \begin{vmatrix} -\dfrac{1}{2} & -\dfrac{3}{2} \\ \dfrac{1}{2} & \dfrac{3}{2} \end{vmatrix}$$

一行目あるいは二行目について余因子を求めれば,それが固有ベクトルに比例するはずである。答えは $(3/2, -1/2)$ であるから,固有ベクトルは $(3, -1)$ に比例することが容易にわかる。

逆行列 P^{-1} は $P^{-1}=\dfrac{1}{2}\begin{pmatrix} -1 & -1 \\ -1 & -3 \end{pmatrix}$ になるから, $P^{-1}AP=P^{-1}P\begin{pmatrix} k_1 & 0 \\ 0 & k_2 \end{pmatrix}=$ $\begin{pmatrix} k_1 & 0 \\ 0 & k_2 \end{pmatrix}$ の演算を行なうことにより, $\dfrac{1}{2}\begin{pmatrix} -1 & -1 \\ -1 & -3 \end{pmatrix}\begin{pmatrix} \dfrac{3}{2} & -\dfrac{3}{2} \\ \dfrac{1}{2} & \dfrac{7}{2} \end{pmatrix}\begin{pmatrix} -3 & 1 \\ 1 & -1 \end{pmatrix}=$ $\dfrac{1}{2}\begin{pmatrix} -1 & -1 \\ -1 & -3 \end{pmatrix}\begin{pmatrix} -6 & 3 \\ 2 & -3 \end{pmatrix}=\dfrac{1}{2}\begin{pmatrix} 4 & 0 \\ 0 & 6 \end{pmatrix}=\begin{pmatrix} 2 & 0 \\ 0 & 3 \end{pmatrix}$ となり,対角化できた。

もう 1 つ, $A=\begin{pmatrix} -3 & -1 \\ 1 & -1 \end{pmatrix}$ の対角化を試みてみよう。

対応する永年方程式 $\begin{vmatrix} -3-k & -1 \\ 1 & -1-k \end{vmatrix}=0$ の解は $k=-2$ の重根を持つ。この場合固有ベクトルは 1 個しか決まらず,重根の数の 2 より少ないので,個の行列は対角化できないことがわかる。

例:次の 3×3 行列を対角化せよ

$$A=\begin{pmatrix} 5 & -2 & 4 \\ 2 & 0 & 2 \\ -2 & 1 & -1 \end{pmatrix}$$

方針は以下の通りである。
① 対角要素が k の対角行列の差を取った永年方程式を解き, k を決める。
② 次に,それぞれの k に対応する固有(列)ベクトルを決める(3 個ある)。

③ 3個の固有ベクトルを並べた3×3行列Pとその逆行列P^{-1}を求める。
④ $P^{-1}AP$を計算して，対角行列にする。

解は，

① $\det \begin{pmatrix} 5-k & -2 & 4 \\ 2 & 0-k & 2 \\ -2 & 1 & -1-k \end{pmatrix} = 0$ より，$k=1$（重根），$k=2$を得る。

② $k=1$に対応する固有ベクトルは$\begin{pmatrix} 4 & -2 & 4 \\ 2 & -1 & 2 \\ -2 & 1 & -2 \end{pmatrix}\begin{pmatrix} x \\ y \\ z \end{pmatrix}=0$を満たす任意

の解で表されるから，

$\begin{pmatrix} 4 & -2 & 4 \\ 2 & -1 & 2 \\ -2 & 1 & -2 \end{pmatrix}\begin{pmatrix} x \\ y \\ z \end{pmatrix} = \begin{pmatrix} 4x-2y+4z \\ 2x-y+2z \\ -2x+y-2z \end{pmatrix} = 0$ より，1行目と2, 3行目は同

じベクトルなので有効な関係式は1行目だけである。x=−zとすればy=0なので，例えば (x, y, z)=(1, 0, −1) が得られるが，このほかにもx=0と置いた (0, 2, 1) などの解が得られることがわかる。これら2つを固有ベクトルとしておく（重根であっても，2つのベクトルが定義できるので，対角化可能になる例である）。

$k=2$の解に対する固有ベクトルを求めると，

$\begin{pmatrix} 3 & -2 & 4 \\ 2 & -2 & 2 \\ -2 & 1 & -3 \end{pmatrix}\begin{pmatrix} x \\ y \\ z \end{pmatrix} = \begin{pmatrix} 3x-2y+4z \\ 2x-2y+2z \\ -2x+y-3z \end{pmatrix} = 0$ から，例えば $\begin{pmatrix} x \\ y \\ z \end{pmatrix} = \begin{pmatrix} 2 \\ 1 \\ -1 \end{pmatrix}$ が

得られる。したがって3×3固有ベクトルPは，$P = \begin{pmatrix} 1 & 0 & 2 \\ 0 & 2 & 1 \\ -1 & 1 & -1 \end{pmatrix}$のよ

うに表現できる。

③ P^{-1}は，$P^{-1} = \begin{pmatrix} -3 & 2 & -4 \\ -1 & 1 & -1 \\ 2 & -1 & 2 \end{pmatrix}$であるから，

④ $P^{-1}AP = \begin{pmatrix} -3 & 2 & -4 \\ -1 & 1 & -1 \\ 2 & -1 & 2 \end{pmatrix} \begin{pmatrix} 5 & -2 & 4 \\ 2 & 0 & 2 \\ -2 & 1 & -1 \end{pmatrix} \begin{pmatrix} 1 & 0 & 2 \\ 0 & 2 & 1 \\ -1 & 1 & -1 \end{pmatrix} = \begin{pmatrix} 1 & 0 & 0 \\ 0 & 1 & 0 \\ 0 & 0 & 2 \end{pmatrix}$ と

対角化できる。

7-3 行列の三角化

すでに，ある行列の共役転置行列について説明したが，共役転置行列が元の行列と同じであるときにはエルミート行列と呼ぶ。一方，共役転置行列と元の行列の積が単位行列であるようなとき，これをユニタリー行列と呼ぶ。すなわち，U の共役転置行列 U^* は，$U^* = U^{-1}$ であることがわかる。任意の $n \times n$ 行列は，適当なユニタリー行列 U によって，三角化できる。

$$U^{-1}AU = U^*AU = 三角行列$$

ユニタリー行列は規格直交化された複素数を要素とする行列であることを思い出そう。

> 例：$A = \begin{pmatrix} 3 & 1 \\ -1 & 1 \end{pmatrix}$ を三角化する。

方針は以下の通りである。
① 与えられた行列に対する固有方程式（永年方程式）を解いて，固有値を求め，それに対応する固有ベクトルを求める。ここまでは 7-2 節の対角化と同じであるが，三角化では，得られた解について固有ベクトルどうしが直交している行列を捜せば良いことになる。したがって，対角化のときとは異なり，重根を有する 2×2 行列についても三角化は可能である。
② 得られた解について，その固有値に対応する固有ベクトルを 1 つ見つけ，他のベクトルはそのベクトルに直交する（規格化も忘れないで）ものを捜す。この際に，一般的には Gram Schmidt の方法と呼ばれる方法が用いられる）。
③ このようにして作った固有ベクトルの組（ユニタリー行列）P について，逆行列 P^{-1} を求め，$P^{-1}AP$ の演算により，A を三角化する。

実際には，A に関する固有値問題として，$\mathrm{Det}(A-kE)=0$ を解く。

$$\det(A-kE) = \begin{pmatrix} 3-k & 1 \\ -1 & 1-k \end{pmatrix} = 0$$

解は，$k=2$ の重根である。この行列 A は対角化できないが三角化は可能である。$k=2$ に対応する固有ベクトルは次のようにして求める。

$$\begin{pmatrix} 3-2 & 1 \\ -1 & 1-2 \end{pmatrix} \begin{pmatrix} x \\ y \end{pmatrix} = 0 \text{ したがって } \begin{pmatrix} x+y \\ -x-y \end{pmatrix} = 0$$

すなわち，重根であるから，候補としては $\begin{pmatrix} 1 \\ -1 \end{pmatrix}$ の1つしか出てこない。

これに直交する列ベクトルは，$\begin{pmatrix} 1 \\ -1 \end{pmatrix}\begin{pmatrix} x \\ y \end{pmatrix} = 0$ より，$\begin{pmatrix} 1 \\ 1 \end{pmatrix}$ があることがわかる。したがって，三角化のためのユニタリー行列として，

$$U = \frac{1}{\sqrt{2}} \begin{pmatrix} 1 & 1 \\ -1 & 1 \end{pmatrix} \text{ が見つかった（平方根 2 は，規格化定数である）}$$

次に U^{-1} を求めると，

$$U^{-1} = \frac{1}{\sqrt{2}} \begin{pmatrix} 1 & -1 \\ 1 & 1 \end{pmatrix} \text{ (実数のユニタリー行列だから転置行列と同じ)}$$

その結果，A は次のように三角化される。

$$U^{-1}AU = \frac{1}{2}\begin{pmatrix} 1 & -1 \\ 1 & 1 \end{pmatrix}\begin{pmatrix} 3 & 1 \\ -1 & 1 \end{pmatrix}\begin{pmatrix} 1 & 1 \\ -1 & 1 \end{pmatrix} = \frac{1}{2}\begin{pmatrix} 1 & -1 \\ 1 & 1 \end{pmatrix}\begin{pmatrix} 2 & 4 \\ -2 & 0 \end{pmatrix} = \frac{1}{2}\begin{pmatrix} 4 & 4 \\ 0 & 4 \end{pmatrix} = \begin{pmatrix} 2 & 2 \\ 0 & 2 \end{pmatrix}$$

8 群論と線形代数

数学的には，次の4つの演算条件がすべての要素に対して満たされるときにのみ，要素の作るベクトルを群と呼ぶ。ここで，要素とは数字であったり，行列であったりすることに留意しておく必要がある。

① ベクトルの中のどの2つの要素を取って演算しても，必ずそのベクトルの中の要素になる：Closure，要素が閉じた空間を形成している。

② ベクトルのどの要素に対しても結合則が成り立つ。: $(AB)C=A(BC)$, *Associability*

③ ベクトルのどの要素に対しても $EA=AE=A$ となる単位要素（行列）が存在する。: *identity*

④ ベクトルのどの要素にも，たった1つだけ $A^{-1}A=AA^{-1}=E$ となる逆数（逆行列）が存在する。: *inverse*

このように，*closure, asscociability, identity, inverse* が群を構成するための要件である。このような群を構成する要素の数を位数（order）と呼ぶ。

位数が3の群を考えるとき，E を単位行列，A, B を一次独立な要素（数字あるいは行列かも知れないと考える）に対応すると考える。一般的には2つの行列の積は可換ではないが，特別な場合には可換関係が成り立つ時がある。このような可換な要素のみで出来上がっている群を Abel 群と呼ぶ：$AB=BA=E$)。Abel 群の特徴として，multiplication table（要素どうしの演算（かけ算）を表す表）が，次の様にラテンスクエア（latin square: 積ででき上がったそれぞれの行と列で，それぞれ同じ要素が1回ずつしか現れない）になっている。

	E	A	B
E	E	A	B
A	A	B	E
B	B	E	A

たとえば，要素として $(1, -1, i, -i)$ を有する群では次のような multiplication table ができる。これもアーベル群であることがわかる。

	1	−1	i	−i
1	1	−1	i	−i
−1	−1	1	−i	i
i	i	−i	−1	1
−i	−i	i	1	−1

群 (E, A, B, C) に対して同様に表すと，例えば次のような multiplication table ができる。

	E	A	B	C
E	E	A	B	C
A	A	E	C	B
B	B	C	A	E
C	C	B	E	A

$A \times A = E, B \times B = A, C \times C = A, B \times C = E, A \times B = C$ という関係があることがわかる。

この表は (1, −1, i, −i) の multiplication table と同じ latin square 構造をしている。このような場合，群 (E, A, B, C) と群 (1, −1, i, −i) は isomorphic であるという。このように，2つのグループ G_1 と G_2 が isomorphic であれば $G_1 \sim G_2$ と表す。

位数4の群では，他にも次のような multiplication table が存在する。

	E	A	B	C
E	E	A	B	C
A	A	E	C	B
B	B	C	E	A
C	C	B	A	E

　この表と先の表は，明らかに違った配列であり，このようなときには，2つの multiplication table は isomorphic ではないという（$A×A=B×B=C×C=E$，$A×B=C$などとなっている）．一般的に，位数が4の群では，上の2つの table のどちらかに当てはまることが知られている．以上の関係からわかるように，位数3ならびに4の群は共に積の演算が可換であり，アーベル群に属している．

8-1　相似変換（similarity transformation）と類（class/conjugate class）

　D_3群は1本のC_3軸と3本のC_2軸を含む群である．「C_3操作2つとC_2操作の3つがそれぞれ類を作る」とは数学的にどのような意味があるのかを説明する．
　一番上の行に示したXで表した各要素でこの群の各要素（一番左の列）を相似変換する操作を表でまとめると次のような変換表ができる．

A/X	E	C_3	C_3^2	C_2	C_2'	C_2''
E	E	E	E	E	E	E
C_3	C_3	C_3	C_3	C_3^2	C_3^2	C_3^2
C_3^2	C_3^2	C_3^2	C_3^2	C_3	C_3	C_3
C_2	C_2	C_2''	C_2'	C_2	C_2''	C_2'
C_2'	C_2'	C_2	C_2''	C_2''	C_2'	C_2
C_2''	C_2''	C_2'	C_2	C_2'	C_2	C_2''

　この表からわかることは，Eはこの群に属するすべての要素による相似変換

で E となり，(C_3, C_3^2)，$(C_2 C_2' C_2'')$ は D_3 群のすべての操作による相似変換でそれぞれ (C_3, C_3^2)，$(C_2 C_2' C_2'')$ という小さなグループの中の要素にしか変換されない。このように，群の中の要素が，群の全要素による相似変換によって，或る要素の組にしか変換されないときには，その組を類（class あるいは conjugate class）と呼ぶ。Class には次のような性質がある。

① 異なる2つの要素を同一の要素に相似変換するような要素は存在しない。すなわち，ある要素による相似変換では，まったく同じ要素を与えるものはたった1つしか存在しない：上の変換表の縦に眺めると，どの列にも各要素は1回ずつしか現れない。

② どの要素も，2つのクラスにまたがって存在することはない。

③ 各クラスの要素の数は，群の位数の因子である：h が群の位数であり，その群には要素が m 個含まれる class が1つあったとすると，クラスの中の各要素は相似変換によって必ず同じクラスの要素にそれぞれ h/m 回変換される。

④ アーベル群では，要素の1つ1つが class である（Abel 群では演算は可換であるから $XAX^{-1}=AXX^{-1}=A$）。

8-2 Subgroup（部分群）

群の中に小さな群を形成するような要素の組があれば，その小さな群を元の大きな群の subgroup（部分群）という。部分群は，もちろん最初に示した群としての4つの条件を満たしていなくてはならない。D_{3h} 群には D_3 群，C_{3v} 群，C_3 群などの部分群が存在する。C_s，C_2，C_1 はもちろん D_{3h} 群の部分群である。この中で C_1 群はあらゆる点群の部分群である。ラグランジュの定理から，「部分群の位数は，もとの群の位数の約数（divisor）である」。すなわち，D_{3h} 群の位数は12であり，その部分群の位数は6, 3, 2, 1 である。

ある群 G の部分群を H（要素は $H_1, H_2, \ldots, H_g$）とし，X を H には含まれない G 群の要素であるとする。X による H_i の相似変換は要素を $(X^{-1}H_1X, X^{-1}H_2X, \ldots, X^{-1}H_gX)$ とする G の部分群を作る。このとき，部分群 H（要素は $H_1, H_2, \ldots, H_g$）と部分群 H'（要素は $X^{-1}H_1X, X^{-1}H_2X, \ldots, X^{-1}H_gX$）は conjugate subgroups と呼ばれる。

部分群 H（要素は $H_1, H_2, \cdots, H_g$）と部分群 H'（要素は $X^{-1}H_1X, X^{-1}H_2X, \cdots, X^{-1}H_gX$）が一致するときには部分群 H は self-conjugate subgroup あるいは normal subgroup という。例えば C_3 は D_{3h} および C_{3v} 群の normal subgroup である。また C_1 群はあらゆる群の normal subgroup である。

あるグループ G（要素は $g_1, g_2, \cdots$）の部分群 H_i（要素は $h_1^i, h_2^i, \cdots$, i = 1〜m）が次の2つの条件を満たすとき，G は H_i の直積（direct product）であるという。

$$G = H_1 \times H_2 \times H_3 \cdots \times H_m \qquad \text{A2-154}$$

① 各々の subgroup の要素は他の subgroup の要素と可換である。
② G の要素 g は subgroup の要素 h^i で，$g = h^1 h^2 h^3 h^4 \cdots h^m$ と表すことができる。

群 G は H_1 と H_2 の部分群を有するが，H_1 の要素が H_2 の要素と可換でない（しかし，G の要素はこれら2つの部分群の要素の積である）ときには，G は H_1 と H_2 の semidirect product と呼び，$G = H_1 \wedge H_2$ と書く。

例えば，C_{3v} 群は C_3 群と C_s 群の semidirect product である。

9 固有値問題と線形代数

9-1 基底関数とその対称性

ここでは三次元運動する粒子の井戸型ポテンシャルのモデルを例にしながら，群論に関わる行列に関する話を進める。群論に関する記述については，拙著「量子論に基づく無機化学」を参考にするとわかりやすいが，ここでは「そんなものか」という程度に考えておくだけでも，記述内容は十分に理解できると思う。

xy 平面内で，x と y について -1 から $+1$ までの空間におけるポテンシャルがゼロで，$x = \pm 1, y = \pm 1$ のときに無限大のポテンシャルになる（というより，ここで波動関数が消滅する）ような場を考える。このとき，煩雑さを避けるた

めに $\hbar^2/2m$ は 1 として考えておく。このとき，粒子の運動を表すシュレーディンガー方程式は次のようになる。

$$\left(\frac{\partial^2}{\partial x^2}+\frac{\partial^2}{\partial y^2}\right)\Psi=-E\Psi$$

この方程式の解は次のようなものである。

$$\Psi_{nn'}^{c}=\cos\frac{n\pi x}{2}\cos\frac{n'\pi y}{2}$$

$$\Psi_{mm'}^{s}=\sin\frac{m\pi x}{2}\sin\frac{m'\pi y}{2}$$

$$\Psi_{nm}^{cs}=\cos\frac{n\pi x}{2}\sin\frac{m\pi y}{2}$$

$$\Psi_{mn}^{sc}=\sin\frac{m\pi x}{2}\cos\frac{n\pi y}{2}$$

Ψ の上付きの c と s は cos, sin の区別を表しており，n, n' はそれぞれ異なる奇数を，m, m' はそれぞれ異なる偶数の値（ゼロは含まない）である（x, y がそれぞれ±1 で波動関数がゼロになっていることからこれらの関数が正しいことがわかる）。

これらの波動関数のどのような組み合わせがこの系の basis set を与えるのかを確かめるためには，群論の力を借りて波動関数の帰属を確認すると同時に，以下の手順でその関数型（線形結合の組み合わせ）を求めなくてはならない。

この四角形型の井戸は C_{4v} 群に属すると考えて（むろん D_{4h} と考えても良いが，ここでは対称操作が 2 倍の（double group という）複雑な点群を考える必要はない。

C_{4v} には $E, 2C_4, C_2, 2\sigma_v, 2\sigma_v'$ の 5 個の対称要素（操作）がある。

C_{4v}	E	$2C_4$	C_2	$2\sigma_v$	$2\sigma_v'$
A_1	1	1	1	1	1
A_2	1	1	1	-1	-1
B_1	1	-1	1	1	-1
B_2	1	-1	1	-1	1
E	2	0	-2	0	0

これらの対称操作で，x, y がどのように変化するかを確認すると次の表ができる。

	E	$2C_4$	C_2	$2\sigma_v$	$2\sigma_v'$
x	x	$-y$	$-x$	$-x$	y
y	y	x	$-y$	y	x

この関係を用いて波動関数がどのように変化するかを考えると，

① $\Psi_{nn'}^c (n=n')$ は，すべての対称操作で不変である：A_1。

② $\Psi_{mm'}^c (m=m')$ は E, C_2, σ_v' では不変であるが C_4, σ_v では符号が変わる：B_2。

③ $\Psi_{nn'}^c (n \neq n')$ と $\Psi_{n'n}^c (n \neq n')$ は E, C_2, σ_v では不変であるが，C_4 と σ_d 操作では互いに入れ替わるので，対になって変換することがわかる。このことを線形変換行列を用いて表すと次のようになる。

E, C_2, σ_v' 操作では，関数が保持されるから，

$$\begin{pmatrix} \Psi_{nn'}^c \\ \Psi_{n'n}^c \end{pmatrix} = \begin{pmatrix} 1 & 0 \\ 0 & 1 \end{pmatrix} \begin{pmatrix} \Psi_{nn'}^c \\ \Psi_{n'n}^c \end{pmatrix}$$

のように，この trace は 2 である。しかし，C_4 と σ_v' では互いに入れ替わるので，

$$\begin{pmatrix} \Psi^c_{n'n} \\ \Psi^c_{nn'} \end{pmatrix} = \begin{pmatrix} 0 & 1 \\ 1 & 0 \end{pmatrix} \begin{pmatrix} \Psi^c_{nn'} \\ \Psi^c_{n'n} \end{pmatrix}$$

したがって，この操作の指標は trace のゼロである．これらをまとめると，$\Psi^c_{nn'}(n \neq n')$ と $\Psi^c_{n'n}(n \neq n')$ の指標は，

	E	$2C_4$	C_2	$2\sigma_v$	$2\sigma_v'$
$\Psi^c_{nn'}$	2	0	2	2	0

各マリケン記号に相当するベクトルとの直積から，$(2, 0, 2, 2, 0)$ は $A_1 + B_1$ であることがわかる．
このとき，A_1 と B_1 に相当する軌道関数は $\Psi^c_{nn'}(n \neq n')$ と $\Psi^c_{n'n}(n \neq n')$ の線形結合であると考えれば，

$\Phi_1 = \Psi^c_{nn'} + \Psi^c_{n'n}$ と

$\Phi_2 = \Psi^c_{nn'} - \Psi^c_{n'n}$

がそれぞれ A_1 と B_1 に対応することが確認できる．

④ 同様の検証を行なうことにより，$\Psi^c_{mm'}(m \neq m')$ と $\Psi^c_{m'm}(m \neq m')$，Ψ^{sc}_{nm} と Ψ^{sc}_{mn} は，それぞれが対になって互いに変換し，それぞれ $(2, 0, 2, -2, 0)$ および $(2, 0, -2, 0, 0)$ の trace を与えることがわかる．これらは $B_2 + A_2$ および E であり，その結果次のような波動関数の組が帰属できる．

$\Psi^c_{nn} = \cos \dfrac{n\pi x}{2} \cos \dfrac{n\pi y}{2} : A_1$

$\Psi^s_{mm} = \sin \dfrac{m\pi x}{2} \sin \dfrac{m\pi y}{2} : B_2$

$\Phi_1 = \Psi^c_{nn'} + \Psi^c_{n'n} : A_1$
$\Phi_2 = \Psi^c_{nn'} - \Psi^c_{n'n} : B_1$

$\Phi_3 = \Psi^s_{mm'} + \Psi^s_{m'm} : B_2$
$\Phi_4 = \Psi^s_{mm'} - \Psi^s_{m'm} : A_2$

$\Psi_{nm}^{sc} : E$

$\Psi_{mn}^{cs} : E$

これらの波動関数が，この系の basis set を形成していることがわかる。指標表はユニタリー変換に基づく変換行列の trace をまとめたものである。したがって，このような解析結果は，直行系の波動関数のセットを過不足なく与える。

9-2 適当な軌道のセットを使って波動方程式をマトリクスで解く

最後に，固有値問題を実際に解きながらハミルトニアンの行列表現がどのように求められるか眺めてみよう。

最も簡単な一次元の井戸型ポテンシャルの場合を考えてみる（$-1 < x < 1$ の区間のみポテンシャルをゼロとする）。簡単のために，係数は省略し，波動方程式は次のように書けるものとする $\left(H = \dfrac{\partial^2}{\partial x^2}\right)$。

$$\frac{\partial^2}{\partial x^2}\Psi = -E\Psi$$

ハミルトニアン H の行列表現を求めるためには，この式を解いて固有関数を求める必要がある。固有値として持ちうるエネルギーの組は無限個あり，対応する固有関数も無限個ある。ハミルトニアンの行列要素は $H_{ij} = \langle \Psi_i | H | \Psi_j \rangle$ であるから，H の行列表現は無限次元の正方行列である。

波動方程式の解は，

$$\Psi_n = A \cos\left(\frac{n\pi x}{2}\right) \quad n = 1, 3, 5, \cdots\cdots$$

$$\Psi_m = B \sin\left(\frac{m\pi x}{2}\right) \quad m = 2, 4, 6\cdots\cdots$$

対応する固有エネルギーは，それぞれ $E_n = \left(\dfrac{n\pi}{2}\right)^2$ と $E_m = \left(\dfrac{m\pi}{2}\right)^2$（$n$ は奇数で，m は偶数）であるから，$H_{ij} = \langle \Psi_i | H | \Psi_j \rangle$ の値は，対角要素のみを残してゼロ

になる。したがって、一次元の井戸型ポテンシャルに対応するハミルトニアンの行列表現は、対角要素に $E_n = \left(\dfrac{n\pi}{2}\right)^2$ と $E_m = \left(\dfrac{m\pi}{2}\right)^2$ を互い違いに持つ無限次元の正方行列である。

$$H = \dfrac{\pi^2}{4}\begin{pmatrix} 1 & 0 & 0 & 0 & \cdots & \cdots & 0 \\ 0 & 4 & 0 & 0 & \cdots & \cdots & 0 \\ 0 & 0 & 9 & 0 & 0 & \cdots & 0 \\ 0 & 0 & 0 & 16 & 0 & 0 & \cdots \\ \cdots & 0 & 0 & 0 & 25 & 0 & \cdots \\ \cdots & 0 & 0 & 0 & 0 & \cdots & \cdots \\ \cdots & \cdots & \cdots & \cdots & \cdots & 0 & \cdots \end{pmatrix}$$

このように、波動方程式をきちんと解いて得られた波動関数（固有関数）を用いた場合には、ハミルトニアンの行列表現は対角要素に対応するエネルギー固有値が並んだものになっている。

一般的に、原子軌道の波動関数についてもハミルトニアンの行列表現は無限次元であり、その結果、無限個の固有値/固有関数を扱わないといけないことになってしまうので、計算化学的なアプローチには無限の時間が必要になってしまう。そこで、有限個の固有関数（これを basis set と呼ぶ）を用いて近似することによってそれを回避する方法がとられる。

例えば、たった3個の任意の固有関数で井戸型ポテンシャルの問題を近似する方法について記述する。

基底関数セットとして、次の3個の関数を使う。

$$\phi_1 = 1 - x^2$$
$$\phi_2 = x(1 - x^2)$$
$$\phi_3 = x^2(1 - x^2)$$

これらの関数は、$x=1$ および $x=-1$ でゼロとなる偶関数と奇関数であり、原点に対して対称／半対称な関数であるから、それなりの近似と見なすことはできるが、正しい関数型ではない。

これらの関数を basis set とした時のハミルトニアンの行列表現は 3×3 マトリクスになる（固有関数が 3 つしかないから）。

　計算は $\langle \phi_i | H | \phi_j \rangle$ の区間（$-1, 1$）における積分から計算する。例えば H_{12} は，

$$H_{12} = \int_{-1}^{1} (1-x^2) \frac{\partial^2}{\partial x^2} x(1-x^2) dx = \int_{-1}^{1} \{-6x(1-x^2)\} dx = -6 \left[\frac{x^2}{2} - \frac{x^4}{4} \right]_{-1}^{1} = 0$$

同様の計算を行なうと，次のような一連の値が得られる。

　$H_{11}=8/3$, $H_{22}=8/5$, $H_{33}=88/105$, $H_{12}=H_{21}=0$, $H_{13}=H_{31}=8/15$, $H_{23}=H_{32}=0$ が得られるので，これら 3 個の basis set で近似されるハミルトニアンの行列表現は次のような 3×3 マトリクスになる。

$$H^{\phi} = \begin{vmatrix} \dfrac{8}{3} & 0 & \dfrac{8}{15} \\ 0 & \dfrac{8}{5} & 0 \\ \dfrac{8}{15} & 0 & \dfrac{88}{105} \end{vmatrix}$$

　すぐ上で求めた厳密な解に対応するハミルトニアンとは似ても似つかないように見える。対角要素以外にもゼロではない要素があるのも，選んだ固有関数 3 個が正しい関数型ではないからである。そこで次にこのハミルトニアンを用いて 3 個の固有関数の組に対応する固有値（エネルギー）を見積もってみる。

〈理論的側面〉

　波動関数（固有関数）は，与えられた基底関数 $\phi_1 \sim \phi_3$ の線形結合で表されるはずであるから，一般的には $\Psi_m = \sum_{i=1}^{p} a_{mi} \phi_i$（ただし，$m$ は 1 から p の値。ここでは $p=3$ である）で表される。正しい波動方程式は $H\Psi = E\Psi$ で表される。

$$H\sum_{i=1}^{p} a_{mi}\phi_i = E_m \sum_{i=1}^{p} a_{mi}\phi_i$$

H を H^ϕ で近似し，両辺の左から ϕ_i の複素共役関数をかけて，

$$\sum_{i=1}^{p} a_{mi} H_{ij}^\phi = E_m \sum_{i=1}^{p} a_{mi} S_{ij} \quad (ただし，S_{ij} = \int \phi_i^* \phi_j d\tau)$$

したがって，この式の右辺を移行して，

$$\sum_{i=1}^{p} (H_{ij}^\phi - E_m S_{ij}) a_{mi} = 0$$

近似解であるので $E_m = \lambda_m$ と表現し直して，

$$\sum_{i=1}^{p} (H_{ij}^\phi - \lambda_m S_{ij}) a_{mi} = 0 \text{--------(A)}$$

この連立方程式が解を持つためには，次の永年方程式が成り立つ必要がある。

$$|H_{ij}^\phi - \lambda_m S_{ij}| = 0 \text{--------(B)}$$

これを解いて，エネルギー固有値の近似解 λ_m を求め，各固有値に対して式（A）を書き下して a_{mi} を決めれば，固有関数が求められるというわけである。

それでは，本題に戻って，井戸型ポテンシャルを簡単な3個の関数の basis set で表現した時のハミルトニアンを使って，固有値と固有関数を求めてみよう。

式（A）に対応する永年方程式は，

$$H^{\phi}=\begin{vmatrix} \dfrac{8}{3} & 0 & \dfrac{8}{15} \\ 0 & \dfrac{8}{5} & 0 \\ \dfrac{8}{15} & 0 & \dfrac{88}{105} \end{vmatrix} \text{であったから,} \begin{vmatrix} \dfrac{8}{3}-\lambda S_{11} & 0-\lambda S_{12} & \dfrac{8}{15}-\lambda S_{13} \\ 0-\lambda S_{21} & \dfrac{8}{5}-\lambda S_{22} & 0-\lambda S_{23} \\ \dfrac{8}{15}-\lambda S_{31} & 0-\lambda S_{32} & \dfrac{88}{105}-\lambda S_{33} \end{vmatrix}=0$$

関数セット,

$$\phi_1 = 1-x^2$$
$$\phi_2 = x(1-x^2)$$
$$\phi_3 = x^2(1-x^2)$$

に対して, $S_{ij}=\int \phi_i^* \phi_j d\tau$ を計算すると, $S_{11}=16/15$, $S_{22}=16/105$, $S_{33}=16/315$, $S_{12}=S_{21}=S_{23}=S_{32}=0$ であり, $S_{13}=S_{31}=16/105$ である。これらを代入すると,

$$\begin{vmatrix} \dfrac{8}{3}-\lambda\dfrac{15}{16} & 0 & \dfrac{8}{15}-\lambda\dfrac{16}{105} \\ 0 & \dfrac{8}{5}-\lambda\dfrac{16}{105} & 0 \\ \dfrac{8}{15}-\lambda\dfrac{16}{105} & 0 & \dfrac{88}{105}-\lambda\dfrac{16}{315} \end{vmatrix}=0$$

この行列式は第二行で余因子展開して,

$$\left(\dfrac{8}{5}-\lambda\dfrac{16}{105}\right)\begin{vmatrix} \dfrac{8}{3}-\lambda\dfrac{15}{16} & \dfrac{8}{15}-\lambda\dfrac{16}{105} \\ \dfrac{8}{15}-\lambda\dfrac{16}{105} & \dfrac{88}{105}-\lambda\dfrac{16}{315} \end{vmatrix}=0$$

したがって,

$$\frac{8}{5}-\lambda\frac{16}{105}=0 \text{ もしくは} \begin{vmatrix} \frac{8}{3}-\lambda\frac{15}{16} & \frac{8}{15}-\lambda\frac{16}{105} \\ \frac{8}{15}-\lambda\frac{16}{105} & \frac{88}{105}-\lambda\frac{16}{315} \end{vmatrix}=0 \text{ である。}$$

解は3個あり，$\lambda_1=2.467$，$\lambda_2=10.50$，$\lambda_3=25.53$ である。これらの固有値に対応する固有関数は，これらの固有値を式（A）に代入して係数 a_{mi} を決めることによって ϕ_i の線形結合として得られる（ここでは，固有値は有効数字を4桁程度で表しているが，実際の計算ではかなりの桁を取らないと規格化／直交化に際して問題が起こる。このような問題を回避するためにコンピュータ演算では，倍精度計算や3倍精度計算など，有効数字が十数桁以上の演算を行なう必要がある）。

式（A）を書き下すと，

$$\begin{pmatrix} \frac{8}{3}-\lambda_m\frac{15}{16} & 0 & \frac{8}{15}-\lambda_m\frac{16}{105} \\ 0 & \frac{8}{5}-\lambda_m\frac{16}{105} & 0 \\ \frac{8}{15}-\lambda_m\frac{16}{105} & 0 & \frac{88}{105}-\lambda_m\frac{16}{315} \end{pmatrix} \begin{pmatrix} a_{m1} \\ a_{m2} \\ a_{m3} \end{pmatrix} = 0 = \begin{pmatrix} 0 \\ 0 \\ 0 \end{pmatrix}$$

これを展開して3本の連立方程式にすると，

$$\left(\frac{8}{3}-\lambda_m\frac{15}{16}\right)a_{m1}+\left(\frac{8}{15}-\lambda_m\frac{16}{105}\right)a_{m3}=0$$

$$\left(\frac{8}{5}-\lambda_m\frac{16}{105}\right)a_{m2}=0$$

$$\left(\frac{8}{15}-\lambda_m\frac{16}{105}\right)a_{m1}+\left(\frac{88}{105}-\lambda_m\frac{16}{315}\right)a_{m3}=0$$

この連立方程式を各 $\lambda_m (m=1, 2, 3)$ について解けば，

① $\lambda_1=2.467$ のとき $(m=1)$，

$0.0347a_{11}+0.1573a_{13}=0$

$a_{12}=0$

$0.1573a_{11}+0.7127a_{13}=0$

上の3つの式のうち，上下の2本は同じ式（従属式）である。

したがって，$a_{13}=0.220a_{11}, a_{12}=0$ という関係式しかできない。その結果，$\Psi_1=a_{11}\phi_1-0.220\phi_3(=a_{11}[1-0.220x^2](1-x^2))$ と求められた。

② $\lambda_2=10.500$ についても同様にして，
$\Psi_2=a_{22}\phi_2(=a_{22}x(1-x^2))$

③ $\lambda_3=25.53$ については，
$\Psi_3=a_{31}[1-7.32x^2](1-x^2)$ となるが，これらの a 係数は決まらない。というよりも，これら3つの関数は規格化されていないので適当な規格化定数を当てはめれば良いことがわかる。

関数 Ψ_1 から Ψ_3 は直交しており，その結果オペレータの行列表現は対角化されている。

さて，シュレーディンガー波動方程式を素直に解いたときに得られた三角関数から求めた行列表現のハミルトニアンを眺めると対角要素がエネルギー固有値の対角行列であった。

$$H=\frac{\pi^2}{4}\begin{pmatrix} 1 & 0 & 0 & 0 & \cdots & \cdots & 0 \\ 0 & 4 & 0 & 0 & \cdots & \cdots & 0 \\ 0 & 0 & 9 & 0 & 0 & \cdots & 0 \\ 0 & 0 & 0 & 16 & 0 & 0 & \cdots \\ \cdots & 0 & 0 & 0 & 25 & 0 & \cdots \\ \cdots & 0 & 0 & 0 & 0 & \cdots & \cdots \\ \cdots & & & & & 0 & \cdots \end{pmatrix}$$

したがって，係数の $\dfrac{\pi^2}{4}$ も考慮して，正しいエネルギー固有値のうちの最初の3つは，

$E_1=\dfrac{\pi^2}{4}=2.4672$

$E_2=\dfrac{4\pi^2}{4}=9.8690$

$$E_3 = \frac{9\pi^2}{4} = 22.2053$$

である。一方，3つの基底関数セット，

$$\phi_1 = 1 - x^2$$
$$\phi_2 = x(1 - x^2)$$
$$\phi_3 = x^2(1 - x^2)$$

から求めた3×3行列表現のハミルトニアンに対応するエネルギー固有値は，$\lambda_1 = 2.467, \lambda_2 = 10.500, \lambda_3 = 25.53$ であった。これらの値の一致は，適当な基底関数の組み合わせを用いれば，線形代数を駆使して容易に固有値や固有関数の近似解を得ることができることを示しており，マトリクス表現のハミルトニアンを用いる方法の有用性が理解できたと思う。

　基底関数セットの数を増やせば増やすほど近似は良くなる。特にエネルギーの低い状態に対応する固有値の精度は非常に良いことがわかる。もちろん，原子軌道に関する球面調和関数を用いた演算を行なえば，中心場の電子の運動に関する固有値問題は，少ない数の基底関数セットを用いて，かなり良い精度で計算できることが理解できる。ここで示した例から，最初に選ぶ基底関数のセットが必ずしも厳密に正しい関数でなくてもよいこともわかる。

参考文献

　本書の内容をさらに深く追求したい人のために，以下に参考文献をあげて置く．一般的な基礎化学や無機化学の教科書は多数販売されているが，それらは省いてある．

　以下の化学関連の文献のいくつかは英語で書かれた専門書である．残念ながら，これらの専門書に匹敵するような内容の書籍は日本語には存在しないか，訳本があってもお勧めできない．また，残念ながら日本語の名著のほとんどは絶版になってしまっている．古本屋をまわってそのような本を捜すのも楽しい時間の過ごし方であると思う．

(1) N. N. Greenwood and A. Earnshaw, Chemistry of the Elements, Pergamon Press (1984).
(2) 新村陽一，配位立体化学，培風館 (1972).
(3) Huheey, Inorganic Chemistry, Harper and Row (1983).
(4) 関一彦，化学入門コース2 物理化学，岩波書店 (1999).
(5) 佐々木健，好村滋洋訳，ランダウ＝リフシッツ，理論物理学教程「量子力学」，東京図書 (1993).
(6) Thomas Engel and Philip Reid, Physical Chemistry, Pearson Prentice Hall (2010).
(7) H. F. Hameka, Introduction to Quantum Chemistry, Harper and Row (1967).
(8) S. F. A. Kettle, Physical Inorganic Chemistry, Oxford (1998).
(9) J. K. Burdett, Molecular Shapes, Wiley (1980).
(10) R. J. Gillespie and I. Hargittai, The VSEPR Models of Molecular Geometry, Allyn and Bacon (1991).
(11) 森口繁一ほか，数学公式 I, II, III，岩波書店 (2004).
(12) 薩摩順吉，物理の数学，岩波書店 (2004).

(13) 高木秀夫，量子論に基づく無機化学（群論からのアプローチ），名古屋大学出版会（2010）.

さくいん

アルファベット

Abel 群　289
Al_2Cl_6　168
B_2H_6　168
Big-Bang 理論　21
cis 型異性体　187
class　292
clinal　196
CNO サイクル　24
cofactor　249
conformational isomerism　197
coordination site　173
diborane　167
Dirichlet の条件　213
dissymmetric な配置　190
donor atom　173
d ブロック元素　113, 114
EAN 則　141, 181
Effective Atomic Number Rule　141, 181
enantiomer　190
fac 型異性体　187
fluxional な分子　170
f ブロック元素　113, 114
Gram Schmidt の方法　287
Hermit 多項式　235
Higgs 粒子　15
high spin 電子配置　178
HOMO　162
inner product　210
LCAO-MO 近似　154
Legendre 多項式　236
Legendre の微分方程式　231
Legendre 陪関数　238
lel 型　199

lone pair　140
lows spin 電子配置　178
mer 型異性体　187
Moeller の図　108
MO 理論　137, 153
multidentate ligand　174
$[Ni(CO)_4]$ 錯体　181
non-bonding orbital　170
norm　210
n 回回転軸　190
occupancy　145
Operator　280
optical rotaorty dispersion　191
optical rotation　190
ORD　191
orthonormal 基底ベクトルセット　242
periplanar　196
Projection Operator　268
R.D.Shannon のイオン半径　129
rapid-process　26
regular　229
row equivalent な行列　244
semidirect product　293
shell（殻）　83
singular point　229
slow-process　26
S_n 軸　190
subgroup　293
syn-periplanar　196
Thomas-Fermi-Dirac ポテンシャル　106
trace　268
trans effect　188
trans influence　188
trans 型異性体　187
triad　115

van der Waals 半径　130
VB 理論　137
VSEPR 則　137
X 線　31
Δ_O　177
δ 関数　218
δ 結合　158
δ 配座　197
Δ 配置　192
λ 配座　197
Λ 配置　192
π 結合　158
σ 結合　158

あ行

アーベル群　289
アインシュタイン−ド・ブロイの関係　37
アクチノイド元素　113
アルカリ金属元素　113
アルカリ土類元素　113
イオン化エネルギー　119
イオン化ポテンシャル　119
イオン結合理論　136
イオン半径　127
異核 2 原子分子　163
位数　289
異性化　190
異性体　186
位相ベクトル空間　261
一重項酸素　161
一重項酸素分子　161
一酸化炭素の分子軌道　163
一般解　63, 225, 228
一般化運動量　44
一般化座標　44
ウィーンの変位則　34

ウォルシュの方法　171
運動エネルギー　203
運動量　206
運動量保存則　206
永年行列式　155
永年方程式　275, 277
エナンチオマー　199
エネルギー固有値　81
エネルギー保存則　45, 201
エルミーチアン　241
エルミート空間　261
エルミートベクトル空間
　241
遠距離力　208
演算子　265
円偏向二色性スペクトル
　191
オイラーの公式　51, 213
オクテット　139
オクテット則　181

か　行

外積　279
化学原論　2
架橋　182, 189
架橋配位子　189
角運動量　207
角運動量の演算子　92
角重なりモデル　179
角速度　205
核電荷の不完全遮蔽　130
重なり積分　149
可視光　31
加速度　202
カルコゲン　113
換算質量　45
慣性の法則　202
完備系　211
ガンマ線　32
幾何異性体　186
規格化　77, 210, 211, 241
規格化定数　239
規格直交化　241
キサント塩　136
基底関数　150

基底状態　162
軌道欠損結合　169
軌道多重度　86
軌道電子捕獲壊変　13
希土類元素　113
逆行列　246
逆変換　217
球面調和関数　75, 82
鏡像異性　199
共鳴　144
共鳴理論　137
共役転置行列　261
共有結合半径　129
共有結合理論　136
行列式　247, 248
行列式の値　248
極限移行　118
極限構造　144
局在理論　138, 139
キレート　174
金属結合　164
金属結合半径　129
金属元素　114
金属錯体　173
クーロン演算子　105
クオーク　6
クロネッカδ　245
群　288
群軌道　153, 170, 174
群論　170, 240, 288
ゲージ対称性　7
ゲージ粒子　6
結合次数　127, 159
結合性軌道　156, 159
結晶場理論　137, 179, 180
原子価殻　140
原子価殻電子　104
原子価殻電子対反発則
　137, 138, 144
原子価殻膨張　141, 143,
　169
原子核　8
原子価結合理論　137, 138,
　149
原子軌道　153
原子質量単位　9

原子のイオン化ポテンシャル
　103
原子半径　127, 129
原子番号　8
元素　113
現代量子論　37
5員環形成配位子　197
光学異性体　186, 190
光学分割　191
交換演算子　105
向心力　204
高スピン電子配置　178
恒星　23
合流型超幾何関数　79, 82,
　233
光量子　36
黒体　33
黒体放射　33
古典量子論　35
固有関数　67
固有値　67
固有値問題　274, 275
混成軌道　151, 152
コンプトン効果　36

さ　行

最高被占軌道　162
錯体化学　135
3c–2e 結合　169
3c–4e 結合　170
三角化　287
三角行列　244
三重項状態　162
酸素分子　158
3中心2電子結合　169
3中心4電子結合　169
ジアステレオ異性　199
紫外線　32
時間を含まないシュレーディ
　ンガーの波動方程式　40
時間を含むシュレーディンガ
　ーの波動方程式　41, 57
磁気量子数　70, 80
シグマ結合　158
次元　241

さくいん　309

仕事　203
自己無撞着場　106, 150
シス効果　188
質量欠損　10
質量数　8
質量保存の法則　201
自発的対称性の破れ　15
写像　259
シャノンのイオン半径　129
周期表　112
18電子則　141, 181
縮重　174, 272
シュテファン-ボルツマンの法則　33
主量子数　70, 80
シュレーディンガーの波動方程式　58
順列の符号　248
小行列式　249
常磁性　159
初期値問題　221
真空の相転移　22
随伴行列　268
スキュー δ　198
スキュー λ　198
スピン三重項状態　161
スペクトル　31
スレーターの方法　103
正規直行系　211
静止質量　8
正準方程式　44
正則　229
静電エネルギー　208
静電気力　208
静電反発　162
制動放射　12
正八面体型錯体　174
正四面体型錯体　180
赤色巨星　25
ゼロ行列　245
遷移元素　114
線形結合　154
線形微分方程式　228
線形変換　259
旋光性　190

旋光度　191
占有度　145
相似変換　267, 271, 291
相対論的効果　100, 130, 135

た行

第一の量子化　40
対応原理　58
対角化　277, 281
対角要素　244
対掌体　190
大統一理論　7
第二の量子化　101
多座配位子　174
多重度　86, 272
単位行列　245
単座配位子　187
窒素分子　158
中性子数　8
超関数　219, 220
超幾何関数　233
超ひも理論　22
直積　293
直交　241
直交行列　267
直行性　210
直交変換　261, 267
定在波　39
定常波　39
低スピン電子配置　178
ディラック定数　40, 56
ディラック方程式　99
デリクレの条件　213
デルタ結合　158
10Dq　178
電気陰性度　122
電気陰性度均一化原理　126
電気陰性度の理論　137
電気双極子モーメント　126
典型元素　114
電子間反発　162, 178
電子親和力　121

電子対　140
電子のスピン　98
電子配置　130
電子ボルト　10
転置行列　247
電離説　134
統一原子質量単位　9
統一理論　7
等核2原子分子　163
等速円運動　204
等電子構造　163
特異点　231
特殊解　63, 228
特殊関数　235
トマス-フェルミ-ディラックポテンシャル　106
トランス影響　188
トランス効果　188

な行

内積　210
熱化学的電気陰性度　123
ノルム　210, 241, 261

は行

ハートリー-フォック演算子　105
ハートリー-フォック方程式　105
配位　127
配位結合　137, 173
配位原子　173
配位子　173
配位子場安定化エネルギー　179
配位子場の大きさ　178
配位部位　173
配位立体化学　136, 186
パイ結合　158
配座異性　197
配座光学異性　198
ハイゼンベルグの不確定性原理　51, 54
配置間相互作用　156, 160

パウリの排他原理　102
波数　50
波数空間　218
波数ベクトル　50
波束　52
8隅説　139
波動関数　52
波動方程式　57
波動力学　240
ハミルトニアン　44
ハミルトニアンの行列表現　298, 299
バリオン　6
ハロゲン　113
反結合性軌道　153, 156, 159, 173
バンド　166
バンド構造　166
万有引力　207
ビオレオ塩　136
光増感剤　161
非共有電子対　140
非局在理論　138, 139
非金属元素　114
非結合性軌道　170, 173
標準模型　14
ヒルベルト空間　261, 279
ファヤンス則　127
ファンデルワールス半径　129
フィッシャー塩　136
フーリエ級数展開　212
フーリエ変換　53, 216, 217
フーリエ変換・核磁気共鳴装置　215
フェルミ－ディラック統計　167
フェルミ粒子　115
フェルミレベル　167
不確定性原理　49, 95
複素共役　51
物質波　36
部分群　292

フラクショナルな分子　170
ブラケット記法　278
プラセオ塩　136
プランクエネルギー　22
プランク距離　22
プランク時間　22
プルプレオ塩　136
分光化学系列　189
分子軌道理論　137, 139, 149, 180
フントの規則　108
フントの第一則　110
フントの第二則　111
ペアリングエネルギー（P）　178
ベクトル　240
ベクトル空間　240
偏微分方程式　224
変分法　154
方位量子数　70, 80
放射壊変現象　12
ボーア半径　81
ボーズ粒子　115
ポーリングのイオン半径　129
ポーリングの電気陰性度　123
母関数　235
ボルツマン分布　167
ボルンの解釈　84

ま行

マトリックス力学　240
マリケンの電気陰性度　124
右上がり階段状の周期表　114
三つ組元素　115
メソン　6

や行

有核モデル　48
有機化学構造論　3, 134
有機金属錯体　183
ユークリッド空間　261
ユークリッドベクトル空間　241
有効核電荷　103, 160
ユニタリー行列　261, 267
ユニタリー変換　261, 267
余因子行列　249
余因子行列式　249
余因子展開　250
陽子数　8
要素　240

ら行

ラグランジュ関数　44
ラセミ体　186
ラテンスクエア　289
ラプラス演算子　41
ラプラス逆変換　222
ラプラス変換　221, 222
ランタニド系列　130
ランタノイド元素　113
離散的　35
粒子の存在確率　51
量子　36
量子数　70
類　291, 292
ルイス構造　140
ルイスの概念　138, 139
ルジャンドルの微分方程式　75
ルジャンドル陪多項式　75
ルテオ塩　136
励起状態　31
レイリー－ジーンズ式　34
レプトン　6
連結異性　189
連立一次方程式　253, 254
ロープ　145

あとがき

　本書の執筆にあたっては，名古屋大学理学研究科物理無機化学研究室（旧分析化学研究室）卒業生の山口浩史氏，山根遼平氏，三摩絹子氏，野田恭子氏に手書きの授業原稿をワードファイルに起こしたり，図や式を新たに作り直したりする作業を快く引き受けて頂いた．また，本学の阿波賀邦夫教授と大内幸雄准教授，柏原和夫名誉教授，お茶の水女子大学の福田豊名誉教授，早稲田大学の石原浩二教授，愛知教育大学の稲毛正彦教授，名古屋工業大学の和佐田祐子氏をはじめ多くの方々に内容に関するご意見をいただいた．ここに感謝の意を表したい．成書となった本書をついにお見せすることはかなわなかったが，2008年6月に志なかばで亡くなられた名古屋大学の関一彦教授には学問と教育に関して多くのご教示をいただいた．ここに深く感謝したい．

　本書の出版にあたっては，三共出版の高崎久明氏に多大のご援助をいただいた．同氏のお力添えがなければ，本書が出版に至ることはなかったと思う．深く感謝したい．

著者略歴

高木　秀夫
（たかぎ　ひでお）

三重県出身
1978年　東京工業大学理学部化学科卒業（理学士）
1983年　同大学大学院原子核工学専攻博士課程修了（工学博士）
1983～85年　日本大学生産工学部，1985～1992年　University of Calgary（Canada）
　　　　　　Research Associate　を経て
1992年　より名古屋大学理学部化学科　助教授
2002年　より名古屋大学物質科学国際研究センター無機化学部門　准教授

基礎から学ぶ量子化学
（きそからまなぶりょうしかがく）

2012年11月25日　初版第1刷発行

　　　　　　　　　　　　©著者　高　木　秀　夫
　　　　　　　　　　　　発行者　秀　島　　　功
　　　　　　　　　　　　印刷者　田　中　宏　明

発行所　三共出版株式会社　〒101-0051
　　　　　　　　　　　　　東京都千代田区
　　　　　　　　　　　　　神田神保町3-2

電話 03(3264)5711　FAX03(3265)5149
振替 00110-9-1065
http://www.sankyoshuppan.co.jp

社団法人 日本書籍出版協会・一般社団法人 自然科学書協会・工学書協会 会員

印刷・製本　理想社

JCOPY 〈(社)出版者著作権管理機構 委託出版物〉

本書の無断複写は著作権法上での例外を除き禁じられています．複写される場合は，そのつど事前に，(社)出版者著作権管理機構（電話 03-3513-6969，FAX03-3513-6979，e-mail:info@jcopy.or.jp）の許諾を得てください．

ISBN 978-4-7827-0675-6

原子量表(2012)

(元素の原子量は、質量数12の炭素(^{12}C)を12とし、これに対する相対値とする。但し、^{12}Cは核および電子が基底状態にある結合していない中性原子を元素とする。)

多くの元素の原子量は一定ではなく、物質の起源や処理の仕方に依存する。原子量とその不確かさ#は地球上に起源をもち、天然に存在する物質中の元素に適用される。この表の脚注には、個々の元素に起こりうるもので、原子量に付随する不確かさを越える可能性のある変動の様式が示されている。原子番号113, 115, 118の元素名は暫定的なものである。

原子番号	元素記号	元素名	原子量	脚注	原子番号	元素記号	元素名	原子量	脚注
1	H	Hydrogen	[1.00784 ; 1.00811]	m	60	Nd	Neodymium	144.242(3)	g
2	He	Helium	4.002602(2)	g r	61	Pm	Promethium*		
3	Li	Lithium	[6.938 ; 6.997]	m †	62	Sm	Samarium	150.36(2)	g
4	Be	Berylium	9.012182(3)		63	Eu	Europium	151.964(1)	g
5	B	Boron	[10.806 ; 10.821]	m	64	Gd	Gadolinium	157.25(3)	g
6	C	Carbon	[12.0096 ; 12.0116]		65	Tb	Terbium	158.92535(2)	
7	N	Nitrogen	[14.00643 ; 14.00728]		66	Dy	Dysprosium	162.500(1)	g
8	O	Oxygen	[15.99903 ; 15.99977]		67	Ho	Holmium	164.93032(2)	
9	F	Fluorine	18.9984032(5)		68	Er	Erbium	167.259(3)	g
10	Ne	Neon	20.1797(6)	gm	69	Tm	Thulium	168.93421(2)	
11	Na	Sodium	22.98976928(2)		70	Yb	Ytterbium	173.054(5)	g
12	Mg	Magnesium	24.3050(6)		71	Lu	Lutetium	174.9668(1)	g
13	Al	Aluminium	26.9815386(8)		72	Hf	Hafnium	178.49(2)	
14	Si	Silicon	[28.084 ; 28.086]		73	Ta	Tantalum	180.94788(2)	
15	P	Phosphorus	30.973762(2)		74	W	Tungsten (Wolfram)	183.84(1)	
16	S	Sulfur	[32.059 ; 32.076]						
17	Cl	Chlorine	[35.446 ; 35.457]	m	75	Re	Rhenium	186.207(1)	
18	Ar	Argon	39.948(1)	g r	76	Os	Osmium	190.23(3)	g
19	K	Potassium	39.0983(1)		77	Ir	Iridium	192.217(3)	
20	Ca	Calcium	40.078(4)	g	78	Pt	Platinum	195.084(9)	
21	Sc	Scandium	44.955912(6)		79	Au	Gold	196.966569(4)	
22	Ti	Titanium	47.867(1)		80	Hg	Mercury	200.59(2)	
23	V	Vanadium	50.9415(1)		81	Tl	Thallium	[204.382 ; 204.385]	
24	Cr	Chromium	51.9961(6)		82	Pb	Lead	207.2(1)	g r
25	Mn	Manganese	54.938045(5)		83	Bi	Bismuth	208.98040(1)	
26	Fe	Iron	55.845(2)		84	Po	Polonium*		
27	Co	Cobalt	58.933195(5)		85	At	Astatine*		
28	Ni	Nickel	58.6934(4)	r	86	Rn	Radon*		
29	Cu	Copper	63.546(3)	r	87	Fr	Francium*		
30	Zn	Zinc	65.38(2)	r	88	Ra	Radium*		
31	Ga	Gallium	69.723(1)		89	Ac	Actinium*		
32	Ge	Germanium	72.63(1)		90	Th	Thorium*	232.03806(2)	g
33	As	Arsenic	74.92160(2)		91	Pa	Protactinium*	231.03588(2)	
34	Se	Selenium	78.96(3)	r	92	U	Uranium*	238.02891(3)	gm
35	Br	Bromine	79.904(1)		93	Np	Neptunium*		
36	Kr	Krypton	83.798(2)	gm	94	Pu	Plutonium*		
37	Rb	Rubidium	85.4678(3)	g	95	Am	Americium*		
38	Sr	Strontium	87.62(1)	g r	96	Cm	Curium*		
39	Y	Yttrium	88.90585(2)		97	Bk	Berkelium*		
40	Zr	Zirconium	91.224(2)	g	98	Cf	Californium*		
41	Nb	Niobium	92.90638(2)		99	Es	Einsteinium*		
42	Mo	Molybdenum	95.96(2)	g	100	Fm	Fermium*		
43	Tc	Technetium*			101	Md	Mendelevium*		
44	Ru	Ruthenium	101.07(2)	g	102	No	Nobelium*		
45	Rh	Rhodium	102.90550(2)		103	Lr	Lawrencium*		
46	Pd	Palladium	106.42(1)	g	104	Rf	Rutherfordium*		
47	Ag	Silver	107.8682(2)	g	105	Db	Dubnium*		
48	Cd	Cadmium	112.411(8)	g	106	Sg	Seaborgium*		
49	In	Indium	114.818(3)		107	Bh	Bohrium*		
50	Sn	Tin	118.710(7)	g	108	Hs	Hassium*		
51	Sb	Antimony	121.760(1)	g	109	Mt	Meitnerium*		
52	Te	Tellurium	127.60(3)	g	110	Ds	Darmstadtium*		
53	I	Iodine	126.90447(3)		111	Rg	Roentgenium*		
54	Xe	Xenon	131.293(6)	gm	112	Cn	Copernicium*		
55	Cs	Caesium	132.9054519(2)		113	Uut	Ununtrium*		
56	Ba	Barium	137.327(7)		114	Fl	Flerovium*		
57	La	Lanthanum	138.90547(7)	g	115	Uup	Ununpentium*		
58	Ce	Cerium	140.116(1)	g	116	Lv	Livermorium*		
59	Pr	Praseodymium	140.90765(2)		118	Uuo	Ununoctium*		

\#：不確かさは、( )内の数字であらわされ、有効数字の最後の桁に対応する。例えば、亜鉛の場合の65.38(2)は65.38±0.02を意味する。

*：安定同位体のない元素。これらの元素については原子量が示されていないが、トリウム、プロトアクチニウム、ウランは例外で、これらの元素は地球上で固有の同位体組成を示すので原子量が与えられている。

†：市販品のリチウム化合物のリチウムの原子量は6.939から6.996の幅をもつ。これは^{6}Liを抽出した後のリチウムが試薬として出回っているためである。より正確な原子量が必要な場合は、個々の物質について測定する必要がある。

g：当該元素の同位体組成が正常な物質が示す変動幅を超えるような地質学的試料が知られている。そのような試料中では当該元素の原子量とこの表の値との差が、表記の不確かさを越えることがある。

m：不詳な、あるいは不適切な同位体分別を受けたために同位体組成が変動した物質が市販品中に見いだされることがある。そのため、当該元素の原子量が表記の値とかなり異なることがある。

r：通常の地球上の物質の同位体組成に変動があるために表記の原子量より精度の良い値を与えることができない。表中の原子量は通常の物質すべてに摘要されるものとする。

©2012日本化学会　原子量専門委員会